PROZESSICHERHEIT

Durch statistische Versuchsplanung in Forschung, Entwicklung und Produktion

Grundlagen und Fallbeispiele der klassischen Versuchsplanung

Autor: **Eckehardt Spenhoff**

PROZESSICHERHEIT

Durch statistische Versuchsplanung in Forschung, Entwicklung und Produktion

Grundlagen und Fallbeispiele der klassischen Versuchsplanung

Autor: **Eckehardt Spenhoff**

gfmt
Gesellschaft für Management und Technologie

Eckehardt Spenhoff

PROZESSICHERHEIT
Durch statistische Versuchsplanung in
Forschung, Entwicklung und Produktion
Grundlagen und Fallbeispiele der klassischen Versuchsplanung

Copyright by gfmt 1991

Die Deutsche Bibliothek-CIP-Einheitsaufnahme

Spenhoff, Eckehardt:

PROZESSICHERHEIT
Durch statistische Versuchsplanung in Forschung,
Entwicklung und Produktion
Grundlagen und Fallbeispiele der klassischen
Versuchsplanung / Autor: Eckehardt Spenhoff
München: gfmt, 1991
ISBN 3-89415-028-9 (gfmt)

Verlag:
gfmt-Gesellschaft für Management und Technologie - Verlags KG
Lothstraße 1a, D-8000 München 2

Druck:
Nationales Druckhaus, Berlin

Alle Rechte, auch die der Übersetzung in fremde Sprachen, vorbehalten. Kein Teil dieses Werkes darf ohne schriftliche Genehmigung des Verlages in irgendeiner Form, auch nicht zum Zwecke der Unterrichtsgestaltung, reproduziert oder unter Verwendung elektronischer Systeme verarbeitet werden.

Quality Engineering – der Methodenbaukasten zur erfolgreichen Einführung und Realisierung von TQM – Total Quality Management

Das vorliegende Buch des gfmt-Verlages soll dem Praktiker helfen, die Realisierung von TQM im eigenen Unternehmen erfolgreich voranzutreiben. Nachfolgend ist die Struktur des gesamten Methodenspektrums dargestellt.

Im Rahmen von überbetrieblichen Informationsveranstaltungen und Workshops stellt die gfmt und PROMIS diese Methoden vor und schult gezielt deren Anwendung.

In innerbetrieblichen Projekten wird gemeinsam, mit Unterstützung von externen Praktikern, die Einführung und Anwendung trainiert.

Zielsetzung ist, in cross-funktionalen Teams Lösungen zu erarbeiten, die zu Prozeßverbesserungen führen, im Sinne von Kaizen "Das Gute durch etwas Besseres ersetzen".

Eine Reihe dieser Methoden wird mit Rechnerunterstützung angewendet. Speziell die PROMIS hat die Vertriebsrechte an einem Großteil dieser Software und setzt diese auf Wunsch in Projekten ein.

Softwareüberblick

FMEA	(Fehler-, Möglichkeits- und Einfluß-Analyse)
ANOVA-TM	(Varianzanalyse nach Taguchi)
SPC 1+	(Statistische Prozeßkontrolle)
FEBA	(Fehlerbaumanalyse)
QFD-Capture	(Quality Function Deployment)
Auditors-Book	(Auditierung nach DIN ISO 9001, erweiterbar)

Gerne helfen wir Ihnen, das TQM-Konzept Ihres Unternehmens umzusetzen.

Inhaltsverzeichnis

0.	Vorwort	5
I.	Grundlagen der SVP	7
1.	Was ist Statistik?	7
2.	Skalentypen und ihre Anwendungen	9
3.	Statistik, Unsinn und Manipulation	11
3.1	Das arithmetische Mittel und andere Lageparameter	11
3.2	Graphiken, Prozente und Maßstäbe	12
4.	Der statistische Test	14
4.1	Null- und Alternativhypothese	14
4.2	Statistische Sicherheit, Irrtumswahrscheinlichkeit, Vertrauensbereich.	14
4.3	Risiko I. und II. Art	14
5.	Prinzipien der Versuchsplanung	18
5.1	Vergleichbarkeit und Verallgemeinerungsfähigkeit	18
5.2	Die Grundlagen der SVP	18
5.3	Die moderne Versuchsplanung	20
5.3.1	Der zufällige Versuch	21
5.3.2	Das Gitterlinienmodell	22
5.3.3	Die Einfaktormethode	22
5.3.4	Die Methode des steilsten Anstiegs	23
5.4	Behandlung wissenschaftlicher oder technischer Probleme	24
5.4.1	Formulierung des Problems	25
5.4.2	Planung des Experimentes	25
5.4.3	Durchführung des Experimentes	25
5.4.4	Analyse des Experimentes	26
5.4.5	Interpretation des Experimentes	26
5.4.6	Realisierung der Maßnahmen	26
6.	Die Normalverteilung	27
6.1	Die Häufigkeitsverteilung	27
6.2	Berechnung der Parameter der Normalverteilung	29
6.2.1	Das arithmetische Mittel und die Standardabweichung	31
6.2.2	Der Standardfehler des arithmetischen Mittels	32
6.2.3	Vertrauensbereich des Mittelwertes und der Standardabweichung	32
6.2.4	Test auf Normalität	33
6.2.5	Der Ausreißertest	38
6.2.6	Autokorrelation	39
6.2.7	Transformationen	40

7.	Drei wichtige Prüfverteilungen	44
7.1	Die t-Verteilung	44
7.2	Die χ^2-Verteilung	45
7.3	Die F-Verteilung	46
8.	Analyse der Homoskedastizität	48
8.1	Prüfung der Gleichheit zweier Varianzen	48
8.2	Prüfung der Gleichheit mehrerer Varianzen	48
9.	Die Regressionsanalyse	50
9.1	Die einfache lineare Regressionsanalyse	50
9.1.1	Die Kennwerte der Regression	52
9.1.2	Die varianzanalytische Prüfung der Regression	53
9.1.3	Voraussetzungen zur Regressionsanalyse	55
9.1.4	Die Korrelationsanalyse	55
9.1.5	Korrelative Zusammenhänge	57
9.1.6	Die einfache, nichtlineare Regression	58
9.2	Die multiple Regression	59
9.2.1	Die polynomiale Regression	59
9.2.2	Die Regression und Korrelation	60
9.2.3	Analyse multipler Regressionsmodelle	62
10.	Die mehrfache Varianzanalyse	68
10.1	Die Modelle der Varianzanalyse	69
10.2	Berechnungen der mehrfachen Varianzanalyse	71
10.3	Grafische Interpretation der Varianzanalyse	76
10.4	Einfache Mittelwertvergleiche	78
10.4.1	Die einfache Varianzanalyse	78
10.4.2	Der Welch-Test	81
10.4.3	Mittelwertvergleich bei verbundenen Gruppen	81
10.4.4	Lineare Kontraste	81
II.	Verfahren der SVP	84
11.	Analyse faktorieller Versuche	84
11.1	Planung von 2^k-Faktoren-Versuchen	84
11.2	Allgemeine Betrachtung faktorieller Versuchspläne	86
11.2.1	Definition der Faktorstufen	87
11.2.2	Voraussetzungen faktorieller Versuche	90
11.2.3	Einsatzbereiche faktorieller Versuche	91
11.2.4	Normierung der Faktoren	91
11.3	Die Analyse faktorieller Versuche	93
11.4	Analyse mit Zentralpunkt	99
11.5	Grafische Darstellung faktorieller Versuche	102
11.6	Versuchsaufwand und Informationsgehalt	103
11.7	Blockbildung in faktoriellen Versuchen	104
12.	Die teilfaktoriellen Versuchspläne	106
12.1	Grundlage teilfaktorieller Versuchspläne	106
12.2	Lösungstypen	108
12.3	Konstruktion eines teilfaktoriellen Versuchsplanes	110

Statistische Versuchsplanung

12.4	Berechnung von teilfaktoriellen Versuchsplänen	114
13.	Zentral zusammengesetzte Versuchspläne	116
13.1	Die Versuchspläne der Typen 3^k und 5^k	116
13.2	Aufbau eines zentral zusammengesetzten Versuchsplanes	119
13.3	Drehbarkeit und Orthogonalität	121
13.4	Voraussetzungen für Modelle zweiter Ordnung	124
13.5	Lösung von Optimierungsaufgaben	125
13.6	Kanonische Analyse	130
14.	Mischungsanalysen	133
14.1	Basis von Mischungsanalysen	134
14.2	Planung von Mischungsanalysen	137
14.2.1	Simplex-Versuchsplan ohne Restriktionen des Versuchsbereiches	137
14.2.2	Simplex mit Pseudokomponenten	141
14.2.3	Planung von Mischungsversuchen mit einer Hauptkomponente	144
14.2.4	Analyse von Verhältnissen	145
14.2.5	Versuchspläne mit unterer und oberer Grenze	148
14.3	Grafische Analyse	150
15.	Weitere Versuchspläne der SVP	153
15.1	Versuchspläne nach Plackett und Burman	153
15.2	Versuchspläne nach Box-Behnken	154
15.3	Versuchspläne nach Hartley	155
15.4	Die Versuchsplanung nach Taguchi	156
16.	Die Polyoptimierung	160
16.1	Die grafische Optimierung bei mehreren Zielgrößen	160
16.2	Optimierungen mit Utilitätsskalen	162
16.2.1	Die Methode nach Derringer	162
16.2.2	Die Methode nach Harrington	164
III.	Spezielle Verfahren der Statistik	167
17.	Die Beurteilung von Hebelwirkungen	167
18.	Robuste Glättungskurven	169
IV.	Praxisbeispiele	174
	1. Beispiel: Verschweißung eines Polybeutels	174
	2. Beispiel: Gießharzoptimierung	182
	3. Beispiel: Optimierung einer Kaltdruckfixiereinheit	192
	4. Beispiel: Änderung einer Herstellungsmethode	203
V.	Literaturverzeichnis	213

Vorwort

Kompromißloses Qualitätsdenken und -handeln wird immer mehr die Voraussetzung von Markterfolgen. In Systemaudits und Auftragsverhandlungen wird zunehmend nach dem QS-System und den angewendeten QS-Werkzeugen gefragt. Zu den wichtigsten QS-Werkzeugen gehören die Methoden der statistischen Versuchsplanung (kurz SVP).

Die Industrie hat dieses schon in den sechziger Jahren erkannt und seit dieser Zeit werden die wichtigsten Verfahren der SVP auch bei deutschen Unternehmen als Werkzeuge in allen technischen Abteilungen genutzt. Die Erfolge, die mit der SVP erreicht wurden, veranlaßten mich, dieses Buch zu schreiben und eine geeignete statistische Analyse-Software zu entwickeln. Die von mir durchgeführten Experimente und der daraus gewonnenen Erfahrung zeigen, daß die SVP eines der effektivsten Werkzeuge in der Entwicklung ist. Die Gründe sind:

- Es können meist schnell und mit geringem Aufwand Experimente durchgeführt werden.
- Vor Beginn der Fertigung können stabile, optimale Prozeßbedingungen definiert werden.
- Es ist möglich, Stellgrößen zur Regelung des Prozesses (mit Hilfe von Qualitätsregelkarten) festzulegen.
- Es können Einflußgrößen ermittelt und selektiert werden.
- Mehrere Zielgrößen können gleichzeitig auf optimale Bedingungen eingestellt werden.
- Schwierige und komplexe Zusammenhänge, wie sie Wechselwirkungen darstellen, werden leicht erkannt und interpretiert.
- Die Probleme werden im Vorfeld zwangsläufig präziser formuliert, das Verständnis für die Zusammenhänge wächst.
- Die Prüfung der Zielgrößen auf Einhaltung von Kundenanforderungen für Konstruktionen oder Rezepturen wird unterstützt.
- Antagonistische oder synergistische Effekte zwischen den Einflußgrößen können ermittelt und zur Modelloptimierung benutzt werden.
- Relative Minima oder Maxima im Versuchsbereich sind durch einfache Modellierung zu berechnen.

In Forschung, Entwicklung und Produktion stellt sich die Aufgabe, Versuchspläne so zu erstellen, daß sie zu statistisch auswertbaren Ergebnissen führen. Die statistische Versuchsplanung und -auswertung hilft, die geforderte Lösungsgenauigkeit eines Problems durch eine minimale Anzahl von Experimenten zu erreichen und so Zeit und Kosten, einzusparen. Mit ihrer Hilfe lassen sich die Überführung von Forschungsergebnissen in die technische Anwendung beschleunigen und Ausrüstungen und Anlagen rationell einsetzen.

Statistische Versuchsplanung

Der Umfang des zu verarbeitenden Datenmaterials ist meist so groß, daß die Rechenprozeduren der einzelnen Verfahren mit vertretbarem Aufwand nur EDV-gestützt durchgeführt werden können. Deshalb erstreckt sich die Darstellung der Methoden sowohl auf die Grundkonzepte als auch auf die Einbeziehung des PC-Programms "CATS" als Arbeitshilfe.

Mit dem Programm "CATS" wird dem Benutzer ein professionelles Programm zur Durchführung statistischer Analysen zur Verfügung gestellt, das keine Kenntnisse einer Programmiersprache voraussetzt. Der wichtigste Vorteil ist die Einsatzfähigkeit direkt am Arbeitsplatz des Ingenieurs ohne die Datenverarbeitung mit ihren Großrechnern konsultieren zu müssen. Im Gegensatz zu anderen kommerziellen Programmen beschränkt sich das Programm "CATS" auf die wichtigsten Verfahren der statistischen Versuchsplanung und ist aus diesem Grund einfach anzuwenden. Unterstützt wird die einfache Anwendung außerdem durch:

- Aufstellung der Versuchspläne
- Prüfung der Voraussetzungen
- Interpretation der Signifikanztests im Klartext
- Grafische Darstellung aller Analysen
- Moderne und einfache Benutzerführung

Dieses Buch führt von den grundlegenden Begriffen über Signifikanztest zur statistischen Versuchsplanung einschließlich verschiedener Optimierungsverfahren.

Im ersten Teil "Grundlagen der SVP" werden grundlegende Begriffe der angewandten Statistik erläutert. Im zweiten Teil "Verfahren der SVP" wird eine Beschreibung über die angewandten Methoden der statistischen Versuchsplanung gegeben - unter Berücksichtigung der unterschiedlichen Anforderungen an dieses Datenmaterial. Besonderes Gewicht wird dabei auf inhaltliche Interpretation der Ergebnisse der einzelnen Verfahren gelegt. Im dritten Teil "Spezielle Verfahren" werden Methoden erklärt welche die SVP unterstützen. In vierten Teil werden einige Praxisbeispiele dargestellt, die dem Leser Anregungen und Hilfen geben sollen eigene Anwendungen durchzuführen. Ein umfassendes Literaturverzeichnis im letzten Teil beendet das Buch.

Der Benutzer sollte sich vor der Anwendung jeder Methode über ihre Fähigkeit und Relevanz für sein bestimmtes Problem im klaren sein.

Buch und Programm (CATS) entstanden aus der Überlegung, daß in der täglichen Praxis dem Entwicklungs- und Prozeßingenieur ein solches Programm fehlt. Mein besonderer Dank an dieser Stelle gilt Herrn Dipl. Math. W. Stark, der mich durch Anregungen und Arbeiten am Programm (CATS) wesentlich unterstützt hat. Für die Durchsicht des Manuskriptes und Anregungen zum Buch bedanke ich mich bei den Herren Dipl. Inf. M. Beyer und Dipl. Ing J. Licht.

Eckehardt Spenhoff

Statistische Versuchsplanung

Grundlagen der SVP

In diesem Kapitel werden die grundlegenden Begriffe erläutert, die notwendigen statistischen Tests und die zugrunde liegenden mathematischen Modelle der Statistik, speziell der SVP, skizziert. Der besondere Schwerpunkt der Darstellung betrifft die Prüfung der Voraussetzungen und deren Interpretation.

1. Was ist Statistik?

Das Wort Statistik hat jeder schon gehört und benutzt. Begriffe wie Verkaufsstatistik, Unfallstatistik, Bevölkerungsstatistik, Verkehrsstatistik usw. lesen wir täglich in der Zeitung. Es handelt sich bei diesen Statistiken um die zahlenmäßige Beobachtung von Massenerscheinungen der Natur und des Menschenlebens. So assoziiert man die Statistik immer mit Aussagen über den Durchschnitt, das arithmetische Mittel. Man spricht über die durchschnittliche Lebenserwartung von Frauen und Männern, von der mittleren Zuschauerzahl, von der durchschnittlichen Jahrestemperatur usw.. Alle diese Angaben begegnen uns ständig in den Medien.

Die Aussagekraft der Statistik und ihre Unentbehrlichkeit wird in zunehmendem Maße anerkannt; gewisse zum Teil unberechtigte Vorwürfe richten sich weniger gegen die statistische Methode als gegen den häufigen Mißbrauch der Statistik zu populären, keiner wissenschaftlichen Kritik standhaltenden Beweisführungen. So definiert der Laie: Es gibt drei Arten von Lügen:

- Notlügen, Lügen und Statistiken -

Dies ist wohl der meistzitierte Ausspruch zum Thema Statistik, der in den verschiedensten Variationen immer wieder auftaucht. Er besagt, daß die "Statistik" eine besonders heimtückische Form der Lüge darstellt. Solche Bemerkungen sollten mit Schmunzeln aufgenommen werden, was auch für den folgenden gegenteiligen Ausspruch gilt.

Statistiken gelten auch als NONPLUSULTRA des Unwiderlegbaren, denn von Statistiken geht der Zauber MATHEMATISCHER PRÄZISION aus.

Der Fachmann geht mit seiner Definition der Statistik über die bisherige Darstellung hinaus, weil sie nur eine beschreibende Statistik berücksichtigt. Er definiert die Statistik als Methodenlehre, die aus der Beobachtung, Beschreibung und Analyse zufallsbedingter Massenerscheinungen Erfahrungsgesetze ableitet. Statistische Methoden sind überall da erforderlich, wo Ergebnisse nicht beliebig oft und exakt reproduzierbar sind. Die Ursachen dieses Mangels an Reproduzierbarkeit liegen in unkontrollierten und unkontrollierbaren Einflüssen. Dies führt bei einer Beobachtungsreihe zur Streuung der Meßwerte von Merkmalen. Der Ungewißheit als Ergebnis der Streuung wird mit wissenschaftlicher Methodik begegnet, d.h. Anwendungen der Statistik ermöglichen es, vernünftige optimale Entscheidungen im Falle von Ungewißheit zu treffen.

Statistische Versuchsplanung

Aus der bisher angesprochenen Charakterisierung und Darstellung der realen Verhältnisse läßt sich die Statistik in zwei Teilbereiche gliedern:

Deskriptive Statistik

Die deskriptive Statistik wird angewendet, um Grundgesamtheiten in komprimierter Form darzustellen, als Diagramm, Histogramm, Polygon, Schaubild und Mittelwert. Hauptsächliche Anwendungsgebiete sind die Sozial- und Wirtschaftswissenschaften.

Analytische Statistik

Die analytische Statistik wird angewendet, um von einer Teilmenge unter Benutzung mathematischer Modelle auf eine Grundgesamtheit zu schließen. Hauptsächliche Anwendungsgebiete sind die Naturwissenschaften, Ingenieurwissenschaften und die Medizin.

Statistische Versuchsplanung

2. Skalentypen und ihre Anwendungen

Die Beobachtungseinheiten, Personen, Objekte oder Ereignisse, an denen Messungen vorgenommen werden, sind Träger von Merkmalen verschiedener Ausprägungen. Diese Ausprägungen sind zu messen. Eine Definition des Messens lautet:

Messen ist das Zuordnen von Zahlen zu Objekten oder Ereignissen nach bestimmten Vorschriften.

Diese Definition ist eng gefaßt, denn in der Umgangssprache ist es durchaus gebräuchlich, zu sagen: Er kann sich mit mir nicht messen. Bei dieser Art Messung wird eine Rangfolge festgestellt, die verbal lauten könnte: besser - schlechter. Eine noch einfachere Art des Messens ist, lediglich Unterscheidungen zu treffen wie männlich - weiblich. Es muß zu einer Messung eine Skala vorhanden sein, die es gestattet, jede Ausprägung einer Einheit einem Skalenwert zuzuordnen. Sind die Einheiten beispielsweise Klebebänder und es interessiert die Farbe, dann sind die Skalenwerte Weiß, Schwarz, Rot usw. Interessiert die Verarbeitungsfähigkeit, können die Skalenwerte lauten: ausgezeichnet - zufriedenstellend - unzureichend. Interessiert die Zugfestigkeit, können die Skalenwerte einer metrischen Skala [N/cm2] entnommen sein. Aus diesen Beispielen wird deutlich, daß es unterschiedliche Typen von Skalen gibt. Man unterscheidet:

- Nominalskala (topologisch)
- Ordinalskala (topologisch)
- Intervallskala (metrisch, kardinal)
- Verhältnisskala (metrisch, kardinal)

Nominalskala

Die einfachste Form der Messung findet auf der Nominalskala statt. Die Zahlen, Buchstaben, Symbole der Nominalskala bezeichnen bestimmte Ausprägungen einer Einheit; sie haben also eine namengebende Funktion. Mit dieser Skalierung ist keine Wertung oder Anordnung verbunden. Beispiele für die Nominalskala sind:

- Postleitzahlen,
- Autokennzeichen,
- Produktionsnummern,
- Artikelbezeichnungen usw.

Ordinalskala

Die Skalenwerte der Ordinalskala (Rangskala) bezeichnen Intensitäten der Merkmalsausprägung, sie haben also eine ordnende Funktion. Mit der Skalierung ist eine Wertung verbunden. Beispiele für die Ordinalskala sind:

- Schulnoten,
- militärische Dienstgrade,
- Güteklassen,
- Beurteilungen sensorischer Merkmale usw.

Intervallskala

Bei der Intervallskala ist jeder Skalenwert ein Produkt aus einem Zahlenwert und der Maßeinheit, in der das Merkmal gemessen wird. Die Differenz zwischen zwei Skalenwerten ist sinnvoll. Auf Intervallskalen sind alle positiven linearen Transformationen (Y=ax + B) zulässig. Beispiele für die Intervallskala sind:

- Temperaturen in C, R und F,
- Kalenderdatum usw.

Verhältnisskala

Die Verhältnisskala hat alle Eigenschaften der Intervallskala und darüber hinaus einen absoluten Nullpunkt. Bei der Verhältnisskala sind auch die Quotienten von Skalenwerten sinnvoll. Auf Verhältnisskalen sind alle Ähnlichkeitstransformationen entsprechend (Y = ax) zulässig. Beispiele für die Verhältnisskala sind:

- Temperatur in K,
- Lebensalter,
- Längen,
- sowie weitere Merkmale, die in SI-Einheiten gemessen werden.

	Skalentypen			
	topologisch		metrisch, kardinal	
	Nominalskala	Ordinalskala	Intervallskala	Verhältnisskala
Interpretation	gleich-ungleich	kleiner-größer	Differenzen	Verhältnisse
Tranformation	eindeutig umkehrbar	monoton fallend-steigend	linear	linear vom Nullpunkt
Statistische Kennwerte	Modalwert Häufigkeiten	Zentralwert Quantile	Mittelwert Varianz	harmonischer und geometrischer Mittelwert
Merkmalsart	qualitativ		quantitativ	
Statistische Verfahren	nichtparametrisch		parametrisch	
Informationsgrad	gering —————————————————→ hoch			
Robustheit	hoch ←————————————————— gering			

Tab. 2a Skalentypen.

Die Tabelle zeigt welche Interpretationen, Transformationen und welche statistischen Kennwerte sinnvoll angewendet werden können. Außerdem kann man der Tabelle entnehmen, welche Merkmalsarten und statistische Verfahren typisch für den Skalenwert ist. Die höherwertige Skala kann immer in eine niederwertige Skala überführt werden, z.B. kann ein Meßergebnis in eine gut - schlecht Skala überführt werden. Der Informationsgrad steigt mit der höherwertigen Skala, gleichzeitig sinkt die Robustheit bzgl, etwaiger Meßfehler.

Statistische Versuchsplanung

3. Statistik, Unsinn und Manipulationen

Bei allen statistischen Analysen besteht die Gefahr, daß ein fehlender oder falscher Kennwert einer Häufigkeitsverteilung unsinnig ist für die richtige, sachdienliche Interpretation. Die Gründe für solche Fehler sind mannigfaltiger Art und lassen sich wie folgt charakterisieren:

- Unwissenheit,
- Oberflächlichkeit,
- Wunschdenken,
- bewußte Manipulation.

3.1 Das arithmetische Mittel und andere Lageparameter

Der Durchschnitt spielt in der Statistik eine sehr wesentliche Rolle, aber nur der Statistiker kennt auch seine Tücken und Mängel. Das arithmetische Mittel stellt für den Fachmann nicht jene konzentrierte Zahl dar, die alles umfassend beschreibt, sondern nur eine Orientierungshilfe, die, falsch angewendet, Sachverhalte verschleiert oder verfälscht.

Beispiele

A. Wenn jemand zwei Äpfel gegessen hat und ein anderer keinen, dann haben beide im Durchschnitt jeder einen gegessen. Der Mittelwert ergibt keine sinnvolle Aussage, weil er nichts über die Auswirkungen aussagt bzw. diese verfälscht.

B. Ein Student schreibt im ersten Semester fünf Arbeiten und bekommt für jede die Note 1. Im Durchschnitt also für das Semester auch eine 1. Im zweiten Semester bekommt er die Note 1 und 6, im Durchschnitt also 3.5, aufgerundet 4. Die Gesamtnote kann verschieden berechnet werden durch:

- Summe aller Noten, geteilt durch ihre Anzahl = 12 : 7 ergibt aufgerundet 2
- Den Median aller Noten = 1
- Den häufigsten Wert (Modus) = 1
- Das arithmetische Mittel der Semesternoten = 5 : 2 ergibt aufgerundet 3

Das arithmetische Mittel der Semesternoten dürfte die gebräuchlichste Berechnung sein. Unbefriedigend an diesem arithmetischen Mittel ist, daß der Student nie eine Arbeit mit der Note 3 geschrieben hat und seine tatsächliche Leistung deutlich höher liegt. Außerdem sind Noten rangskalierte Größen, d.h. eine Note von 2 ist nicht eine Halbierung der Leistung gegenüber einer Note von 1. Auch für die Abstände zwischen den Noten gilt, daß die Differenz zwischen der Note 1 und 2 nicht gleich der Differenz der Noten 5 und 6 ist. Unter Berücksichtigung dieser Punkte ist der Median aller Noten der geeignete Lageparameter. Der Median ist bei ungeradem Stichprobenumfang der mittlere Wert und bei geradem Stichprobenumfang das arithmetische Mittel der beiden mittleren Werte einer aufsteigend geordneten Meßreihe. Der Modus ist ein Lageparameter und definiert für klassierte Beobachtungen den häufigsten Wert. Er wird bevorzugt bei nominalskalierten Daten angewendet.

Grundlagen der SVP

C. Wir suchen den idealen Wohnort mit angenehmer Jahresdurchschnittstemperatur. Es finden sich Quito, Peking und Mailand. Bei genauerer Analyse stellen wir fest, daß Peking im Winter sehr kalt und im Sommer sehr warm ist, daß Mailand im Winter mäßig kalt und im Sommer warm ist; Quito hingegen ist das ganze Jahr über gleich temperiert. In diesem Beispiel verschleiert der Mittelwert die beträchtlichen Schwankungen.

Einige Regeln:
- Den Modus nur bei eingipfligen Verteilungen benutzen.
- Den Median bei offenen Skalen benutzen.
- Den Median bei unregelmäßigen Verteilungen benutzen.
- Den arithmetischen Mittelwert bei symmetrischen, stetigen Verteilungen benutzen.
- Die anderen Mittelwerte, wie harmonischer und geometrischer Mittelwert, bei unsymmetrischen, stetigen Verteilungen benutzen, wobei diese Mittelwerte dann ungefähr dem Median entsprechen sollten.
- Den Skalentyp beachten, d.h. harmonische und geometrische Mittelwerte nur bei verhältnisskalierten Daten benutzen. Bei ordinalskalierten Daten sollte jedoch bevorzugt der Median, bei nominalskalierten Daten der Modus benutzt werden.
- Immer zu einem Lageparameter auch einen Streuungsparameter angeben.

3.2 Graphiken, Prozente und Maßstäbe

Prozentangaben können Ergebnisse einer Analyse stärker verfälschen als jede andere Zahl. Außerdem verschleiern sie den für die Beurteilung notwendigen Stichprobenumfang. Es muß nicht immer böser Wille sein, wenn jemand die Prozente gegenüber den absoluten Zahlen bevorzugt. Mitunter ist es Zufall, Dummheit, Gedankenlosigkeit, die naive Freude an hohen Prozentsätzen oder ideologisch gewollte Manipulation.

Es besteht kein Zweifel, daß die UDSSR auf vielen Gebieten wesentlich höhere Wachstumsraten aufzuweisen hat als die USA, aber es ist fraglich, ob sie je die USA einholen wird. Dazu ein Beispiel: Jemand legt 1.000 DM zu 6% an, ein anderer 10.000 DM zu 3%. Dann hat der Reichere heute 9.000 DM mehr. In 20 Jahren aber hat er fast 15.000 DM mehr, und erst in ca. 80 Jahren ist die Differenz Null, und das bei einer doppelt so hohen Wachstumsrate.

Die wissenschaftliche statistische Grafik hat ebensoviele Vorteile wie Nachteile. Der Nachteil liegt in einer Irreführung, durch die mit durchaus legitimen Darstellungen beim unachtsamen oder unzureichend ausgebildeten Betrachter ein anderer Eindruck vermittelt wird, als dies beim Zahlenmaterial der Fall wäre.

Ein Beispiel aus einer Verkaufsstatistik für 4 Quartale:

Die erste Darstellung scheint ein mäßiges Wachstum anzudeuten, während die zweite Darstellung ein steiles, ansteigendes Wachstum signalisiert. Die dritte

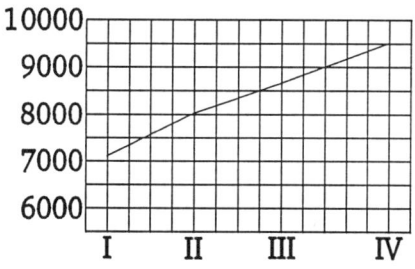

Abb. 3.2a: gestauchter Maßstab

Die Ordinate wurde in gestauchtem Maßstab dargestellt. Dadurch wird der Eindruck vermittelt, als würde der Umsatz während des Geschäftsjahres nur geringfügig ansteigen.

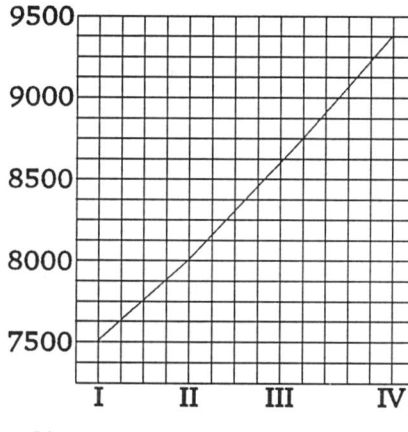

Abb. 3.2b: gestreckter Maßstab

Die Ordinate wurde im gestreckten Maßstab dargestellt. Dadurch wird der Eindruck vermittelt, als würde der Umsatz während des Geschäftsjahres stark ansteigen.

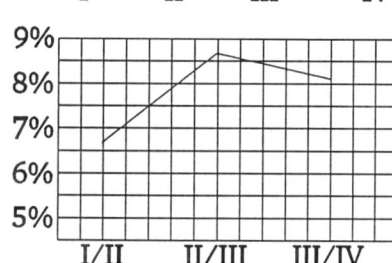

Abb. 3.2c: Wachstumsrate

Auf der Ordinate wurde die Wachstumsrate von Quartal zum nächsten Quartal dargestellt. Dies erweckt den Eindruck, als wären die Umsätze des letzten Quartals fallend.

Darstellung zeigt sogar einen Abfall des Wachstums. Die Beispiele machen deutlich, daß der Darstellung von absoluten Zahlen unbedingt der Vorrang gegeben werden muß. Sollte es sich aber nicht vermeiden lassen, daß Prozentwerte dargestellt werden, so muß die Bezugsgröße klar definiert werden. Die Maßstäbe sind so zu wählen, daß relevante Unterschiede deutlich erkennbar sind.

4. Der statistische Test

Unter einem statistischen Test versteht man ein Verfahren, das die Richtigkeit irgendwelcher Aussagen über die Verteilung einer Zufallsvariablen überprüfen soll, etwa, ob ein Parameter größer oder kleiner als ein bestimmter Wert ist oder in einem bestimmten Intervall liegt, ob die Zufallsvariable normalverteilt ist usw.. Solche Verfahren können aufgrund ihrer zufälligen Erscheinung auch falsche Ergebnisse liefern. Das Risiko, eine falsche Entscheidung zu treffen, wird durch die Formulierung der Null- und Alternativhypothese sowie durch die sich daraus ergebenden α- und β-Risiken definiert.

4.1 Null- und Alternativhypothese

Die Hypothese, daß zwei Stichproben hinsichtlich eines Merkmals übereinstimmen, wird Nullhypothese (H0:) genannt. Es wird angenommen, daß die wirkliche Differenz Null ist und die gefundene nur zufällig von Null abweicht. Da statistische Tests nur Unterschiede feststellen können, wird immer die Nullhypothese (H0:) aufgestellt. Die Alternativhypothese (H1:) bedeutet: die Differenz ist ungleich Null. Wir sagen, die Nullhypothese ist signifikant, wenn sie wahrscheinlich ist und verwerfen sie zugunsten der Alternativhypothese, wenn sie unwahrscheinlich ist.

4.2 Statistische Sicherheit, Irrtumswahrscheinlichkeit, Vertrauensbereich.

Bei verschiedenen Stichproben variieren die ermittelten Kennzahlen (Parameter). Daher ist die Kennzahl einer Stichprobe nur ein Schätzwert für die Grundgesamtheit. Zu dem Schätzwert läßt sich ein Intervall angeben, in dem wahrscheinlich der Parameter der Grundgesamtheit enthalten ist. Dieses Intervall ist der Vertrauensbereich. Nun läßt sich aufgrund des Zufallsgesetzes sagen, wie groß die Wahrscheinlichkeit ist, mit der der Parameter in dem Vertrauensbereich liegt. Diese Wahrscheinlichkeit ist die statistische Sicherheit (S). Die Irrtumswahrscheinlichkeit (α) ist das Komplement der statistischen Sicherheit (S). Übliche Irrtumswahrscheinlichkeiten sind: 10%; 5%; 1%.

Sichere Aussagen sind unscharf; scharfe Aussagen sind unsicher!

Diese Formulierung bedeutet, daß ein Vertrauensbereich mit einer Irrtumswahrscheinlichkeit von 10% zwar deutlich kleiner ist als bei einer Irrtumswahrscheinlichkeit von 1%, aber die Aussagen bezüglich der Kenngrößen sind auch wesentlich unsicherer, weil das β-Risiko, sich zu irren, um das Zehnfache angestiegen ist.

4.3 Risiko I. und II. Art

Beim Prüfen von Hypothesen sind vier Entscheidungen möglich. Neben den beiden richtigen Entscheidungen, von denen aufgrund der Stichprobenergebnisse auf die Grundgesamtheit geschlossen werden kann, können zwei fehlerhafte Entscheidungen getroffen werden. Entweder kann eine richtige Nullhypothese (H0:) aufgrund der Stichprobenergebnisse zugunsten der Alternativhypothese (H1:) verworfen werden (dies ist der Fehler I. Art oder das α-Risiko), oder es wird die Nullhypothese (H0:) akzeptiert, obwohl die Alternativhypothese (H1:) richtig ist (dies ist der Fehler II. Art

Statistische Versuchsplanung

oder das β-Risiko). Welche Konsequenzen sich mit einem Fehler I. Art und einem Fehler II. Art verbinden können soll an zwei Beispielen erläutert werden.

Entscheidung des Tests	Wirklichkeit	
	H0: wahr	H0: falsch
H0: abgelehnt	FEHLER 1. ART	Richtige Entscheidung
H0: beibehalten	Richtige Entscheidung	FEHLER 2. ART

Abb. 4.3a: Entscheidungstafel statistischer Tests.

1. Beispiel

In einem Fertigungsbetrieb soll eine Maschine durch eine Spezialmaschine ersetzt werden, wenn deren Leistungsfähigkeit höher ist als die im Betrieb vorhandene Maschine. Die zu prüfende Unterschiedshypothese lautet:

$$H1: \mu_1 < \mu_2$$

Die Spezialmaschine ist besser als die herkömmliche Maschine.

$$H0: \mu_1 > \mu_2$$

Die Maschinen unterscheiden sich nicht, oder die Spezialmaschine ist sogar schlechter.

Fehler I. Art: Die Nullhypothese (H0:) wird verworfen, obwohl sie richtig ist, d.h. es wird fälschlicherweise angenommen, die Spezialmaschine sei besser als die herkömmliche Maschine. Dies kann die Neuanschaffung der Spezialmaschine zur Folge haben, eine Maßnahme, die angesichts der falschen Entscheidung nicht zu rechtfertigen ist.

Fehler II. Art: Die Alternativhypothese (H1:) wird verworfen, obwohl sie richtig ist, d.h. es wird fälschlicherweise angenommen, daß sich die Spezialmaschine von der herkömmlichen Maschine nicht unterscheidet. Die Folge wird sein, daß weiterhin mit der herkömmlichen Maschine gefertigt wird und so keine optimalen Ergebnisse erreicht werden.

2. Beispiel

Der Betriebsrat eines Unternehmens möchte auf Wunsch der Mitarbeiter die Spieldauer eines Hintergrundmusiksystems ausdehnen. Die Unternehmensleitung befürchtet, daß mit zunehmender Musikdauer die Leistung der Arbeitnehmer nachläßt. Die Zusammenhangshypothese lautet:

$$H1: \rho < 0$$

Mit zunehmender Musikdauer sinkt die Leistung der Arbeitnehmer.

$$H0: \rho > 0$$

Zwischen der Musikdauer und der Leistung der Arbeitnehmer besteht kein oder ein positiver Zusammenhang.

Statistische Versuchsplanung

Fehler I. Art: Die Nullhypothese (H0:) wird verworfen, obwohl sie richtig ist, d.h. es wird fälschlicherweise angenommen, daß zu langes Hören von Musik die Leistung der Arbeiter vermindert. Dies kann zur Konsequenz haben, daß die Firmenleitung keine Musik während der Arbeit genehmigt. Diese Maßnahme wird zwar die Leistung nicht verbessern, sie dürfte darüber hinaus keine weiteren Auswirkungen haben.

Fehler II. Art: Die Alternativhypothese (H1:) wird verworfen, obwohl sie richtig ist, d.h. es wird fälschlicherweise angenommen, daß zu langes Hören von Musik die Leistung der Arbeiter nicht beeinträchtigt. Die negativen Folgen liegen auf der Hand: Die Arbeiter hören weiter Musik und die Leistung sinkt ständig.

Das α-Risiko wird durch die Irrtumswahrscheinlichkeit definiert. Das β-Risiko kann nicht so einfach definiert werden, es hängt ab von:

- der Differenz der Parameter μ_1 und μ_2;
- dem Stichprobenumfang;
- der Irrtumswahrscheinlichkeit;
- der Verteilung der Daten;
- des statistischen Tests.

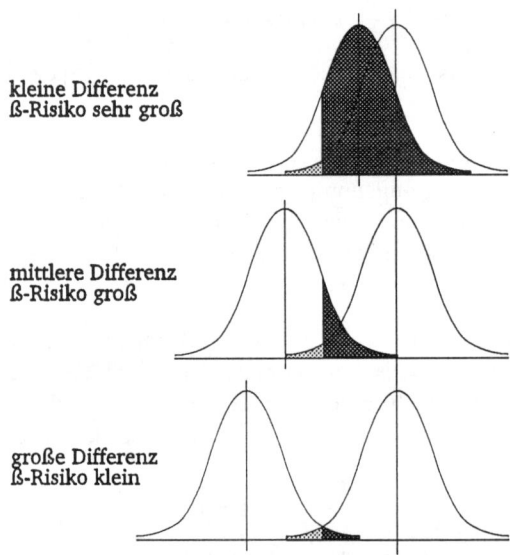

Abb. 4.3b: Einfluß der Mittelwertdifferenz auf das β-Risiko.

Die Grafiken zeigen, daß mit größerem Abstand der Mittelwerte μ_1 und μ_2 das β-Risiko immer kleiner wird. Dies bedeutet, daß der Fehler II. Art immer unwahrscheinlicher wird, je mehr sich die Grundgesamtheiten unterscheiden. In der Praxis bedeutet dies, wenn kleine Mittelwertdifferenzen relevanter Bedeutung sind, daß der Stichprobenumfang groß gewählt werden muß, um den Fehler II. Art klein zu halten. Dieser Zusammenhang wird mit der nächsten Abbildung (Abb. 4.3c) dargestellt.

Statistische Versuchsplanung

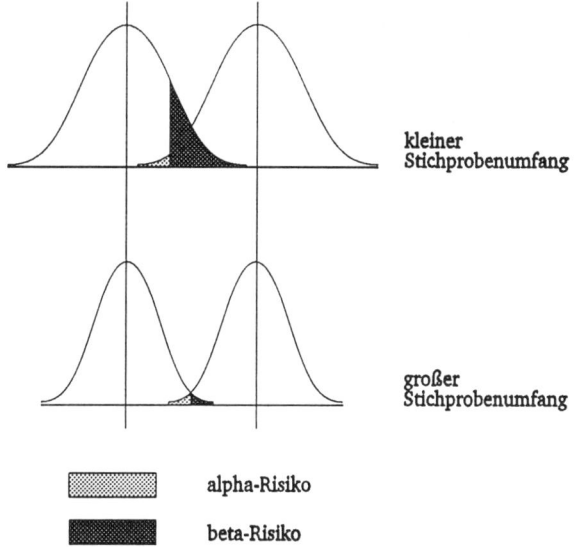

Abb. 4.3c: Einfluß des Stichprobenumfangs auf das β-Risiko.

Die Grafiken zeigen, daß mit größerem Stichprobenumfang das β-Risiko kleiner wird. Dies ist bedingt durch den geringeren Standardfehler des Mittelwertes, der mit zunehmendem Stichprobenumfang kleiner wird.

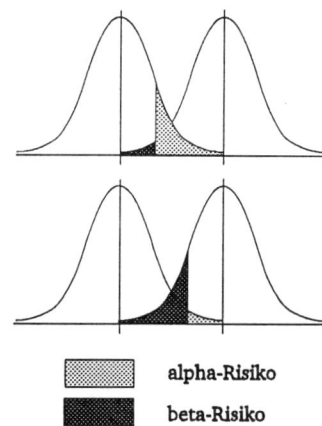

Abb. 4.3d: Einfluß der Irrtumswahrscheinlichkeit (α) auf das β-Risiko.

Die Grafiken zeigen, daß die Wahl einer großen Irrtumswahrscheinlichkeit das β-Risiko vermindert, während umgekehrt eine kleine Irrtumswahrscheinlichkeit das β-Risiko erhöht. Je nachdem welche der Hypothesen wichtiger ist, muß dieser Zusammenhang besonders bei der Definition der Irrtumswahrscheinlichkeit berücksichtigt werden.

Unter Beachtung dieser Zusammenhänge sollte man ein Experiment planen können, welches die Belange der Aufgabenstellung in angemessener Form berücksichtigt. So wird beispielsweise der Entwickler sich mit einem großen α-Risiko zufrieden geben, weil er kleinste Mittelwertdifferenzen erkennen möchte, d.h. er vermindert das β-Risiko und geht bewußt das Risiko ein, einen Fehler I. Art zu begehen.

Statistische Versuchsplanung

5. Prinzipien der Versuchsplanung

Bei allen Verfahren der statistischen Versuchsplanung sind bestimmte Prinzipien zu beachten, denn nicht in allen Verfahren sind diese Prinzipien in gleicher Weise realisiert. So sind die faktoriellen Versuche mehr auf Vergleichbarkeit ausgerichtet, während die Taguchi-Methoden stärker Elemente der Verallgemeinerungsfähigkeit ausnutzen.

5.1 Vergleichbarkeit und Verallgemeinerungsfähigkeit

Bei der Versuchsplanung sind vom Experimentator zwei wesentliche Gesichtspunkte aufeinander abzustimmen:

Das Prinzip der Vergleichbarkeit und der Verallgemeinerungsfähigkeit.

Bei der Vergleichbarkeit kommt es darauf an, möglichst homogene Einheiten zu analysieren. Dies wird durch konstante Versuchsbedingungen erreicht. Ziel der Analyse ist es, etwaige Störeinflüsse konstant zu halten. Bei der Verallgemeinerungsfähigkeit kommt es darauf an, möglichst heterogene Einheiten zu analysieren, um die zu erwartende Grundgesamtheit unter Einbeziehung aller Einflüsse zu beurteilen. Der Entwickler, der den Einfluß einer neuen Komponente testen will, wird Störgrößen weitestgehend ausschalten mit dem Ziel der größtmöglichen Vergleichbarkeit. Der Verfahrensingenieur, der einen Prozeß optimieren möchte, wird mit vielen Störgrößen konfrontiert, die im normalen Fertigungsablauf nicht ausgeschaltet werden können. Sein Ziel ist es, unter diesen Bedingungen eine optimale Einstellung des Prozesses zu finden. Dabei sollten die Störgrößen keinen oder nur einen geringen Einfluß auf das Produkt haben, und die Ergebnisse sollten verallgemeinerungsfähig sein.

5.2 Die Grundprinzipien der SVP

Die bei der SVP angewandten Prinzipien dienen unterschiedlichsten Aufgaben und lauten:

☐ Wiederholungen der Versuche in den Designpunkten zur Ermittlung des Versuchsfehlers, der Modellüberprüfung und Verkleinerung der Versuchsstreuung.

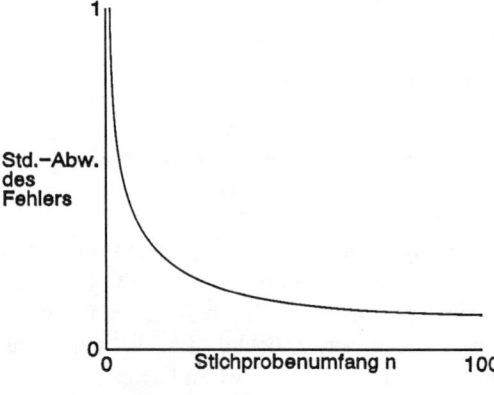

Abb. 5.2a: Verringerung des Standardfehlers

Durch einen größeren Stichprobenumfang wird der Standardfehler wesentlich verringert und zwar um den Faktor $1/n^{0.5}$.

Statistische Versuchsplanung

- Randomisierung aller Versuche zur Verschleierung unbekannter Störgrößen oder Trends und der unverzerrten Schätzung von Parametern. Die Zufallsordnung gestattet durch Ausschaltung bekannter und unbekannter systematischer Fehler, insbesondere Trends, eine unverfälschte Schätzung der interessierenden Effekte und bewirkt zugleich Unabhängigkeit der Versuchsergebnisse. Die Zufallsordnung kann als Grundlage jeder Versuchsplanung angesehen werden. Durch sie erhält man: eine erwartungstreue Schätzung des interessierenden Effekts, eine erwartungstreue Schätzung des Versuchsfehlers, eine verbesserte Normalität der Daten, sowie unkorrelierte und unabhängige Daten.

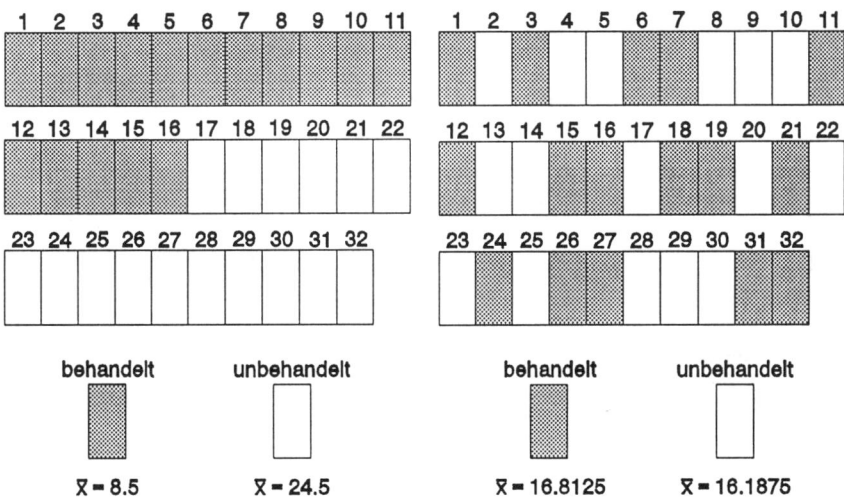

Abb. 5.2b und Abb. 5.2c: Randomisierung

Die Abb. 5.2b zeigt 32 Proben einer Folie in Trendrichtung. Die ersten Proben wurden einer Behandlung ohne Wirkung unterzogen. Ein Vergleich der Stichprobenmittelwerte zeigt aber einen Behandlungseffekt bedingt durch den Trend. Randomisiert man die 36 Proben vor der Behandlung, wie in Abb. 5.2c, dann zeigt sich kein Effekt durch die Behandlung d.h. die Schätzung wird durch den Trend nicht verfälscht.

- Blockbildung der Versuchspunkte, um bekannte und unvermeidbare Störgrößen zu eliminieren. Außerdem erhöht die Blockbildung die Genauigkeit blockinterner Vergleiche.
- Symmetrie der Versuchspunkte zur besseren Beurteilung und Interpretation der Einflußgrößen. Symmetrie erlaubt im Falle eines orthogonalen Versuchsaufbaus die unverzerrte Schätzung der Effekte der Einflußgrößen.
- Orthogonalität des Versuchsplanes sorgt dafür, daß Faktoren voneinander unabhängig und unverzerrt geschätzt werden können.
- Nutzung des gesamten Versuchsraumes, um schnell mit geringem Aufwand die günstigste Einstellung zu finden.
- Sequentielles Experimentieren, um im Falle eines nicht zutreffenden Modells durch Ergänzung mit einem Modell höheren Grades fortzufahren.

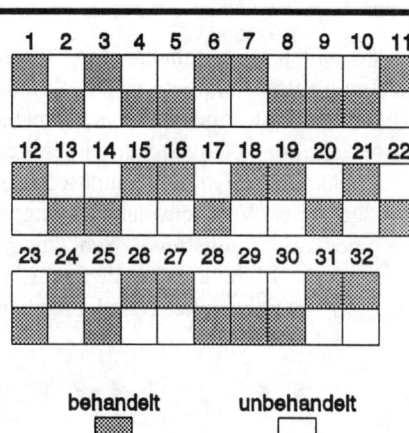

Abb. 5.2d: Blockbildung

Die Blockbildung beseitigt Störgrößen wie z.B. einen Trend. Die Abb. 5.2d zeigt dieses in eindrucksvoller Art und Weise. Die errechneten Mittelwerte sind gleich, das bedeutet, der Behandlungseffekt ist wirklich Null.

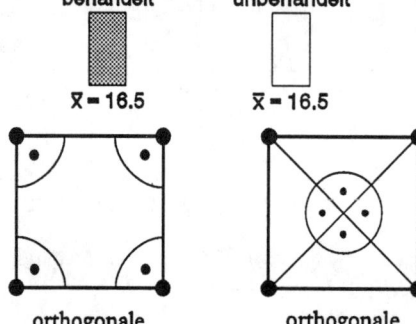

Abb. 5.2e: Orthogonalität

Alle Wirkung können voneinander unbeeinflußt geschätzt werden, weil alle Wirkungen zueinander rechtwinklig angeordnet sind.

- ❏ Vermengen von höherwertigen Wechselwirkungen, um mit einem Minimum an Versuchspunkten ein optimales Ergebnis zu erzielen.

Durch die angewandten Prinzipien der SVP ergeben sich große Vorteile:

- ❏ Die SVP nutzt den gerade erforderlichen Informationsgehalt effektiv aus.
- ❏ Die SVP verdichtet die Information für die notwendigen Entscheidungen und Maßnahmen.
- ❏ Die SVP hilft bei der Bestimmung der gerade erforderlichen Anzahl der Versuchspunkte, sowie ihrer optimalen Lage im Versuchsraum.
- ❏ Die SVP senkt den Aufwand, indem die Anzahl der Versuche der zu lösenden Aufgabe angepaßt wird.
- ❏ Die SVP ermöglicht objektive und präzisierte Aussagen in qualitativer und quantitativer Form.
- ❏ Die SVP erlaubt eine grobe Modellierung von Prozessen und Prozeßparametern.

Die Aufzählung der Vorteile der SVP zeigt, wie effizient diese Methode in allen Entwicklungs- und Fertigungsbereichen eingesetzt werden kann.

5.3 Die moderne Versuchsplanung

Im Gegensatz zum absoluten Experiment, beispielsweise der Bestimmung einer Naturkonstanten wie der Lichtgeschwindigkeit, gehört die überwältigende Anzahl der

Statistische Versuchsplanung

Experimente in die Kategorie der vergleichenden Experimente. Vergleichende Experimente, auffaßbar als durch verschiedene Bedingungen oder Behandlungen beeinflußte Prozesse, nach deren Ablauf die Ergebnisse gegenübergestellt und als Wirkung (Effekte) der Behandlungen interpretiert werden, zielen darauf ab:

- ❏ zu prüfen, ob ein Effekt existiert,
- ❏ die Größe des Effekts zu messen.

Die moderne Versuchsplanung unterscheidet sich von dem klassischen Vorgehen dadurch, daß stets mindestens 2 Faktoren zugleich untersucht werden. Früher wurden, wenn die Wirkung mehrerer Faktoren analysiert werden sollte, die Faktoren nacheinander durchgetestet, wobei nur jeweils ein Faktor auf mehreren Stufen, geprüft wurde. Es läßt sich zeigen, daß dieses Verfahren nicht nur unwirksam ist, sondern auch falsche Ergebnisse liefern kann. Das Prinzip der modernen Versuchsplanung besteht darin, die Faktoren so einzusetzen, daß sich ihre Effekte und Wechselwirkungen sowie die Variabilität dieser Effekte messen, untereinander vergleichen und gegen die zufällige Variabilität abgrenzen lassen.

Man kann vier verschiedene Verfahren definieren, welche alle mit Hilfe statistischer Methoden analysiert und interpretiert werden können. Die statistische Versuchsplanung (SVP) verwendet die Methode des steilsten Anstiegs (Abstiegs), sie ist von den hier dargestellten Verfahren das effektivste.

5.3.1 Der zufällige Versuch

Ungeplante Experimente können aufgrund von Vorkenntnissen, Intuition und einfachen Zusammenhängen zwischen den Einflußgrößen ein Problem lösen. Bei komplexen Zusammenhängen mit Wechselwirkungen zwischen den Einflußgrößen ist dieses aber kaum möglich. Außerdem kann kein Modell entwickelt werden, mit dem die beste Einstellung der Einflußgrößen ermittelt werden kann. So ergibt sich bei Anwendung dieses Verfahrens eine hohe Anzahl von Versuchen, ohne daß die Probleme gelöst werden oder nur eine teilweise Lösung als Optimum akzeptiert wird.

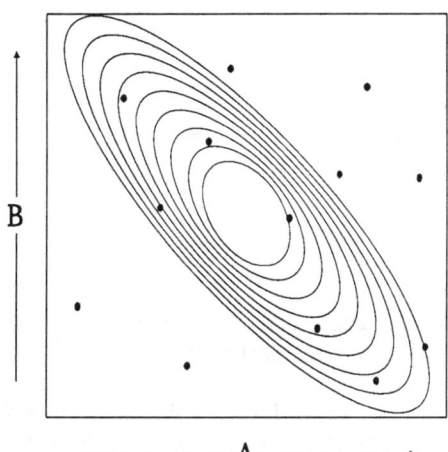

Abb. 5.3.1a: Der zufällige Versuch

Wie die Abb. 5.3.1a zeigt, werden in dem Versuchsraum zufällig Experimente durchgeführt. Ein besonders Problem dieses Verfahrens ist die mögliche Abhängigkeit der Einflußgrößen.

Statistische Versuchsplanung

5.3.2 Das Gitterlinienmodell

Das Gitterlinienmodell ist von allen Verfahren das präziseste. Es erlaubt, auch komplizierteste Zusammenhänge zu analysieren und darzustellen. Dies setzt ein enges Gitterliniennetz voraus. Je enger die Gitterlinien definiert werden, um so mehr Versuchspunkte ergeben sich. Aus diesem Grunde läßt sich dieses Verfahren nur anwenden, wenn die Anzahl der Einflußgrößen und der Gitterlinien gering ist, es sei denn die Versuchsdurchführung, die Meßwerterfassung und die Datenanalyse werden von einem nicht zu kleinen Rechner gesteuert. Ein weiteres Problem ist die fehlende Orthogonalität in den Wechselwirkungen. Der Fachmann wird wegen dieser Probleme andere und einfachere Verfahren vorziehen.

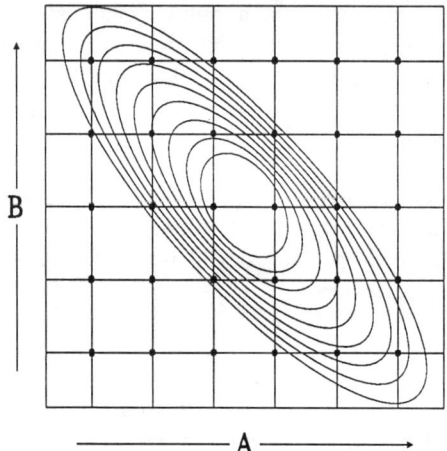

Abb. 5.3.2a: Die Gitterlinienmethode.

Wie in Abb. 5.3.2a zu sehen ist, wird der Versuchsraum mit einem möglichst engmaschigen Netz an Versuchspunkten überzogen. Dies bedeutet, in der Versuchspraxis muß ein hoher experimenteller Aufwand betrieben werden.

5.3.3 Die Einfaktormethode

Die Einfaktormethode ist ein einfaches und gebräuchliches Verfahren, um eine optimale Einstellung von Einflußgrößen zu finden. Die Einfaktormethode kann wie folgt beschrieben werden:

- ❑ Man beginnt bei einer definierten Einstellung der Einflußgrößen mit einem oder mehreren Versuchen.
- ❑ Dann wird die Einstellung einer Einflußgröße erhöht bzw. erniedrigt, während die anderen Einflußgrößen alle konstant gehalten werden.
- ❑ Bei der neuen Position werden dann weitere Versuche durchgeführt.
- ❑ Ist das Versuchsergebnis besser, wird die einzustellende Einflußgröße weiter erhöht und dies wird solange fortgesetzt, bis ein schlechteres Versuchsergebnis erzielt wird
- ❑ Ist das Versuchsergebnis schlechter, geht man zur vorherigen Einstellung zurück und führt das Verfahren mit einer anderen Einflußgröße fort.

Die Annäherung an die optimale Einstellung hängt im wesentlichen vom Abstand der Versuchspunkte ab. Kleine Abstände zwischen den Versuchen führen zu einer besseren Annäherung an das Optimum, erfordern aber auch eine größere Anzahl wiederholter Versuche, um signifikante Verbesserungen zu erkennen. Mit steigender

Anzahl von Einflußgrößen nimmt die Anzahl von Fehlversuchen zu, so daß der Tester viel Zeit und Mühe aufwenden muß, um das Optimum zu erreichen. Daher ist diese Methode bei mehr als zwei Einflußgrößen unwirtschaftlich, zumal auch mit diesem Verfahren kein Modell gebildet werden kann. Ebenso können keine Wechselwirkungen erkannt werden. Zusammenfassend läßt sich sagen, die Einfaktormethode ist zwar eine einfache und häufig benutzte, aber für die tägliche Versuchspraxis ungeeignete Methode.

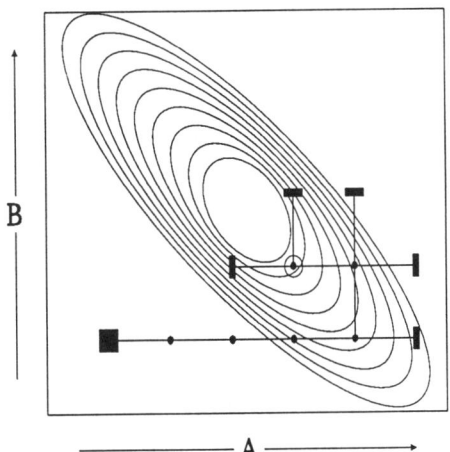

Abb. 5.3.3a: Die Einfaktormethode

Die Abb. 5.3.3a zeigt die Vorgehensweise nach der Einfaktormethode. Dieses Verfahren wird häufig benutzt, es ist aber für die meisten Problemlösungen ungeeignet, z.B. bei mehr als 3 Einflußgrößen oder bei signifikanten Wechselwirkungen.

5.3.4 Die Methode des steilsten Anstiegs

Die Methode des steilsten Anstiegs setzt zwingend die SVP voraus und führt den Tester auf dem kürzesten Weg zur optimalen Einstellung der Einflußgrößen. Das Verfahren kann wie folgt beschrieben werden:

- ❑ Man beginnt mit einem faktoriellen Versuch.
- ❑ Dann werden weitere Versuche in Richtung des steilsten Anstiegs durchführt. Die Richtung des steilsten Anstiegs ergibt sich aus den Gradienten der ermittelten Regressionsfunktion.
- ❑ Tritt bei den sukzessiv und in Richtung des steilsten Anstiegs durchgeführten Versuchen ein schlechteres Versuchsergebnis ein, wird ein weiterer faktorieller Versuch um den vorletzten Versuch herum durchgeführt.
- ❑ Wird dann die Anpassung an das lineare Regressionsmodell abgelehnt, wird der faktorielle Versuchsplan um die Sternpunkte erweitert. Man erhält einen zentral zusammengesetzten Versuchsplan. Dessen Regressionsfunktion hat ein relatives Maximum oder Minimum, welches als Optimum definiert ist.
- ❑ Wird die Anpassung an das lineare Regressionsmodell nicht abgelehnt, beginnt das Verfahren an der vorletzten Versuchseinstellung von vorn.

Dies Verfahren ermöglicht eine grobe Modellbildung der Abhängigkeiten der Einflußgrößen und der Prüfung des Optimums. Dabei wird der gerade notwendige Versuchsaufwand erforderlich. Leider ist dieses Verfahren mit seinen zentral zusammengesetzten Versuchen nur dann durchführbar, wenn alle Einflußgrößen mindestens intervallskaliert sind. Sollten bei der Planung eines Versuches nominalskalierte Einflußgrößen gewählt worden sein, wird dieses Verfahren nur mit den faktoriellen Versuchen durchgeführt. Die Gradienten werden nicht benötigt, weil ein Versuchspunkt das Optimum darstellt.

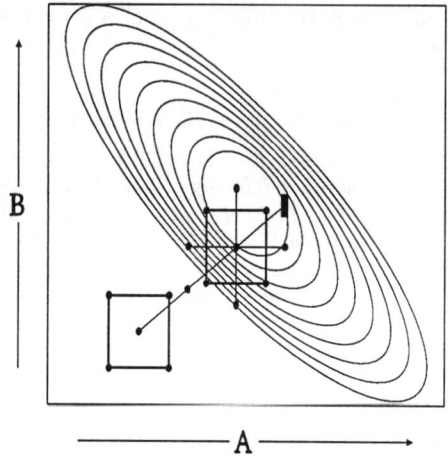

Abb. 5.3.4a: Die Methode des steilsten Anstiegs.

Diese von G. E. P. Box publizierte und in Abb. 5.3.4a dargestellte Methode ist unumstritten das effektivste Verfahren zur Erreichung einer optimalen Einstellung mehrerer Einflußgrößen. Dieses kann mit minimalem Aufwand erzielt werden.

5.4 Behandlung wissenschaftlicher oder technischer Probleme

Ein Experiment besteht aus sechs aufeinanderfolgenden Phasen, beginnend mit der Formulierung des Problems, welche im wesentlichen losgelöst von einer statistischen Betrachtung erfolgt. Der nächste Schritt ist die Planung des Experimentes, bei der die statistische Methodenlehre berücksichtigt werden muß. Die nachfolgende Durchführung des Experimentes wird vom jeweiligen Fachgebiet wahrgenommen. Als nächstes analysiert der Statistiker die Daten des Experimentes. Danach werden die Analyseer-

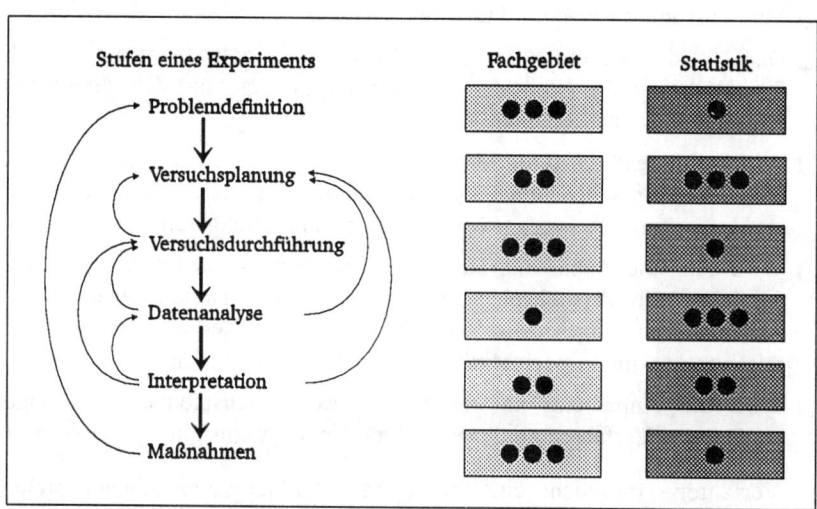

Abb. 5.4a: Ablaufplan eines Experimentes

Die Abb. 5.4a zeigt den Arbeitsschwerpunkt der jeweiligen Disziplin und die Verknüpfungen im Ablaufplan des Experiments.

Statistische Versuchsplanung

gebnisse sowohl von Statistiker wie auch von Spezialisten des Fachgebietes interpretiert. Das Ergebnis der Interpretation und der daraus abgeleiteten Maßnahmen führt zum letzten Schritt der Realisierung der Ergebnisse.

5.4.1 Formulierung des Problems

Häufig ist es zweckmäßig, das gesamte Problem in Teilprobleme zu zerlegen und einige Fragen zu stellen:

- ❏ Wie lautet das Problem?
- ❏ Warum wird das Problem gestellt?
- ❏ Wie lautet der Istzustand?
- ❏ Welches Ziel soll erreicht werden?
- ❏ Welcher Problemtyp liegt vor?
- ❏ Welche Probleme ähnlicher Art sind untersucht worden?

Aus der Beantwortung dieser und weiterer Fragen läßt sich die Zielsetzung klarer erkennen, und der Experte wird in die Lage versetzt, das Problem eindeutig zu definieren.

5.4.2 Planung des Experimentes

Man entwickelt ein problemspezifisches Modell mit der Anzahl der zu berücksichtigenden Variablen. Außerdem wird mit der Einführung vereinfachender Maßnahmen begonnen. Der nächste Schritt ist die Definition und Entwicklung der Untersuchungstechnik. Die Methode sollte problemrelevante Meßwerte liefern, deren Gewinnung frei von systematischen Fehlern ist. Nun wird das statistische Modell einschließlich eines Planes zur statistischen Analyse entwickelt. Bei der Entwicklung des Modells müssen auch die Modellvoraussetzungen klar formuliert werden. Anhand von Voruntersuchungen kann die Prüfung der Untersuchungstechnik und der Verträglichkeit der Beobachtungswerte mit dem statistischen Modell vorgesehen werden. Dann erfolgt die endgültige Festlegung aller wesentlichen Punkte, z.B. der Untersuchungsmethode, der Versuchsobjekte, der Merkmalsträger, der Merkmale und Einflußgrößen, der Kontrollen, der Bezugsbasis, Ausschaltung der unkontrollierbaren Faktoren, Stichprobenumfang (Wiederholungen), Berücksichtigung des Aufwandes an Arbeitskräften, Geräten, Material, Zeit etc., Umfang des gesamten Programms, endgültige Formulierung des Modells der statistischen Analyse, Vorbereitung von benötigten Formblättern etc.

5.4.3 Durchführung des Experimentes

Die Durchführung des Experimentes muß ohne Modifikation der Planung durchgeführt werden. Sollten sich aber bei der Durchführung des Experimentes neue Erkenntnisse ergeben, welche eine Abweichung vom Versuchsplan unumgänglich machen, muß das Experiment abgebrochen und der Versuchsplan neu erstellt werden.

Statistische Versuchsplanung

5.4.4 Analyse des Experimentes

Die Aufgabe der Analyse ist die Darstellung des Datenmaterials in anschaulicher Form als aussagefähige Tabellen und Grafiken. Nach der Sichtung und Erfassung des aufbereiteten Datenmaterials kann die rechnerische Analyse durchgeführt werden. Bei der rechnerischen Analyse müssen zuerst die Voraussetzungen geprüft und in ihrer Summe beurteilt werden. Die rechnerische Analyse muß durch Grafiken unterstützt werden. Der letzte Schritt der Analyse ist die Berechnung und Darstellung aller Parameter und Ergebnisse entsprechend dem Versuchsplan. Sollten sich Probleme bei der Analyse des Datenmaterials ergeben, ist, je nach Problemfall, die Versuchsplanung oder die Versuchsdurchführung zu korrigieren und zu wiederholen.

5.4.5 Interpretation des Experimentes

Die Interpretation der Analyseergebnisse muß neben der statistischen Signifikanz besonders die praktische Relevanz beurteilen. Neben der praktischen Bedeutung muß die Plausibilität, die Überprüfbarkeit und Gültigkeitsbereich der Untersuchungen beurteilt werden. Nur die Summe aller Ergebnisse verbunden mit den Erfahrungen aus dem jeweiligen Fachgebiet, ermöglichen eine umfassende Interpretation. Ziel der Interpretation ist der Gewinn neuer Erkenntnisse, die es erlauben, Prozesse oder Produkte zu optimieren, Risiken zu erkennen, Abhängigkeiten zwischen Variablen neu zu definieren usw.. Ergeben sich aus der Interpretation neue Problemstellungen, kann je nach Art des Problems ein neuer Versuch geplant, die Durchführung ergänzt oder die Analysemethode geändert werden.

5.4.6 Realisierung der Maßnahmen

Aus einem Experiment resultierende Maßnahmen können sehr unterschiedlicher Art sein, z.B. können Prozeßparameter anders definiert werden oder es ergibt sich eine neue Problemstellung und es wird ein weiterer Versuch geplant oder eine Komponente muß durch eine andere ersetzt werden usw.. Oft bereitet die Maßnahme die größten Probleme in der betrieblichen Praxis. Der Grund ist in einer nicht präzisen und unscharfen Formulierung des Problems zu suchen oder in dem Irrglauben mit statistischer Versuchsplanung könnte ein ''Perpetuum Mobile'' erfunden werden.

Statistische Versuchsplanung

6. Die Normalverteilung

Bildet man für ein stetiges Merkmal aufgrund beobachteter Werte (x_i) eine Häufigkeitsverteilung, so weist diese im allgemeinen eine mehr oder weniger charakteristische, häufig auch weitgehend symmetrisch glockenförmige Gestalt auf. Besonders die Ergebnisse wiederholter Messungen zeigen häufig diese Form. Diese Verteilung wird als Normalverteilung bezeichnet.

6.1 Die Häufigkeitsverteilung

Statistisches Material besteht im allgemeinen aus Meß- oder Beobachtungswerten (x_i) stetiger Merkmale oder diskreter Merkmale (Verhältnis- oder Intervallskala). Zu diesen quantitativen Merkmalen kommen noch qualitative Merkmale und ordinale Merkmale (Nominal- oder Ordinalskala). Liegen viele Ergebnisse einer Datenerhebung vor, so gibt man sie zweckmäßig in Tabellen und grafischen Darstellungen wieder. Beispielsweise führt die Aufgliederung von 200 Neugeborenen nach ihrer Körperlänge zu der Tabelle 6.1a.

Klassenbreite	Häufigkeit absolut	Häufigkeit relativ, in %
39.5 bis 42.5	2	1.00
42.5 bis 45.5	7	3.50
45.5 bis 48.5	40	20.00
48.5 bis 51.5	87	43.50
51.5 bis 54.5	58	29.00
54.5 bis 57.5	5	2.50
57.5 bis 60.5	1	0.50
Insgesamt	200	100.00

Tab. 6.1a Häufigkeitsverteilung von 200 Neugeborenen.

Die Klassenbreite wurde so gewählt, daß eine eindeutige Zuordnung gewährleistet war, d.h. gemessen wurde nur in vollen Zentimetern.

Rechts neben der Klasseneinteilung ist in Tabelle 6.1a angegeben, wie groß die absolute Häufigkeit (Besetzungszahl) und die relative Häufigkeit in den Klassen ist. Das Histogramm ist in Grafik 6.1a gegeben. Hierbei wird die relative Häufigkeit durch die Fläche des über der Klassenbreite gezeichneten Rechtecks dargestellt.

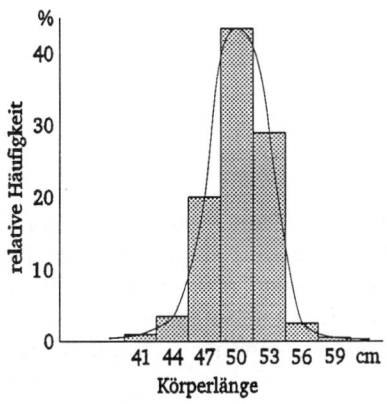

Abb. 6.1a: Histogramm von 200 Neugeborenen.

Die Abb. 6.1a zeigt eine Häufigkeitsverteilung, welche näherungsweise mit einer Normalverteilung übereinstimmt. Dies ist für die Körperlängen von Neugeborenen eine typische Häufigkeitsverteilung.

Statistische Versuchsplanung

Verbinden wir die Klassenmitten, so erhalten wir einen Streckenzug. Je feiner die Klasseneinteilung gewählt wird, desto mehr wird sich dieser Streckenzug durch eine Kurve, die Verteilungskurve, annähern lassen. Eine Verteilungskurve ist das grafische Bild einer Wahrscheinlichkeitsdichte. In vielen Fällen zeigen diese Kurven ungefähr die Gestalt von Glockenkurven. Die schrittweise kumulierten Häufigkeiten ergeben die sogenannte Summenhäufigkeitskurve (Tabelle 6.1b).

Klassenbreite	Summenhäufigkeit	
	absolut	relativ, in %
39.5 bis 42.5	2	1.00
42.5 bis 45.5	9	4.50
45.5 bis 48.5	49	24.50
48.5 bis 51.5	136	68.00
51.5 bis 54.5	194	97.00
54.5 bis 57.5	199	99.50
57.5 bis 60.5	200	100.00

Tab. 6.1b: Summenhäufigkeiten von 200 Neugeborenen.

Bei der Tabelle der Summenhäufigkeiten werden die akkumulierten Klassenhäufigkeiten absolut und relativ angegeben.

Trägt man die zusammengehörenden Werte, Größe und Summenhäufigkeit, in ein rechtwinkliges Koordinatensystem ein und verbindet die so bestimmten Punkte, so erhält man einen Streckenzug, der bei Verfeinerung der Klasseneinteilung durch eine monoton wachsende, häufig S-förmige Kurve (Grafik 6.1b) gut angenähert werden kann.

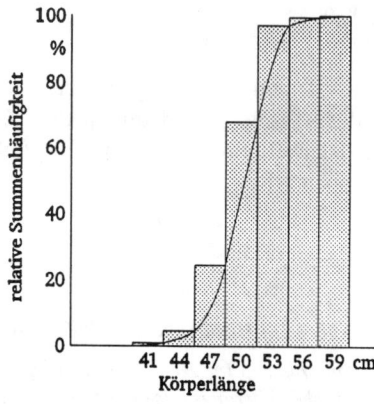

Abb. 6.1b: Summenhäufigkeitskurve von 200 Neugeborenen.

Die Summenhäufigkeitskurve zeigt wieviele Neugeborene kleiner oder größer als eine definierte Körperlänge sind. Die Kurve muß durch die oberen Klassengrenzen gezogen werden.

Die Summenhäufigkeitskurve gestattet die Abschätzung, wie viele Elemente eine Größe unter x [cm] aufweisen bzw. welcher Prozentsatz der Elemente kleiner als x [cm] ist. Kurven lassen sich bequem vergleichen, wenn man sie in ein Koordinatennetz einzeichnet, das sie zur Geraden streckt. Summenhäufigkeitskurven lassen sich durch Verzerrung der Ordinatenskala in eine Gerade umwandeln (Grafik 6.1c).

Statistische Versuchsplanung

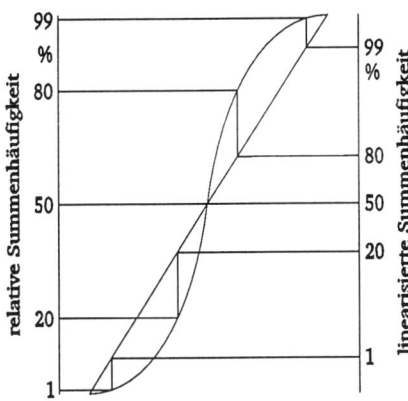

Abb. 6.1c: Grafische Ableitung des Wahrscheinlichkeitsnetzes.

Die Summenhäufigkeitskurve der Normalverteilung kann durch Maßstabsverzerrung in eine Gerade überführt werden. Man erhält das Wahrscheinlichkeitsnetz, mit welchem die Summenhäufigkeit leichter abgelesen werden kann.

Diese Verzerrung, durchgeführt für die Normalverteilung, ergibt das Wahrscheinlichkeitsnetz. Mit Hilfe des Wahrscheinlichkeitsnetzes kann man sich einen Überblick verschaffen, ob eine Stichprobenverteilung angenähert normalverteilt ist. Außerdem erhält man einen Mittelwert ($\bar{x}$) und Standardabweichung (s) der Verteilung. Das Wahrscheinlichkeitsnetz ist so eingerichtet, daß sich beim Einzeichnen der in Prozent ausgedrückten Summenhäufigkeit mit dem oberen Grenzwert (auch Einzelwert) eine Gerade ergibt. Die Abszisse kann linear oder logarithmisch eingeteilt sein. Die Ordinatenwerte 0% und 100% sind im Wahrscheinlichkeitsnetz nicht enthalten. Prozentuale Häufigkeiten werden deshalb nach Formel 6.1a berechnet.

$$h_i = \frac{i-a}{n+1-2a}$$

FORMEL 6.1a

h_i .... Summenhäufigkeit des i-ten Wertes
i .... Index
n .... Stichprobenumfang
a .... vom Stichprobenumfang abhängige Variable (ca. 0.3)

Die Beurteilung der Geradlinigkeit erfolgt nach dem Verlauf der Kurve (klassierte Werte) oder der Punktwolke (Einzelwerte) im Bereich zwischen 10% und 90%. Bei 50% ist der Mittelwert ($\bar{x}$) abzulesen. Um die Standardabweichung (s) zu ermitteln, wird die positive Differenz zwischen dem 16%-Wert und dem 84%-Wert gebildet und durch 2 dividiert.

6.2 Berechnung der Parameter der Normalverteilung

Die Normalverteilung ist ein mathematisches Modell, dessen grundlegende Bedeutung darauf beruht, daß sich viele zufällige Variable, die in der Natur beobachtet werden können, als Überlagerung vieler einzelner, voneinander unabhängiger Einflüsse auffassen lassen.

Die Ordinate (y), welche die Höhe der Kurve für jeden Punkt der Abszisse (x) darstellt, ist die sogenannte Wahrscheinlichkeitsdichte des Wertes (x_i), den die

Statistische Versuchsplanung

Variable (X) annimmt. Die Wahrscheinlichkeitsdichte hat ihr Maximum beim Mittelwert ($\bar{x}$) wie in der Abbildung (Abb. 6.2a) dargestellt.

Abb. 6.2a: Die Wahrscheinlichkeitsdichte der Normalverteilung.

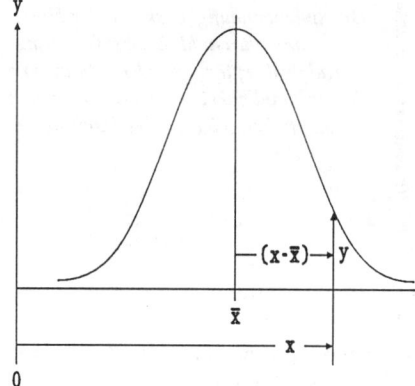

$$y = \frac{1}{s\sqrt{2\pi}} \cdot e^{-\frac{1}{2}\left(\frac{x-\bar{x}}{s}\right)^2}$$

FORMEL 6.2a

y .... Dichtefunktion
s .... Standardabweichung der NV.
$\bar{x}$ .... Mittelwert der NV.
π .... Kreiszahl 3.14...
e .... natürliche Zahl 2.71...
x .... Ordinatenwert

Die Normalverteilung ist durch die Parameter Mittelwert ($\bar{x}$) und Standardabweichung (s) vollständig charakterisiert. Der Mittelwert ($\bar{x}$) bestimmt die Lage der Verteilung im Hinblick auf die Abszisse (x), die Standardabweichung (s) die Form der Kurve. Setzen wir (x - $\bar{x}$)/s = u (x ist dimensionsbehaftet, u ist dimensionslos), so erhalten wir die standardisierte Normalverteilung NV(0,1) mit dem Mittelwert Null und der Standardabweichung gleich Eins.

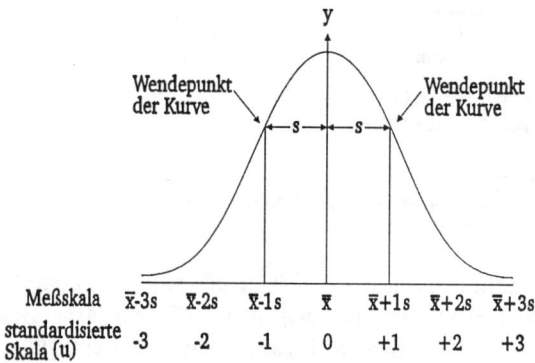

Abb. 6.2b: Die standardisierte Normalverteilung.

Die Abb. 6.2b zeigt den Zusammenhang zwischen den Parametern $\bar{x}$ und s und der standardisierten Normalverteilung NV(0,1).

Die standardisierte Normalverteilung mit der Verteilungsfunktion

$$u = \frac{x - \bar{x}}{s}$$

$$x = \bar{x} + u \cdot s$$

$$F_{(u)} = \frac{1}{\sqrt{2\pi}} \int_{-\infty}^{u} e^{-\frac{u^2}{2}} du$$

FORMEL 6.2b

u .... standardisierter Wert
x .... Wert der Zufallsvariablen (X)
$\bar{x}$ .... Mittelwert der Stichprobe
s .... Standardabweichung der Stichprobe
$F_{(u)}$ .... Verteilungsfunktion der NV(0,1)
π .... Kreiszahl 3.14...
e .... natürliche Zahl 2.71

Grundlagen der SVP

Statistische Versuchsplanung

ist tabelliert, oder kann mit Hilfe der folgenden Näherung berechnet werden.

$$f_{(u)} = \frac{1}{\sqrt{2\pi}} e^{-\frac{u^2}{2}}$$

$$t = \frac{1}{1 + b_0 \cdot u}$$

$$F_{(u)} = 1 - f_{(u)} (b_1 t + b_2 t^2 + b_3 t^3 + b_4 t^4 + b_5 t^5)$$

FORMEL 6.2c
t .... Hilfsgröße
b_0 .... 0.231641900
b_1 .... 0.319381530
b_2 .... -0.356563782
b_3 .... 1.781477937
b_4 .... -1.821255978
b_5 .... 1.330274429
$f_{(u)}$ .... Dichtefunktion der NV(0,1)
$F_{(u)}$ .... Verteilungsfunktion der NV(0,1)
π .... Kreiszahl 3.14...
e .... natürliche Zahl 2.71...

6.2.1 Das arithmetische Mittel und die Standardabweichung

Mittelwert ($\bar{x}$) und Standardabweichung (s) sind charakteristische Werte einer Normalverteilung. Sie bestimmen die Lage oder Lokalisation des durchschnittlichen oder mittleren Wertes einer Meßreihe und die Streuung oder Dispersion der Einzelwerte um den Mittelwert.

Das arithmetische Mittel ($\bar{x}$) der Stichprobe ist die Summe aller Beobachtungen, geteilt durch die Anzahl dieser Beobachtungen (n).

$$\bar{x} = \frac{1}{n} \sum_{i=1}^{n} x_i$$

FORMEL 6.2.1a
n .... Stichprobenumfang
i .... Index der Meßwerte
x_i .... Meßwerte der Stichprobe
$\bar{x}$ .... Mittelwert der Stichprobe

Die Standardabweichung (s) der Stichprobe ist die Wurzel aus dem Durchschnitt der quadrierten Abweichungen.

$$s^2 = \frac{1}{n-1} \sum_{i=1}^{n} (x_i - \bar{x})^2$$

$$s = \sqrt{s^2}$$

FORMEL 6.2.1b
n .... Stichprobenumfang
i .... Index der Meßwerte
x_i .... Meßwerte der Stichprobe
$\bar{x}$ .... Mittelwert der Stichprobe
s^2 .... Varianz der Stichprobe
s .... Standardabweichung der Stichprobe

Statistische Versuchsplanung

6.2.2 Der Standardfehler des arithmetischen Mittels

Nach dem Gesetz der großen Zahl streben mit zunehmendem Stichprobenumfang (n), unabhängige Zufallsvariable (X) vorausgesetzt, die Maßzahlen der Stichproben gegen die Parameter der Grundgesamtheit; insbesondere strebt der Mittelwert der Stichprobe ($\bar{x}$) gegen den Mittelwert der Grundgesamtheit (μ). Wie stark kann nun der Mittelwert der Stichprobe ($\bar{x}$) von dem Mittelwert der Grundgesamtheit (μ) abweichen? Die Abweichung wird um so schwächer sein, je kleiner die Standardabweichung der Grundgesamtheit (σ) und je größer der Umfang der Stichprobe (n) ist. Da der Mittelwert ($\bar{x}$) wieder eine zufällige Variable ist, hat er auch eine Wahrscheinlichkeitsverteilung. Die Standardabweichung des Mittelwertes ($s_{\bar{x}}$) von zufälligen Variablenwerten ($x_1, x_2, ..., x_n$), die alle unabhängig sind und dieselbe Verteilung besitzen, errechnet sich aus

$$s_{\bar{x}} = \frac{s}{\sqrt{n}}$$

FORMEL 6.2.2a

s .... Standardabweichung der Stichprobe
n .... Stichprobenumfang
$s_{\bar{x}}$ .... Standardabweichung des Mittelwertes oder Standardfehler

6.2.3 Vertrauensbereich des Mittelwertes und der Standardabweichung

Man versteht unter dem Vertrauensbereich ein aus Stichprobenwerten berechnetes Intervall, das den wahren, aber unbekannten Parameter mit einer vorgegebenen Wahrscheinlichkeit überdeckt. Als Vertrauenswahrscheinlichkeit (statistische Sicherheit) wird meist 95% gewählt. Gegeben sei eine Zufallsstichprobe ($x_1, x_2, ..., x_n$) aus einer normalverteilten Grundgesamtheit. Der Mittelwert der Grundgesamtheit sei unbekannt. Gesucht sind zwei aus der Stichprobe zu errechnende Werte, μ_{un} und μ_{ob}, die mit einer bestimmten Wahrscheinlichkeit den unbekannten Parameter einschließen. Mit der statistischen Sicherheit (S) liegt dann der gesuchte Parameter (μ) zwischen den Vertrauensgrenzen

$$\mu_{un}^{ob} = \bar{x} \pm t_{(n-1,\, 1-\alpha/2)} \frac{s}{\sqrt{n}}$$

FORMEL 6.2.3a

$\mu_{ob,un}$ .... Vertrauensbereich des Mittelwertes
$\bar{x}$ .... Mittelwert der Stichprobe
s .... Standardabweichung der Stichprobe
$t_{(n-1,\, 1-\alpha/2)}$ .... Schwellenwert der t-Verteilung
n .... Stichprobenumfang
α .... Irrtumswahrscheinlichkeit

Der Vertrauensbereich für die Standardabweichung (s) σ_{un} und σ_{ob} bzw. die Varianzen läßt sich anhand der χ^2-Verteilung schätzen. Aus den Vertrauensbereichen kann durch Umstellung nach dem Stichprobenumfang (n) der notwendige Versuchsaufwand ermittelt werden.

Statistische Versuchsplanung

$$\sigma_{un} = \sqrt{\frac{s^2(n-1)}{\chi^2_{(n-1,\,\alpha/2)}}}$$

$$\sigma_{ob} = \sqrt{\frac{s^2(n-1)}{\chi^2_{(n-1,\,1-\alpha/2)}}}$$

FORMEL 6.2.3b

$\sigma_{ob,un}$ .... Vertrauensbereich der Standardabweichung
s^2 .... Varianz der Stichprobe
n .... Stichprobenumfang
α .... Irrtumswahrscheinlichkeit
$\chi^2_{(n-1,\,\alpha/2)}$ .... unterer Schwellenwert der χ^2-Verteilung
$\chi^2_{(n-1,\,1-\alpha/2)}$ .... oberer Schwellenwert der χ^2-Verteilung

6.2.4 Test auf Normalität

Hinsichtlich möglicher Abweichungen von der Normalverteilung unterscheidet man zwei Typen.

- I. Das Maximum der Stichprobenverteilung liegt links oder rechts vom Maximum der Normalverteilung, die Verteilung ist schief. Wenn das Maximum links liegt, spricht man von positiver Schiefe, liegt das Maximum rechts, spricht man von negativer Schiefe.

- II. Das Maximum der Stichprobenverteilung liegt höher oder tiefer als das der Normalverteilung. Liegt es bei gleicher Varianz tiefer, dann spricht man von negativer Wölbung, bei positiver Wölbung liegt das Maximum höher.

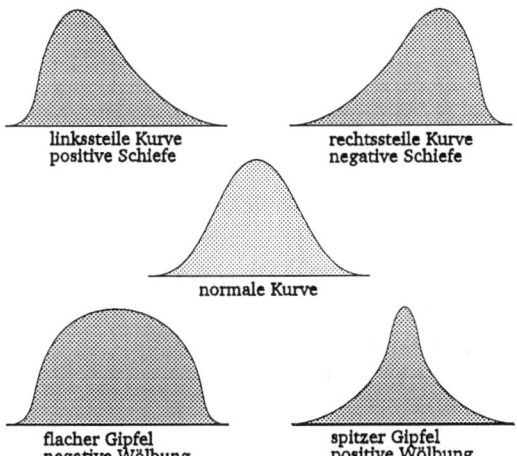

Abb. 6.2.4a: Abweichungen von der Normalverteilung.

Die typischen Abweichungen einer Verteilung von der Normalverteilungskurve zeigt die Abbildung 6.2.4a. Abweichungen bzgl. Schiefe sind durch Transformation der Meßwerte zu beheben. Dies gilt in der Regel nicht für die Abweichungen bzgl. Wölbung. Die Ursache für diesen Sachverhalt hängt von der Entstehung der Abweichung ab. Wölbung ist fast immer auf einen Erhebungsfehler (unpräzise Meßmethode, Mischverteilung etc.) zurückzuführen.

Schiefe und Wölbung ermittelt man über die Potenzmomente bzw. Kumulanten. Es läßt sich nachweisen, daß bei Stichproben aus einer normalverteilten Menge sowohl die Schiefe (g_1) als auch die Wölbung (g_2) selber wieder normalverteilt sind mit dem

Statistische Versuchsplanung

Mittelwert Null und einer Standardabweichung, die nur vom Stichprobenumfang abhängt. Die Berechnung dieser Kennzahlen geschieht nach folgendem Schema:

$$Q_1 = \sum_{i=1}^{n} x_i$$

$$Q_2 = \sum_{i=1}^{n} (x_i - \bar{x})^2$$

$$Q_3 = \sum_{i=1}^{n} (x_i - \bar{x})^3$$

$$Q_4 = \sum_{i=1}^{n} (x_i - \bar{x})^4$$

FORMEL 6.2.4a

Q_1 .... Summe aller Einzelwerte
Q_2 .... Summe der quadratischen Abweichungen
Q_3 .... Summe der kubischen Abweichungen
Q_4 .... Summe der Abweichungen 4.ten Grades
x_i .... Einzelwert der Stichprobe
$\bar{x}$ .... Mittelwert der Stichprobe
n .... Stichprobenumfang
i .... Index des Stichprobenwertes

Aus diesen Anfangswerten berechnet man die sogenannten Kumulanten (k_1, k_2, k_3, k_4) wobei der erste Kumulant dem arithmetischen Mittelwert und der zweite Kumulant der Varianz entspricht.

$$k_1 = \frac{Q_1}{n}$$

$$k_2 = \frac{Q_2}{n-1}$$

$$k_3 = \frac{n \cdot Q_3}{(n-1) \cdot (n-2)}$$

$$k_4 = \frac{n \cdot (n+1) \cdot Q_4 - 3 \cdot (n-1) \cdot Q_2^2}{(n-1) \cdot (n-2) \cdot (n-3)}$$

FORMEL 6.2.4b

k_1 .... erster Kumulant entspricht dem Mittelwert
k_2 .... zweiter Kumulant entspricht der Varianz
k_3 .... dritter Kumulant
k_4 .... vierter Kumulant
$Q_{1,2,3,4}$ ..... Hilfssummen
n .... Stichprobenumfang

Dann wird die Schiefe (g_1) mit ihrer Varianz (s_{g1}^2) und die Wölbung (g_2) mit ihrer Varianz (s_{g2}^2) berechnet.

Statistische Versuchsplanung

$$g_1 = \frac{k_3}{k_2^{1.5}}$$

$$s_{g_1}^2 = \frac{6 \cdot n \cdot (n-1)}{(n-2) \cdot (n+1) \cdot (n+3)}$$

$$g_2 = \frac{k_4}{k_2^2}$$

$$s_{g_2}^2 = \frac{24 \cdot n \cdot (n-1)^2}{(n-3) \cdot (n-2) \cdot (n+3) \cdot (n+5)}$$

FORMEL 6.2.4c

g_1 .... Schiefe der Stichprobenverteilung
s_{g1}^2 .... Varianz der Schiefe
g_2 .... Wölbung der Stichprobenverteilung
s_{g2}^2 .... Varianz der Wölbung
$k_{1,2,3,4}$ ...... Kumulanten der Stichprobenverteilung
n .... Stichprobenumfang

Da die Standardabweichungen der Schiefe und Wölbung nicht von den Meßwerten ($x_1, x_2, ..., x_n$) sondern nur vom Stichprobenumfang (n) abhängen, sind die angenähert normalverteilten Quotienten für einen Test geeignet.

$$u_s = \frac{g_1}{s_{g_1}}$$

$$u_w = \frac{g_2}{s_{g_2}}$$

FORMEL 6.2.4d

u_s .... standardisierte Schiefe der Stichprobenverteilung
u_w .... standardisierte Wölbung der Stichprobenverteilung
g_1 .... Schiefe der Stichprobenverteilung
s_{g1} .... Standardabweichung der Schiefe
g_2 .... Wölbung der Stichprobenverteilung
s_{g2} .... Standardabweichung der Wölbung

Man bildet also die Quotienten und vergleicht diese Werte mit dem Schwellenwert der standardisierten Normalverteilung (u) entsprechend der statistischen Sicherheit (S). Sind die Absolutwerte der Quotienten größer als der Schwellenwert der standardisierten Normalverteilung für die vorgegebene statistische Sicherheit, so muß die Nullhypothese (Vorliegen einer Normalverteilung H0: g_1=0 oder H0: g_2=0) abgelehnt werden.

Grafisch können Schiefe und Wölbung mit Hilfe des Wahrscheinlichkeitsnetzes, des Histogramms und der Residuengrafiken beurteilt werden.

Statistische Versuchsplanung

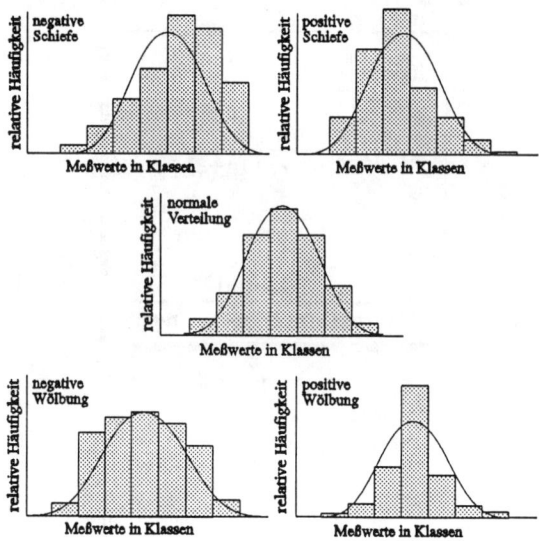

Abb. 6.2.4b: Abweichungen von der Normalverteilung dargestellt im Histogramm.

Die Darstellung und Beurteilung der Normalverteilung mit Hilfe des Histogramms ist nur bei großen Stichprobenumfängen (>50) möglich.

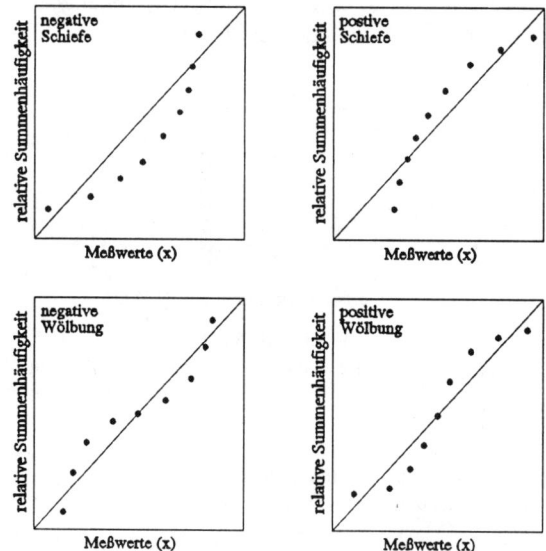

Abb. 6.2.4c: Abweichungen von der Normalverteilung dargestellt im Wahrscheinlichkeitsnetz.

Die Beurteilung der Normalverteilung kann einfach und für jeden Stichprobenumfang im Wahrscheinlichkeitsnetz erfolgen.

Ein weiterer Test zur Prüfung der Normalität betrachtet nicht die Parameter der Verteilung sondern die Summenfunktion der Stichprobenverteilung im Vergleich zum mathematischen Modell der Normalverteilung und eignet sich für die Analyse bei kleinen bis großen Stichprobenumfängen. Er ist mit seiner Effizienz vergleichbar mit dem bekannten Shapiro-Wilk-Test, läßt sich aber einfacher berechnen. Die Testgröße

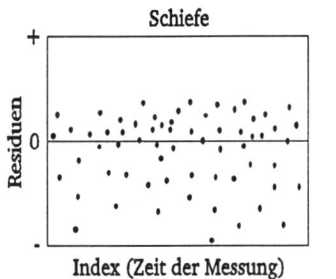
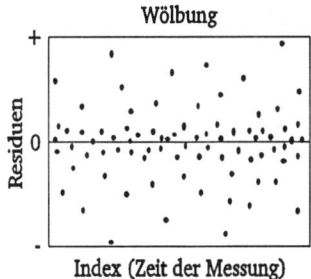

Abb. 6.2.4d: Abweichungen von der Normalverteilung dargestellt im Residuen versus Index Diagramm.

Diese Diagramme sind universell in ihrer Interpretationsfähigkeit, setzen aber einen großen Stichprobenumfang voraus. Alle systematischen Auffälligkeiten und Strukturen deuten auf eine Abweichung von der Normalverteilung hin.

ist der Korrelationskoeffizient zwischen der standardisierten Summenfunktion und den standardisierten Werten. Dieser Test ist bei kleinen Stichproben dem Kumulantentest vorzuziehen, weil er nicht die zufälligen Parameter der Normalverteilung sondern die Summenfunktion zur Berechnung der Prüfgröße P benutzt.

$$h_i = \frac{i - 0.3}{n + 0.4} \quad u_{(h_i)} \text{ aus Tabelle}$$

$$u_{x_i} = \frac{x_i - \bar{x}}{s}$$

$$P = \frac{\sum u_{(h_i)} u_{x_i} - \frac{1}{n}\left(\sum u_{(h_i)}\right)\left(\sum u_{x_i}\right)}{\sqrt{\left[\sum u_{(h_i)}^2 - \frac{1}{n}\left(\sum u_{(h_i)}\right)^2\right]\left[\sum u_{x_i}^2 - \frac{1}{n}\left(\sum u_{x_i}\right)^2\right]}}$$

$$T = 1.0063 - \frac{0.1288}{\sqrt{n}} - \frac{0.6118}{n} + \frac{1.3505}{n^2}$$

FORMEL 6.2.4e

h_i .... Summenhäufigkeit der aufsteigend sortierten Meßwerte
$u_{(hi)}$ .... Schwellenwert der standardisierten Normalverteilung (Summenhäufigkeit)
u_{xi} .... Schwellenwert der standardisierten Normalverteilung (Meßwerte)
T .... Schwellenwert der Testverteilung für $\alpha = 0.05$
P .... Prüfwert für den Test auf Normalverteilung
i .... Index der aufsteigend sortierten Stichprobenwerte
n .... Stichprobenumfang

Die Nullhypothese (H0: Vorliegen einer Normalverteilung) wird bestätigt, wenn der Schwellenwert (T) kleiner oder gleich der Prüfgröße (P entspricht dem Korrelationskoeffizient) ist und wird abgelehnt, wenn T größer P ist.

6.2.5 Der Ausreißertest

Extrem hohe oder niedrige Werte innerhalb einer Reihe üblicher, mäßig unterschiedlicher Meßwerte dürfen unter gewissen Umständen vernachlässigt werden. Meßfehler, Beurteilungsfehler, Rechenfehler oder Übertragungsfehler können zu Extremwerten führen, die, da sie anderen Grundgesamtheiten als denen der Stichprobe entstammen, gestrichen werden müssen. Getestet wird, ob ein als Ausreißer verdächtiger Extremwert einer anderen Grundgesamtheit angehört als die übrigen Werte der Stichprobe. Dies erfolgt mittels des kritischen Schwellenwertes (T) der Verteilung von Ausreißern, welcher verglichen wird mit der Prüfgröße (P).

$$P = \frac{\max. |x_i - \bar{x}|}{s^*}$$

$$s^* = \sqrt{\frac{s^2 \cdot (n-1)}{n}}$$

$$T = u \sqrt{\frac{2 \cdot (n-1)}{2 \cdot n - 5 + u^2 + (3 + u^2 + 2 \cdot u^4) \frac{1}{6(2 \cdot n - 5)}}}$$

FORMEL 6.2.5a

P .... Prüfwert bzgl. Ausreißer
T .... Schwellenwert bzgl. Ausreißer
n .... Stichprobenumfang
s^* .... Standardabweichung (n)
s .... Standardabweichung (n-1)
s^2 .... Varianz
x_i .... Meßwerte
$\bar{x}$ .... Mittelwert
u .... $u_{[1-\alpha/(2n)]}$ Schwellenwert der NV(0,1)

Die Nullhypothese (H0: Kein Ausreißer in der Stichprobe) wird bestätigt, wenn der Schwellenwert (T) > dem Prüfwert (P) ist und wird abgelehnt, wenn T < P. Der Extremwert darf jedoch nur dann gestrichen werden, wenn die vorliegenden Daten normalverteilt sind. Diese Forderung ist bei kleinen Stichprobenumfängen schwierig einzuhalten, sind es doch oft die vermeintlichen Ausreißer die für eine unsymmetrische Verteilung sorgen und nach einer Transformation der Meßwerte nicht mehr als Ausreißer ermittelt werden können. Bei kleinen Stichproben ist ein rechnerisch ermittelter Ausreißer oftmals ein Indiz für eine notwendige Datentransformation, weil in Wahrheit keine Normalverteilung der Meßwerte vorliegt. Zur besseren Interpretation sollte immer auch eine Residuengrafik benutzt werden. Ist auf diese Art ein Ausreißer identifiziert und gestrichen worden, muß dies im Analysebericht notiert werden. Außerdem darf nur ein Ausreißer entfernt werden, mehrere entfernte Ausreißer würden die Verteilung stutzen, zumal es wahrscheinlich ist, daß die Daten nicht normalverteilt sind. Grafisch kann der Ausreißer im Wahrscheinlichkeitsnetz, im

Statistische Versuchsplanung

Histogramm und in den Residuengrafiken dargestellt werden. Mit Hilfe der Grafiken ist ein Ausreißer eindeutig erkennbar.

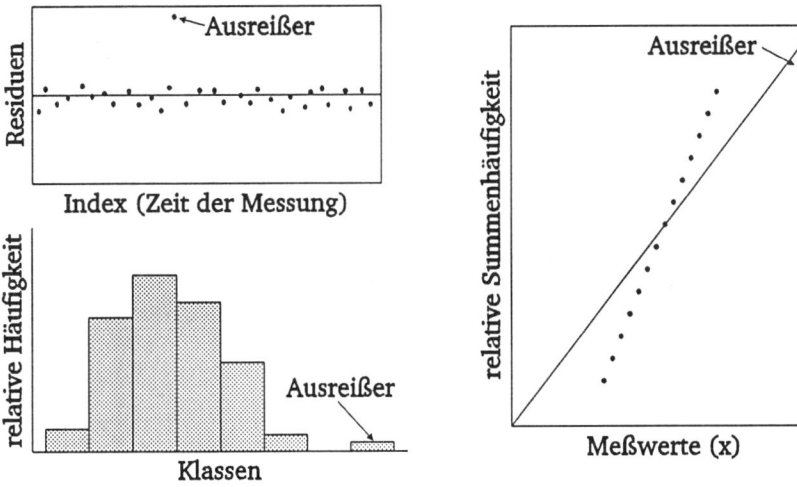

Abb. 6.2.5a Ausreißer

Die Abb. 6.2.5a zeigt einen Ausreißer in den verschieden Darstellungsformen. Man beachte, daß der Ausreißer immer ein einmaliges und seltenes Ereignis ist. Treten mehrere vermeintliche Ausreißer auf, sind die Daten nicht normalverteilt.

6.2.6 Autokorrelation

Ein einfacher Test zur Prüfung der Autokorrelation ist mit der sukzessiven Differenzenstreuung zeitlich aufeinanderfolgender Stichprobenwerte durchführbar. In einer normalverteilten Grundgesamtheit ist das Verhältnis der mittleren sukzessiven Differenz zur Stichprobenvarianz gleich Null.

$$P = \frac{\sum_{i=1}^{n-1}(x_i - x_{i+1})^2}{\sum_{i=1}^{n}(x_i - \bar{x})^2} - 2$$

$$T = 2 \cdot u \sqrt{\frac{n-2}{(n-1)(n+1)}}$$

FORMEL 6.2.6a

P .... Prüfwert der Autokorrelation
T .... Schwellenwert der Prüfverteilung
n .... Stichprobenumfang
i .... Index des Meßwertes
x_i .... Meßwerte
$\bar{x}$ .... Mittelwert der Stichprobe
u .... $u_{(1-\alpha/2)}$ Schwellenwert der NV(0,1)

Sobald das Verhältnis signifikant von Null abweicht, wird die Nullhypothese (H0: Meßwerte sind voneinander unabhängig) abgelehnt. Grafisch kann die Autokorrelation in der Residuengrafik (Residuen versus Index) dargestellt werden.

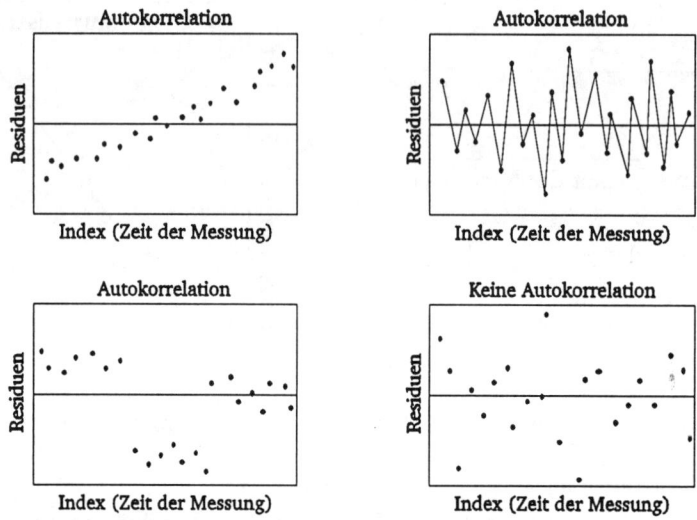

Abb.6.2.6a Autokorrelation

Die Abb. 6.2.6a zeigt unterschiedliche Formen der Autokorrelation. Der beschriebene Test reagiert besonders auf Trends, wie in der ersten Abbildung dargestellt. Zuviele Phasen, wie in der zweiten Abbildung, oder Haufenbildung, wie in der dritten Abbildung dargestellt, werden mit geringerer Teststärke geprüft.

Autokorrelation wirkt als Störgröße und erhöht die Versuchsstreuung. Die Ursachen für autokorrelierte Stichprobenwerte sind vielfältig. Die Auswirkungen auf die Versuchsstreuung können aber durch randomisierte Versuchsdurchführung weitestgehend vermieden werden.

Beispiel

Ein Meßgerät mit einer ausgeprägten Drift wird nach jeder zweiten Messung neu kalibriert. Daraus könnte sich eine Meßreihe ergeben, bei der auf einen niedrigen Wert immer ein hoher Wert folgt und auf diesen wiederum ein niedriger Wert. Würde das gleiche Meßgerät überhaupt nicht kalibriert, würden die Werte ständig ansteigen oder abfallen. Beide Fälle sind Extreme der Autokorrelation.

6.2.7 Transformationen

Merkmale von Objekten, die unter ähnlichen Bedingungen entstanden sind, sind meist angenähert normalverteilt. Manchmal zeigen Verteilungen allerdings teilweise starke Abweichungen von der Normalverteilung. Kann die verwendete Skala für die Abweichungen von der Normalverteilung nicht verantwortlich gemacht werden, dann sollte die Stichprobentechnik näher untersucht werden. Abweichungen von der Normalverteilung können auf der Verwendung einer ungeeigneten Maßeinheit beruhen, z.B. Flächen und Gewichte sind gewöhnlich nicht normalverteilt, eher

Statistische Versuchsplanung

handelt es sich um Quadrate und Kuben normalverteilter Variabler. In diesen Fällen ist der Gebrauch einer Transformation angezeigt. Für Flächen, Volumen und kleine Häufigkeiten wird die Quadratwurzel- bzw. die Kubikwurzel-Transformation bevorzugt. Nach rechts flach auslaufende Verteilungen, die links durch den Wert Null begrenzt sind, gehen häufig, wenn die Log.-Transformation durchgeführt wird, in angenähert normalverteilte Variable über. Wenn das, was wir mit dem arithmetischen Mittel ausdrücken wollen, im umgekehrten Verhältnis angegeben ist, dann wird das harmonische Mittel benötigt. Das harmonische Mittel ist der rücktranformierte Mittelwert der mit 1/x transformierten Daten. Dies trifft zu für [km/h], [g/cm^3], [min/Stck.] usw. Läßt sich eine Verteilungsfunktion nicht sachlich oder aus Erfahrung erklären, ist man gezwungen, die geeignete Transformation durch Probieren zu ermitteln oder auf verteilungsfreie Verfahren auszuweichen.

Die Suche nach einer geeigneten Transformation ist wesentlicher Teil der statistischen Analyse. Durch Transformationen der Meßdaten lassen sich in vielen Fällen eine

- Schiefe der Daten,
- vermeintliche Ausreißer,
- Mangel an Homoskedastizität (ungleiche Streuungen)

beseitigen. Ausgehend von einer Datenmenge $(x_1, x_2, ..., x_n)$ versteht man unter einer Transformation eine Funktion $G(x)$, die jeden Wert (x_i) in einen neuen Wert $G(x_i)$ überführt. Dabei dürfen die folgenden Bedingungen nicht verletzt werden:

- $G(x)$ soll möglichst einfach sein.
- $G(x)$ soll eine mehrfach differenzierbare Funktion sein.
- $G(x)$ soll eine stetige Funktion sein.
- Die Reihenfolge der sortierten Daten soll erhalten bleiben.

$$x(p) = \begin{cases} ax^p + b & \text{für } p \neq 0 \\ c \log x + d & \text{für } p = 0 \end{cases}$$

$$x(p) = \begin{cases} x^p & \text{für } p \neq 0 \\ \log x & \text{für } p = 0 \end{cases}$$

FORMEL 6.2.7a
$x(p)$ .... transformierter Wert
x .... Rohwert
p .... Exponent
a, b, c, d .. frei wählbare Konstanten

Alle diese Bedingungen werden von Transformationen erfüllt, welche die einfache Form gemäß Formel 6.2.7a haben. Für viele Zwecke reicht es, mit der vereinfachten Form zu transformieren. Die Potenzfunktionen lassen sich grafisch und tabellarisch darstellen. Die folgende Tabelle (Tab. 6.2.7a) zeigt die wichtigsten Exponenten sowie Bemerkungen über die Anwendung. Der Experimentator kann mit Hilfe dieser Tabelle einen Exponenten auswählen und nach weiterer Analyse nochmals korrigieren. Es ist das Ziel der Analyse, den richtigen Exponenten ermitteln.

Statistische Versuchsplanung

p	Transformation	Bezeichnung	Bemerkung
⋮			
3.0	x^p	kubische Transf.	selten anwendbar: negative Schiefe
2.0	x^p	quadrat. Transf.	häufig anwendbar: negative Schiefe
1.0	x^p	Rohdaten	Regelfall
0.5	x^p	Wurzeltransf.	häufig anwendbar: positive Schiefe
0.0	$\ln(x)$	logarith. Transf.	sehr häufig anwendbar: positive Schiefe
-0.5	x^p	reziproke Wurzel	häufig anwendbar: positive Schiefe
-1.0	x^p	reziproke Transf.	häufig anwendbar: positive Schiefe
-2.0	x^p	reziprokes Quadrat	selten anwendbar: positive Schiefe
⋮			

Tabelle 6.2.7a: Transformationen

Der Tabelle kann man die Richtung der Verzerrung des Maßstabes entnehmen, dadurch wird die Auswahl der richtigen Transformation vereinfacht.

Für den Vergleich dieser Funktionen untereinander ist es günstig, Formel 6.2.7b nochmals zu modifizieren:

$$x(p) = \begin{cases} \dfrac{x^p - 1}{p} & \text{für } p \neq 0 \\ \ln x & \text{für } p = 0 \end{cases}$$

FORMEL 6.2.7b
x(p).......... transformierter Wert
x............... Rohwert
p............... Exponent

Die mathematischen und geometrischen Eigenschaften dieser Transformation stehen in linearem Zusammenhang mit Formel 6.2.7a und sind somit keine Einschränkung der allgemeinen Verwendbarkeit. Die Grafik 6.2.7a zeigt einige ausgewählte Kurven nach der Formel 6.2.7b.

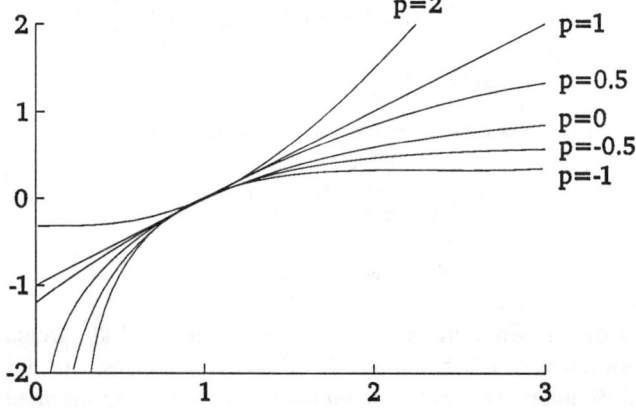

Abb. 6.2.7a Graphen der Exponentenleiter.

Die Abbildung zeigt die Stärke der Transformation und deren Richtung. Exponenten größer Eins sind stets bei negativer Schiefe anzuwenden. Umgekehrt ist bei positiver Schiefe der Verteilung ein Exponent kleiner Eins bei einer Transformation anzuwenden.

Statistische Versuchsplanung

Die Symmetrie von Datenmengen ist eine notwendige Eigenschaft, weil Aussagen über die Lage und deren Streuung dieses von den meisten Tests voraussetzen. Die Symmetrie läßt sich mit Hilfe von Ordnungsstatistiken beurteilen. Durch eine einfache Regression mit den Variablen X und Y kann die Steigung (Regressionskoeffizient (b_1)) ermittelt werden.

$$X = \frac{(y_{T.ob}-M)^2 + (M-y_{T.un})^2}{4 \cdot M}$$

$$Y = \frac{(y_{T.ob}+y_{T.un})}{2} - M$$

FORMEL 6.2.7c
X .... unabhängige Hilfsvariable
Y .... abhängige Hilfsvariable
M .... Median der Stichprobe
$y_{T.un}$ .... Wert der unteren Tiefe
$y_{T.ob}$ .... Wert der oberen Tiefe

Im Normalfall reicht auch eine grafische Lösung zur Ermittlung der Steigung aus. Die benötigte Transformation ergibt sich aus [$1-b_1 = p$]. Die Ordnungszahlen Median (M) und die Tiefen ($y_{T.un}$ und $y_{T.ob}$) lassen sich einfach mit Hilfe einer Tabelle ermitteln (Tabelle 6.2.7b).

geordnete Meßwerte	Tiefen	Bezeichnung
0.14	1	$y_{Tiefe,unten}$
0.27	2	$y_{Tiefe,unten}$
0.43	3	$y_{Tiefe,unten}$
0.68	4	$y_{Tiefe,unten}$
0.81	5	$y_{Tiefe,unten}$
1.14	6	$y_{Tiefe,unten}$
1.45	7	$y_{Tiefe,unten}$
1.82	8	$y_{Tiefe,unten}$
2.36	8	$y_{Tiefe,oben}$
2.53	7	$y_{Tiefe,oben}$
2.90	6	$y_{Tiefe,oben}$
3.45	5	$y_{Tiefe,oben}$
4.51	4	$y_{Tiefe,oben}$
5.12	3	$y_{Tiefe,oben}$
5.68	2	$y_{Tiefe,oben}$
7.84	1	$y_{Tiefe,oben}$

Tab. 6.2.7b Ordnungsstatistik

Der Median ergibt sich bei ungeradem Stichprobenumfang aus dem Wert mit der größten Tiefe. Bei geradem Stichprobenumfang ist der Median das arithmetische Mittel der beiden Werte mit der größten Tiefe. Außerdem kann Tabelle benutzt werden, die Quartile zu bestimmen. Die Quartile Q_{25} und Q_{75} sind die Werte, die der mittleren Tiefe unten bzw. oben zugeordnet sind.

Weitere Hinweise für die Auswahl der geeigneten Transformation findet man bei Fleischer; Nagel 1989.

Statistische Versuchsplanung

7. Drei wichtige Prüfverteilungen

Prüfgrößen sind Vorschriften, nach denen aus einer vorliegenden Stichprobe eine Zahl, der Wert der Prüfgröße für diese Stichprobe, errechnet wird. So können der Stichprobenmittelwert, die Stichprobenvarianz oder daraus abgeleitete Verhältnisse als Prüfgrößen aufgefaßt werden. Die Prüfgrößen sind zufällige Variablen und Schätzungen von Stichprobenfunktionen den sogenannten Prüfverteilungen. Ihre Wahrscheinlichkeitsverteilungen bilden die Grundlage für die auf diesen Prüfgrößen basierenden Tests.

7.1 Die t-Verteilung

Die Verteilung des Quotienten aus der Abweichung eines Stichprobenmittelwertes ($\bar{x}$) vom Mittelwert der Grundgesamtheit (μ) und der Standardabweichung des Mittelwertes ($s_{\bar{x}}$) der Stichprobe folgt einer t-Verteilung, vorausgesetzt, daß die Einzelbeobachtungen (x_i) unabhängig und normalverteilt sind.

$$t = \frac{(\bar{x}-\mu)\sqrt{n}}{s}$$

FORMEL 7.1a
t .... Werte einer t-Verteilung
$\bar{x}$ .... Mittelwert einer Stichprobe
μ .... Mittelwert der Grundgesamtheit
s .... Standardabweichung einer Stichprobe
n .... Stichprobenumfang

Die t-Verteilung, (Grafik 7.1a), ist der Normalverteilung sehr ähnlich. Wie diese ist sie stetig, symmetrisch, glockenförmig, mit einem Variationsbereich von minus unendlich bis plus unendlich. Die Form der t-Verteilung wird allerdings nur von dem

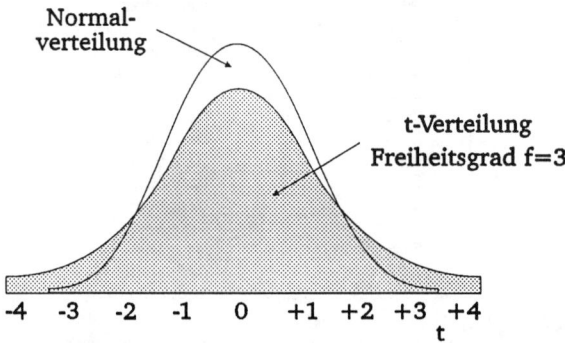

Abb. 7.1a: Die t-Verteilung

Die Grafik zeigt eine t-Verteilung für einen Freiheitsgrad von 3 im Vergleich zur standardisierten Normalverteilung.

Freiheitsgrad f bestimmt. Mit abnehmender Anzahl der Freiheitsgrade (f) sinkt das Maximum der t-Verteilung. Im Gegensatz zur Normalverteilung ist die Dichte der

Statistische Versuchsplanung

Verteilung in den Ausläufen stärker als im zentralen Teil konzentriert. Je kleiner der Freiheitsgrad (f) ist, um so stärker ist die Abweichung von der Normalverteilung, und bei großem Freiheitsgrad (f) geht die t-Verteilung in die Normalverteilung über. Die t-Verteilung kann mit Hilfe der folgenden Näherung berechnet werden.

$$t = \sqrt{n \cdot e^{c \cdot u^2} - n}$$

$$c = \frac{n - 5/6}{(n - 2/3 + 1/10n)^2}$$

FORMEL 7.1a
t .... Wert der t-Verteilung
n .... Freiheitsgrad
c .... Hilfsgröße
e .... natürliche Zahl 2.71...
u .... $u_{(1-\alpha/2)}$ Schwellenwert der NV(0,1)

7.2 Die χ^2-Verteilung

Wenn die Varianz (s^2) einer zufälligen Stichprobe des Umfanges (n) einer normalverteilten Grundgesamtheit mit der Varianz (σ^2) entstammt, dann folgt die zufällige Variable einer χ^2-Verteilung.

$$\chi^2 = \frac{(n-1) \cdot s^2}{\sigma^2}$$

FORMEL 7.2a
s^2 .... Varianz einer Stichprobe
σ^2 .... Varianz der Grundgesamtheit
n .... Stichprobenumfang
χ^2 .... Wert der χ^2-Verteilung

Die χ^2-Verteilung (Abb.: 7.2a) ist eine stetige unsymmetrische Verteilung. Ihr Variationsbereich erstreckt sich von Null bis unendlich, auch sie nähert sich mit wachsenden Freiheitsgraden - aber langsamer - der Normalverteilung. Die Form der χ^2-Verteilung hängt ebenfalls, wie der t-Verteilung, nur vom Freiheitsgrad (f) ab. Nimmt die Anzahl der Freiheitsgrade (f) zu, so wird die schiefe, eingipflige Kurve

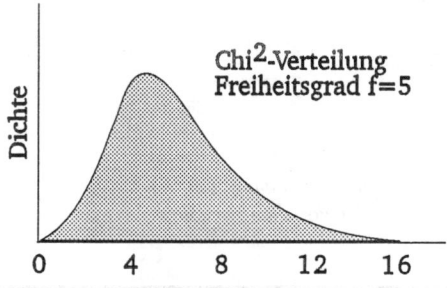

Abb. 7.2a: Die χ^2-Verteilung

In der Abbildung sieht man eine χ^2-Verteilung mit dem Freiheitsgrad (f) gleich Fünf. Die Verteilung wird erst bei größeren Freiheitsgraden symmetrisch.

flacher und symmetrischer. Eine wesentliche Eigenschaft der χ^2-Verteilung ist ihre Additivität. Wenn zwei unabhängige Größen eine χ^2-Verteilung mit den Freiheitsgraden (f_1) und (f_2) haben, so hat die Summe eine χ^2-Verteilung mit dem Freiheitsgrad ($f = f_1 + f_2$). Die χ^2-Verteilung kann mit Hilfe der folgenden Näherung berechnet werden:

$$\chi^2 = f \cdot \left[1 - \frac{2}{9 \cdot f} + u \cdot \sqrt{\frac{2}{9 \cdot f}} \right]^3$$

FORMEL 7.2b

f .... Freiheitsgrad
u .... $u_{(1-\alpha/2)}$ oder $u_{(\alpha/2)}$ Schwellenwert der NV(0,1)
χ^2 .... Schwellenwert der χ^2-Verteilung

7.3 Die F-Verteilung

Wenn Varianzen (s_1^2 und s_2^2) unabhängiger zufälliger Stichproben des Umfanges (n_1 und n_2) aus zwei normalverteilten Grundgesamtheiten mit gleicher Varianz stammen, dann folgt die zufällige Variable einer F-Verteilung mit den Freiheitsgraden (f_1 und f_2).

$$F = \frac{s_1^2}{s_2^2}$$

FORMEL 7.3a

s_1^2 .... erste Varianz
s_2^2 .... zweite Varianz
F .... Wert einer F-Verteilung

Die F-Verteilung (Abb.: 7.3a) ist ebenfalls eine stetige unsymmetrische Verteilung mit einem Variationsbereich von Null bis unendlich.

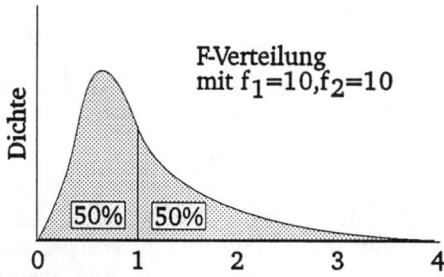

Abb. 7.3a: Die F-Verteilung

Die Abbildung zeigt die typische Schiefe einer F-Verteilung. Für den Vergleich von Varianzen wird aber nur der rechte Teil der Verteilung benötigt.

Statistische Versuchsplanung

Die F-Verteilung kann mit Hilfe der folgenden Näherung berechnet werden:

$$F = e^{u \cdot a - b}$$

$$a = \sqrt{2 \cdot d + c \cdot d}$$

$$b = 2 \cdot \left(\frac{1}{n_1-1} - \frac{1}{n_2-1} \right) \cdot \left(c + \frac{5}{6} - \frac{d}{3} \right)$$

$$c = \frac{u^2 - 3}{6}$$

$$d = \frac{1}{n_1-1} + \frac{1}{n_2-1}$$

FORMEL 7.3b

F .... Schwellenwert einer F-Verteilung
a,b,c,d ...... Hilfsgrößen
n_1 .... Stichprobenumfang der Zählervarianz
n_2 .... Stichprobenumfang der Nennervarianz
u .... $u_{(1-\alpha)}$ Schwellenwert der NV(0,1)
e .... natürliche Zahl 2.71...

Weitere Approximationen sind in den Büchern von Abramowitz, M. / Stegun, I. und Kennedy, W. J. / Gentle, J. E. sowie in einem Buch von John, B. mit dem Titel "Statistische Verfahren für technische Meßreihen" erschienen im VDI-Verlag beschrieben.

8. Analyse der Homoskedastizität

Ein wesentlicher Teil der optimalen Versuchsplanung basiert auf der Varianzanalyse, die es gestattet, wesentliche von unwesentlichen Einflußgrößen zu unterscheiden. Da die Varianzanalyse und die Regressionsanalyse Normalverteilung der Residuen und Gleichheit der Varianzen in den Versuchen voraussetzen, wollen wir zunächst den F-Test für die Prüfung der Homoskedastizität zweier Varianzen und danach ein entsprechendes Verfahren zur Prüfung der Homoskedastizität mehrerer Varianzen kennenlernen.

8.1 Prüfung der Gleichheit zweier Varianzen

Ist zu untersuchen, ob zwei unabhängig gewonnene Zufallsstichproben einer gemeinsam normalverteilten Grundgesamtheit entstammen, so müssen zunächst ihre Varianzen auf Gleichheit geprüft werden. Die Nullhypothese (H0: $\sigma_1^2 = \sigma_2^2 = \sigma^2$) wird abgelehnt, sobald ein aus den Stichprobenvarianzen berechneter Quotient (P) größer ist als der zugehörige Schwellenwert [$T=F_{(f1,f2,1-\alpha)}$] der F-Verteilung. Ist P < T besteht keine Veranlassung, die Nullhypothese anzuzweifeln.

$$P = \frac{s_{max.}^2}{s_{min.}^2}$$

FORMEL 8.1a

P .... Prüfwert (Wert einer F-Verteilung) für Prüfung auf
Homoskedastizität (Gleichgestreutheit der Varianzen)
$s^2_{max.}$ .... die größere der zu vergleichenden Varianzen
$s^2_{min.}$ .... die kleinere der zu vergleichenden Varianzen

8.2 Prüfung der Gleichheit mehrerer Varianzen

Die Nullhypothese, Homoskedastizität mehrerer Varianzen, kann beim Vorliegen gut normalverteilter Daten mit dem Bartlett-Test geprüft werden.

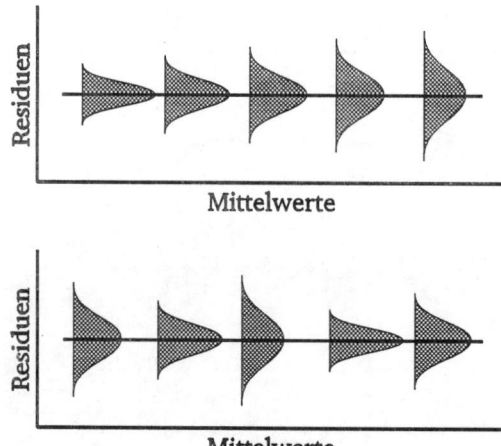

Abb. 8.2a Mangel an Homoskedastizität

Die obere Abbildung zeigt Mangel an Homoskedastizität in Abhängigkeit vom Mittelwert. Dieser Fehler ist durch eine geeignete Transformation der Daten zu beseitigen. Die untere Abbildung zeigt den Einfluß einer Störgröße und der Mangel an Homoskedastizität kann nicht durch eine Transformation beseitigt werden. Es muß daher die Störgröße ermittelt und dann beseitigt werden.

Statistische Versuchsplanung

Erreicht oder übersteigt die Prüfgröße (P) den für die geforderte statistische Sicherheit gegebenen Schwellenwert [$T=\chi^2_{(k-1,1-\alpha/2)}$] der χ^2-Verteilung, muß ist die Nullhypothese (H0: $\sigma_1^2 = \sigma_2^2 = ... = \sigma_k^2 = \sigma^2$) abgelehnt werden.

$$P = \frac{1}{c}\left[f \cdot \ln(s^2) - \sum_{i=1}^{k} f_i \cdot \ln(s_i^2)\right]$$

$$c = \frac{\sum_{i=1}^{k}\frac{1}{f_i} - \frac{1}{f}}{3(k-1)} + 1$$

$$s^2 = \frac{\sum_{i=1}^{k} f_i \cdot s_i^2}{\sum_{i=1}^{k} f_i}$$

FORMEL 8.2a

P .... Prüfwert (Wert einer χ^2-Verteilung) zur Prüfung auf Homoskedastizität (Gleichgestreutheit der Varianzen)
c .... Korrekturfaktor
f .... Summe aller Stichprobenfreiheitsgrade
f_i .... i-ter Stichprobenfreiheitsgrad
k .... Anzahl der Stichproben
s^2 .... mittlere gewogene Varianz
s_i^2 .... i-te Stichprobenvarianz
i .... Index der Stichprobe
ln .... natürlicher Logarithmus

Der Bartlett-Test ist immer anzuwenden, wenn die Gleichheit der Varianzen für nachfolgende Tests vorausgesetzt wird. Dieser Test setzt voraus, daß ausreichende Wiederholungen in den Versuchspunkten durchgeführt wurden. Wenn die Anzahl der Wiederholungen geringer als 5 für 80% der Versuchspunkte ist, dann ist dieser Test nicht mehr aussagefähig. Sollten keine oder zu wenige Wiederholungen gemacht worden sein, muß die Homoskedastizität mit verschiedenen Residuengrafiken beurteilt werden.

Statistische Versuchsplanung

9. Die Regressionsanalyse

Die Regressionsanalyse ist eines der grundlegenden Verfahren in der Statistik und die Methode, mit der die meisten Verfahren der SVP analysiert werden. Man unterscheidet mehrere Typen von Regressionsanalysen:

- einfache lineare Regression
- einfache nichtlineare Regression
- mehrfache lineare Regression
- mehrfache nichtlineare Regression
- polynomiale Regression

Außerdem können die Regressionsanalysen auch noch nach der Analysemethodik unterschieden werden. Beispiele dafür sind:

- Regression durch den Nullpunkt (Berechnung ohne Konstante)
- Schrittweise Regression (Vorwärts.- oder Rückwärtsselektion signifikanter Einflußgrößen)

Eine weitere Unterscheidung ergibt sich aus der Definition der Einflußgrößen. Sind diese einstellbar und kontrollierbar, liegt das Modell I vor. Sind die Einflußgrößen zufällige und unkontrollierbare Variablen, erhält man das Modell II der Regressionsanalysen. Die SVP basiert auf dem Modell I der Regressionsanalysen.

9.1 Die einfache lineare Regressionsanalyse

Ziel der Regressionsanalyse ist es, anhand einer empirischen Funktion eine funktionale Beziehung zwischen der Einflußgröße (X) und der Zielgröße (Y) zu finden, die es gestattet, aus vorgegebenen bzw. beliebigen Werten (x_i) der unabhängigen Einflußgröße (X) den jeweiligen Wert (y) der abhängigen Zielgröße (Y) zu schätzen, im einfachsten Fall durch eine lineare Funktion.

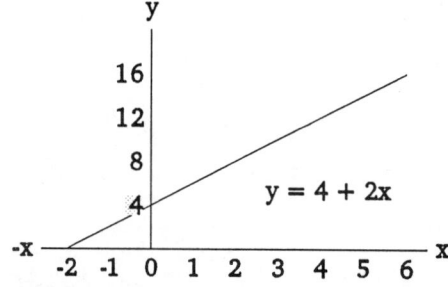

Abb. 9.1a Die lineare Funktion

Die dargestellte lineare Funktion besagt, daß eine Veränderung der Einflußgröße X um eine Einheit die Zielgröße Y um 2 Einheiten verändert. Wenn die Einflußgröße X den Wert (x = 0) aufweist, dann hat die Zielgröße Y den Wert (y = 4).

Die Kennzahlen der Regressionsgeraden sind, wenn die Gleichung (FORMEL 9.1a) die allgemeine Form einer Geraden darstellt, b_0 und b_1; b_0 wird als Regressions-

Statistische Versuchsplanung

$$Y = b_0 + b_1 X + \varepsilon$$

FORMEL 9.1a

Y .... Zielgröße, abhängige Variable
X .... Einflußgröße, unabhängige Variable, Faktor
b_0 .... Regressionskonstante
b_1 .... Regressionskoeffizient
ε .... nichterklärbarer Restfehler (Erwartungswert = 0)

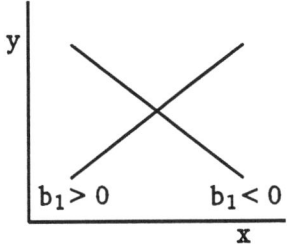

Abb. 9.1b Wirkung des Regressionskoeffizienten

Der Regressionskoeffizient (b_1) bestimmt, ob mit zunehmenden x-Werten die zugehörigen y-Werte ansteigen (b_1 = positiv) oder abfallen (b_1 = negativ).

konstante oder Achsenabschnitt bezeichnet; b_1 gibt an, um wieviel y zunimmt, wenn x um eine Einheit wächst und heißt Regressionskoeffizient. Bei der Regressionsanalyse kann man zwei Modelle unterscheiden:

- **Modell 1:** Die Zielgröße (Y) ist eine Zufallsvariable; die Einflußgröße (X) ist fest vorgegeben.
- **Modell II:** Sowohl die Variable (Y) als auch die Variable (X) sind Zufallsvariable. Es sind hier jedoch zwei Regressionen möglich - durch Vertauschung der Zielgröße (Y) und der Einflußgröße (X).

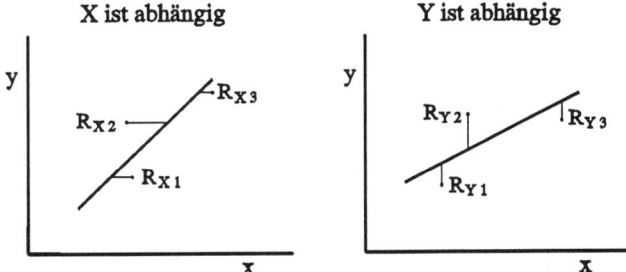

Abb. 9.1c Vertauschen der Einflußgröße und Zielgröße

In der ersten Grafik werden die waagerechten quadratischen Abweichungen R_X und in der zweiten Grafik die senkrechten quadratischen Abweichungen R_Y minimiert. Beide Regressionsfunktionen gelten für das Modell II der Regressionsanalyse. Für das Modell I der Regressionsanalyse gilt nur die Regressionsfunktion der zweiten Grafik.

Die Schätzung der Variablenwerte y aus Variablenwerten x ist nicht die Umkehrung der Schätzung von Variablenwerten x aus Variablenwerten y. Schätzen wir mit Hilfe der Regressionslinie Werte der Variablen Y in Abhängigkeit zur Variablen X, dann muß die Summe der vertikalen Quadrate (R_Y^2) zu einem Minimum werden; schätzen wir Werte der Variablen X in Abhängigkeit zur Variablen Y, dann muß die Summe der horizontalen Quadrate (R_X^2) zu einem Minimum werden. Für die

Statistische Versuchsplanung

Berechnung der Kennwerte (b_0 und b_1) kann man sich auf das Modell I beschränken, weil durch die Vertauschung von x-Werten und y-Werten die Berechnung analog durchgeführt wird.

9.1.1 Die Kennwerte der Regression

Die Regressionskonstante (b_0) und der Regressionskoeffizient (b_1) einschließlich ihrer Standardabweichungen und Vertrauensbereiche werden durch folgende Beziehungen geschätzt:

FORMEL 9.1.1a

$$Q_x = \sum_{i=1}^{k} n_i (x_i - \bar{x})^2$$

$$Q_y = \sum_{i=1}^{k} \sum_{j=1}^{n_i} (y_{ij} - \bar{y})^2$$

$$Q_{xy} = \sum_{i=1}^{k} \sum_{j=1}^{n_i} (x_i - \bar{x})(y_{ij} - \bar{y})$$

Q_x .... Summe quadratischer Abweichungen (x)
Q_y .... Summe quadratischer Abweichungen (y)
Q_{xy} .... Summe quadratischer Abweichungen (xy)
k .... Anzahl Einstellungen der Einflußgröße X
n_i .... Stichprobenumfang der i-ten Einstellung x
x_i .... i-te Einstellung der Einflußgröße X
y_{ij} .... j-ter Meßwerte der Zielgröße Y zur i-ten Einstellung der Einflußgröße X

FORMEL 9.1.1b

$$b_1 = \frac{Q_{xy}}{Q_x}$$

$$b_0 = \bar{y} - b_1 \cdot \bar{x}$$

b_1 .... Regressionskoeffizient
b_0 .... Regressionskonstante

FORMEL 9.1.1c

$$s_y^2 = \frac{Q_y - \frac{Q_{xy}^2}{Q_x}}{n-2}$$

$$s_{b_1}^2 = \frac{s_y^2}{Q_x}$$

$$s_{b_0}^2 = s_y^2 \cdot \left(\frac{1}{n} + \frac{\bar{x}^2}{Q_x} \right)$$

n .... Anzahl aller Wertepaare (Stichprobenumfang)
s_y^2 .... Varianz der Reststreuung
$s_{b_1}^2$ .... Varianz des Regressionskoeffizienten
$s_{b_0}^2$ .... Varianz der Regressionskonstanten

FORMEL 9.1.1d

$$b_{1\,un}^{ob} = b_1 \pm t_{(n-2,\,1-\alpha/2)} \cdot s_{b_1}$$

$$b_{0\,un}^{ob} = b_0 \pm t_{(n-2,\,1-\alpha/2)} \cdot s_{b_0}$$

$b_{1,un,ob}$ ..... Vertrauensbereich des Regressionkoeff.
$b_{0,un,ob}$ ..... Vertrauensbereich der Regressionskonst.
$t_{(n-2,1-\alpha/2)}$ .Schwellenwert der t-Verteilung
α .... Irrtumswahrscheinlichkeit

Will man die Signifikanz des Achsenabschnitts und des Regressionskoeffizienten feststellen, prüft man, ob die Vertrauensbereiche einen Nulldurchgang haben. Ist dies der Fall, ist die Signifikanz abzulehnen. Der gesamte Regressionsansatz kann allerdings auch mit Hilfe der Varianzanalyse geprüft werden.

9.1.2 Die varianzanalytische Prüfung der Regression

Die Prüfung der Regression mit Hilfe der Varianzanalyse erlaubt die Beurteilung des berechneten Regressionsmodells bzgl. signifikanter Ergebnisse und ist damit unverzichtbar.

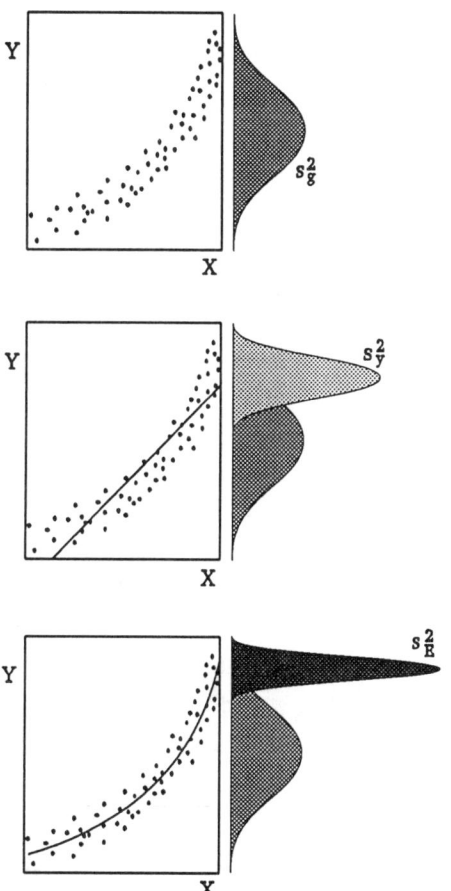

Abb. 9.1.2a Darstellung der Varianzanalyse der Regression

Ist der Regressionskoeffizient (b_1) gleich Null, dann muß auch die Varianz (s_g^2) gleich der Varianz (s_y^2) sein, umgekehrt kann man feststellen, ist die Varianz (s_g^2) gleich der Varianz (s_y^2), dann ist der Regressionskoeffizient (b_1) gleich Null. Außerdem gilt, wenn die Funktion linear ist, dann sind die Varianzen s_y^2 und s_E^2 gleich. Unterscheiden sie sich aber signifikant, dann ist die Funktion nicht linear und man hat eine Regressionsfunktion mit Mangel an Anpassung. In diesem Fall muß eine andere Regressionsfunktion zur Analyse genommen werden. Dies erreicht man durch geeignete Transformation der Variablen.

Bildet man den Quotienten der beiden Varianzen s_R^2 und s_y^2 (F-Test zweier Varianzen bzgl. Gleichheit), so muß dieser größer sein als der Schwellenwert der F-Verteilung (T) mit den Freiheitsgraden ($f_1=1$, $f_2=n-2$, $1-\alpha/2$), sonst wird die Regression wegen Gleichheit der Varianzen (s_g^2 und s_y^2) abgelehnt.

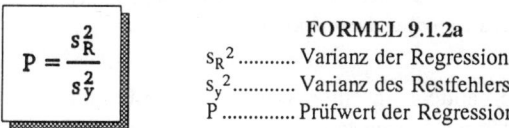

FORMEL 9.1.2a

$$P = \frac{s_R^2}{s_y^2}$$

s_R^2 .... Varianz der Regression
s_y^2 .... Varianz des Restfehlers
P .... Prüfwert der Regression

Ein weiterer Test, der durchgeführt werden sollte, ist die Prüfung auf Linearität oder Anpassung. Dieser Test ist nur möglich, wenn die Anzahl der Datenpaare (n) größer ist als die Anzahl der Realisationen der unabhängigen Variablen X. Beim

Statistische Versuchsplanung

Vorliegen einer linearen Regression müssen die Stichprobenmittelwerte ($\bar{y}_i$) angenähert auf einer Geraden liegen, d.h. ihre Abweichung von der Regressionsgeraden (Varianz s_F^2) darf nicht zu groß sein im Verhältnis zur Abweichung der Werte einer Stichprobe von einem zugehörigen Mittelwert (Varianz s_E^2). Erreicht oder übersteigt somit das Verhältnis (P) der Varianzen s_L^2 und s_E^2 den Schwellenwert der F-Verteilung (T) mit den Freiheitsgraden (f_1=k-2, f_2=n-k, 1-α/2), so muß die Linearitätshypothese verworfen werden. Die Berechnung der Varianzen ist der nachfolgenden Tabelle 9.1.2a zu entnehmen.

$$P = \frac{s_L^2}{s_E^2}$$

FORMEL 9.1.2b
s_L^2 .... Varianz des Anpassungsfehlers
s_E^2 .... Varianz des reinen Versuchsfehlers
P .... Prüfwert für den Mangel an Anpassung

ANOVA der linearen Regression

Streuungsursache	Summe der quadratischen Abweichungen	Freiheitsgrad	Varianz
Total	$\sum_{i=1}^{k}\sum_{j=1}^{n_i} y_{ij}^2$	n	
Mittelwert	$\bar{y}^2 \cdot n$	1	
Gesamt	$\sum_{i=1}^{k}\sum_{j=1}^{n_i} y_{ij}^2 - \bar{y}^2 \cdot n$	n-1	s_g^2
Regression	$\left[\sum_{i=1}^{k}\sum_{j=1}^{n_i}(x_i-\bar{x})(y_{ij}-\bar{y})\right]^2 \cdot \left[\sum_{i=1}^{k} n_i(x_i-\bar{x})^2\right]^{-1}$	1	s_R^2
Restfehler	$\left[\sum_{i=1}^{k}\sum_{j=1}^{n_i} y_{ij}^2 - \bar{y}^2 \cdot n\right] - \left[\sum_{i=1}^{k}\sum_{j=1}^{n_i}(x_i-\bar{x})(y_{ij}-\bar{y})\right]^2 \cdot \left[\sum_{i=1}^{k} n_i(x_i-\bar{x})^2\right]^{-1}$	n-2	s_y^2
Linearität	$\sum_{i=1}^{k}\sum_{j=1}^{n_i}(\bar{y}_i - \hat{y}_i)^2 \cdot n_i$	k-2	s_L^2
reiner Restfehler	$\sum_{i=1}^{k}\sum_{j=1}^{n_i}(y_{ij} - \bar{y}_i)^2$	n-k	s_E^2

Tabelle 9.1.2a: ANOVA der linearen Regression

Die Tabelle zeigt den additiven Aufbau der Streuungszerlegung in die verschiedenen Streuungsursachen (ANOVA - Analysis of Variance). Wichtig ist, daß nur die Summen der quadratischen Abweichungen und die Freiheitsgrade sich additiv verhalten und nicht die Varianzen. Nach der Berechnung der Streuungsursachen **Gesamt, Restfehler** *und* **reiner Restfehler** *ergeben sich die Streuungsursachen für* **Regression** *und* **Linearität** *aus einfachen Subtraktionen.*

Der Test auf das Vorhandensein einer Regression ergibt sich aus der Nullhypothese (H_0: $s_y^2 = s_R^2$) entsprechend den vorher definierten Zusammenhängen. Die Ablehnung der Nullhypothese bedeutet, daß eine Regression vorhanden ist. Ein weiterer Test ist die Prüfung auf Mangel an Anpassung, bei dem die Nullhypothese (H_0: $s_E^2 = s_L^2$), geprüft wird. Wenn die Nullhypothese bestätigt wird, ist kein Mangel an Anpassung nachweisbar.

Statistische Versuchsplanung

9.1.3 Voraussetzungen zur Regressionsanalyse

Neben der Existenz einer linearen Regression für die Grundgesamtheit der Ausgangsdaten oder transformierten Daten müssen die Residuen (R) als Differenz des beobachteten Wertes (y_{ij}) der abhängigen Zufallsvariablen (Y) und des geschätzten Wertes (yc_i) aus der berechneten Regressionsfunktion für gegebene beobachtungsfehlerfreie Werte (x_i) der unabhängigen Variablen (X) untereinander unabhängig und normalverteilt sein und den gleichen Restfehler (s_y^2) aufweisen. Mit Hilfe der Residuen (R) läßt sich die Normalität, Autokorrelation und Homoskedastizität prüfen. Sind die Daten nicht normalverteilt, autokorreliert oder nicht gleichgestreut, hat die Regressionsgleichung nur noch eingeschränkt ihre Gültigkeit. Dies gilt vor allen Dingen für die statistischen Test- und Vertrauensbereiche. Es empfiehlt sich:

- die Daten geeignet zu transformieren,
- ein Regressionsmodell höheren Grades (polynomiale Regression) zu analysieren,
- die Datenerhebung und Versuchsdurchführung zu berichten,
- auf verteilungsfreie Verfahren auszuweichen, usw.

9.1.4 Die Korrelationsanalyse

Die Korrelationsanalyse untersucht stochastische Zusammenhänge zwischen gleichwertigen Zufallsvariablen anhand einer Stichprobe. Es werden Abhängigkeitsmaße und Vertrauensbereiche geschätzt und Hypothesen geprüft. Wichtigstes Abhängigkeitsmaß ist der Korrelationskoeffizient (r). Für den Korrelationskoeffizienten (r) der beiden Zufallsvariablen (Y und X) gilt, daß die Größe des Korrelationskoeffizienten in einem

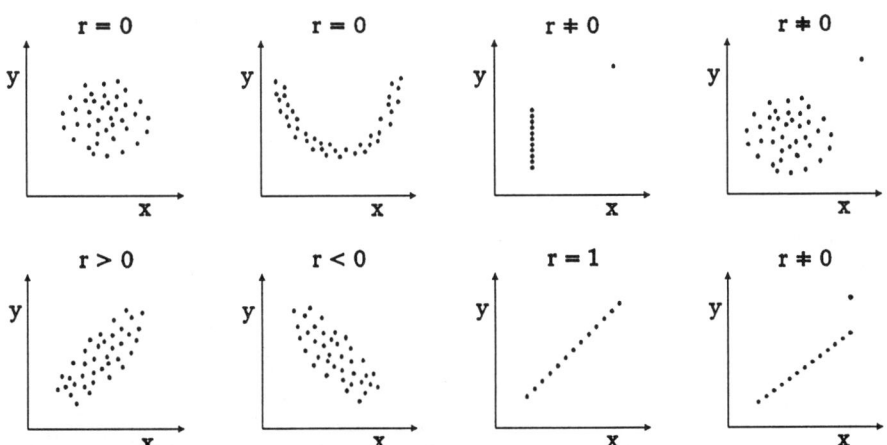

Abb 9.1.4a: Darstellung verschiedener Korrelationen

Die erste Abbildung zeigt eine unabhängige und zufällige Verteilung der Variablen X und Y. Die zweite Abbildung zeigt eine nichtlineare Abhängigkeit. Die dritte Abbildung zeigt einen schlecht geplanten Versuch: Die Abhängigkeit basiert auf nur einem Versuchspunkt. Die vierte Abbildung zeigt eine Abhängigkeit verursacht von einem Ausreißer. Die Abbildungen fünf und sechs zeigen normale steigende und fallende Korrelationen. Die siebte Abbildung zeigt einen funktionalen Zusammenhang. Die achte Abbildung zeigt einen funktionalen Zusammenhang mit Ausreißer.

Statistische Versuchsplanung

Intervall von (-1 < r < +1) liegt. Für Korrelationskoeffizienten (r) gleich plus oder minus 1 besteht zwischen den Variablen (X und Y) ein funktionaler Zusammenhang. Alle Punkte liegen auf einer Geraden. Ist der Korrelationskoeffizient (r) gleich Null, so sind die Variablen (X und Y) unkorreliert.

Werden zwei Regressionsanalysen entsprechend dem Modell II durchgeführt, stellen sich die Regressionsgeraden in Abhängigkeit vom Korrelationskoeffizienten dar.

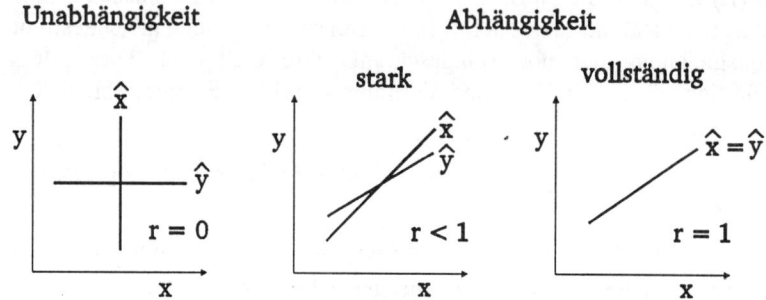

Abb. 9.1.4b: Regression und Korrelation

Die Abbildung zeigt, daß mit zunehmender Abhängigkeit oder Korrelation die beiden Regressionsfunktionen zusammen fallen. Wie man sieht, ist der Korrelationskoeffizient (r) ein Maß für die Winkel zwischen den Regressionsgeraden.

Man bezeichnet r^2 als Bestimmtheitsmaß (B). Je geringer die Streuung der beobachteten Wertepaare um die Regressionsgerade ist, je mehr sich die Punkte der Geraden anschließen, um so schärfer ist diese bestimmt. Liegt ein Bestimmtheitsmaß (B) gleich 0.81 vor, dann lassen sich also 81% der Gesamtstreuung aus der Veränderung von der Variablen (X) durch die lineare Regression erklären. Der Korrelationskoeffizient und der Vertrauensbereich werden geschätzt durch die Formel 9.1.4a. Überdeckt der Vertrauensbereich den Wert Null, ist die Alternativhypothese (H1: r ungleich 0), daß die Variablen korrelieren, abzulehnen d.h. die Variablen sind voneinander unabhängig bzw. die Abhängigkeit kann mit dem vorliegendem Datensatz nicht nachgewiesen werden. Die Korrelationsanalyse ist von besonderer Bedeutung bei der Analyse zwei- oder mehrdimensionaler Normalverteilungen. Bei der statistischen Versuchsplanung kann auf die Korrelationsanalyse verzichtet werden.

FORMEL 9.1.4a

$$r = \frac{Q_{xy}}{\sqrt{Q_x \cdot Q_y}}$$

$$r^* = r\left[1 + \frac{1 - r^2}{2(n-3)}\right]$$

$$r_{un}^{ob} = \tanh\left(\operatorname{arctanh} r \pm \frac{u}{\sqrt{n-3}}\right)$$

r .... Korrelationskoeffizient
Q_{xy} .... Kovarianzsumme
Q_x .... Quadratsumme der Variablen X
Q_y .... Quadratsumme der Variablen Y
r^* .... korrigierter Korrelationskoeffizient
n .... Anzahl der Wertepaare
$r_{un,ob}$ .... Vertrauensbereich des Korrelationsko.
u .... $u_{(1-\alpha/2)}$ Schwellenwert der NV(0,1)
tanh .... Tangens hyperbolicus
arctanh .... Arcus Tangens hyperbolicus

Statistische Versuchsplanung

9.1.5 Korrelative Zusammenhänge

Man spricht von einem statistischen Zusammenhang, wenn die Nullhypothese (H0: r = 0), es bestehe kein Zusammenhang, widerlegt wird. Die sachliche Deutung gefundener statistischer Zusammenhänge und ihre Prüfung auf mögliche kausale Zusammenhänge liegt außerhalb der statistischen Methodenlehre. Erscheint die Abhängigkeit gesichert, dann ist zu bedenken, daß die Existenz eines funktionalen Zusammenhangs - beispielsweise die Zunahme der Störche und der Neugeborenen während eines gewissen Zeitraums in Schweden - nichts aussagt über den kausalen Zusammenhang. Eine Korrelation kann durch direkte kausale Zusammenhänge zwischen den Variablen (X und Y), durch eine gemeinsame Abhängigkeit von einer dritten Variablen (Z) oder durch Heterogenität des Materials oder rein formal bedingt sein.

- KAUSALE KORRELATIONEN existieren z.B. zwischen Bremskraft und Bremsweg, zwischen Dosierung und Wirkung, zwischen Arbeitszeit und Kosten.

- GEMEINSAMKEITSKORRELATIONEN existieren z.B. zwischen Körpermaßen, wie Gewicht und Körperlänge und zwischen Zeitreihen, wie Rückgang von Storchennestern und Geburten, wie Anstieg des Südfruchtimportes von Industrieländern und der Zunahme der Krebsrate in diesen Ländern.

- INHOMOGENITÄTSKORRELATIONEN bestehen aus verschiedenen Teilmengen, die in verschiedenen Bereichen des Koordinatensystems liegen. Unterscheidet man die Teilmengen nicht, so wird durch die Lageunterschiede der Punktwolken ein Korrelationseffekt erzielt, der die Korrelationsverhältnisse innerhalb der Teilmengen völlig verändern kann.

- FORMALE KORRELATIONEN bestehen z.B., wenn x und y sich zu 100% ergänzen, wie Eiweiß- und Fettanteile in Nahrungsmitteln oder Festkörper- und Lösungsmittelanteile in Klebstoffen.

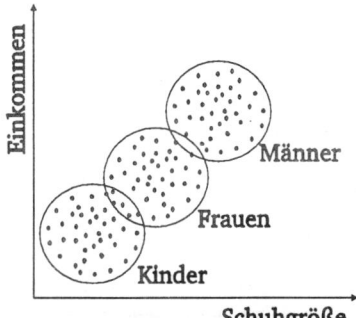

Abb. 9.1.5a: Inhomogenitätskorrelation

Das Beispiel zeigt, welche unsinnigen Aussagen getroffen werden können, wenn eine Inhomogenitätskorrelation vorliegt. Denn selbstverständlich erhöht sich das Einkommen nicht in Abhängigkeit von der Schuhgröße, sondern ist in diesem Beispiel abhängig von Geschlecht bzw. von Alter des Einkommensbeziehers.

Man kann zur Deutung einer Korrelation so vorgehen, daß man prüft, ob eine formale Korrelation vorliegt. Kann das verneint werden, so wird die Inhomogenitätskorrelation betrachtet, dann, im Falle der Verneinung, die Gemeinsamkeitskorrelation usw.. Die Anerkennung einer kausalen Korrelation erfolgt durch Ausschließen der anderen Möglichkeiten.

9.1.6 Die einfache nichtlineare Regression

In vielen Fällen zeigt die graphische Darstellung, daß die Beziehung nicht durch eine Regressionsgerade beschrieben werden kann, weil die Beobachtungswerte eine Kurve ergeben. Abhilfe bieten dann Transformationen der Variablen, die zu einer linearen Regression führen. Eine andere Möglichkeit ist die polynomiale Regression. Die erforderlichen Transformationen sind aus den Differentialgleichungen der Physik, Mechanik, Chemie usw. abzuleiten; ist dies nicht möglich, müssen die Transformationen empirisch ermittelt werden. Die folgende Tabelle (Tab. 9.1.6a) zeigt einige Beziehungen zwischen den Variablen (X und Y), die sich leicht linearisieren lassen.

Funktionstyp	Transformation der Variablen	
$y = b_0 + \dfrac{x}{b_1}$	y	$\dfrac{1}{x}$
$y = \dfrac{b_0}{b_1 + x}$	$\dfrac{1}{y}$	x
$y = \dfrac{b_0 \cdot x}{b_1 + x}$	$\dfrac{1}{y}$	$\dfrac{1}{x}$
$y = b_0 \cdot x^{b_1}$	$\ln y$	$\ln x$
$y = b_0 \cdot e^{b_1 x}$	$\ln y$	x
$y = b_0 \cdot e^{\frac{b_1}{x}}$	$\ln y$	$\dfrac{1}{x}$

Tab. 9.1.6a Funktionstypen

In der Tabelle sind die wichtigsten linearisierbaren Funktion enthalten. Die erste, zweite und dritte Funktion sind reziprok, die vierte Funktion ist logarithmisch und die fünfte und sechste exponentiell. Eine besondere Bedeutung hat die Arrhenius-Funktion (sechste) für Diffusionprozesse und Sättigungsprozesse. Für Wachstumsprozesse eignet sich die fünfte Funktion.

Für zwei Klassen von Funktionen sind die Formen in den folgenden Abbildungen dargestellt:

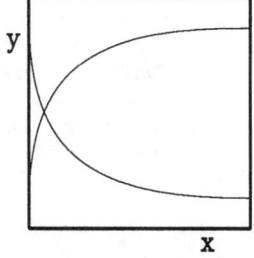 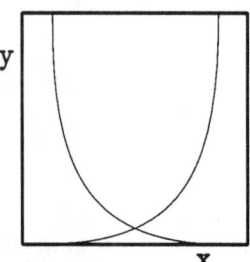

Abb. 9.1.6a: Klassen von Funktionen

Die erste Abbildung zeigt eine typische Sättigungsfunktion und die Transformationen 1, 2, 3, 4 und 6 gehören mehr oder weniger stark ausgeprägt in diese Klasse. Die Transformation 5 dagegen gehört in die Klasse der Wachstumsfunktionen. Wie in der zweiten Abbildung dargestellt.

Statistische Versuchsplanung

9.2 Die multiple Regression

Die Methode der mehrfachen Regression wird bei der Analyse von Daten verwendet, um die beste Darstellung von Beobachtungen unabhängiger und abhängiger Variablen in der Form nachfolgender Funktion zu erhalten.

$$y = b_0 + b_1 \cdot x_1 + b_2 \cdot x_2 + \ldots + b_k \cdot x_k + \varepsilon$$

FORMEL 9.2a
y .... Variablenwert der Zielgröße
x_i .... Variablenwerte der i-ten Einflußgröße
b_0 .... Regressionskonstante
b_i .... Regressionskoeffizienten der i-ten Einflußgröße
ε .... nichterklärbarer Versuchsfehler.

In der Funktion ist die Zielgröße die abhängige Variable (Y), die Einflußgrößen sind die unabhängigen Variablen [X_1, X_2, ... ,X_k], die Regressionskonstante (b_0), die gesuchten Regressionskoeffizienten (b_1, b_2, ..., b_k) und der nichterklärbare Versuchsfehler (s_y^2). Die Methode der kleinsten Quadrate liefert die besten Werte dieser Koeffizienten für einen bestimmten Satz von Beobachtungen. Sie liefert auch ein Maß für die Güte jedes Koeffizienten, so daß Schlüsse auf das zugrunde liegende Beobachtungsmaterial gezogen werden können. Die Regressionsanalyse stellt ein Verfahren dar, bei dem Beziehungen zwischen ausschließlich metrisch skalierten Variablen geprüft werden. Die Einteilung der zu untersuchenden Variablen in abhängige und unabhängige muß vorab aufgrund von Sachkenntnissen festgelegt werden. Die Anwendungsbereiche der Regressionsanalyse sind:

- URSACHENANALYSEN: Wie stark ist der Einfluß der unabhängigen Variablen auf die Zielgröße?
- WIRKUNGSPROGNOSEN: Wie verändert sich die Zielgröße, wenn die unabhängigen Variablen verändert werden?
- TRENDPROGNOSEN: Wie wird sich die Zielgröße im Zeitablauf ändern?

9.2.1 Die polynomiale Regression

Wird die Linearität der Regression einer unabhängigen Variablen (Y) abgelehnt - d.h. die lineare Regression beschreibt den gesuchten funktionalen Zusammenhang nicht genau genug -, dann sollte folgendes Polynom untersucht werden:

$$y = b_0 + b_1 \cdot x + b_2 \cdot x^2 + \ldots + b_k \cdot x^k + \varepsilon$$

FORMEL 9.2.1a
y .... Variablenwert der Zielgröße
x .... Variablenwert der Einflußgröße
b_0 .... Regressionskonstante
b_i .... Regressionskoeffizienten des i-ten Grades
ε .... nichterklärbarer Versuchsfehler.

Wird nun in der Gleichung die Variable (X_i) durch die Pseudovariable (X_i) mit (i = 1, ..., k) ersetzt, dann erhält man wieder die allgemeine Regressionsgleichung. Die Variablen (X_2, X_3, ..., X_k) sind keine wirklichen Variablen, sondern abhängig von der Variablen (X). Mittels der polynomialen Regression läßt sich jede beliebige Kurve (Funktion) darstellen (Abb. 9.2.1a), wenn der Grad des Polynoms nur hoch genug gewählt wird. Dabei muß beachtet werden, daß die Regressionskoeffizienten mit zunehmendem Grad des Polynoms immer instabiler werden. Im Extremfall bedeutet dies, daß die Regressionskoeffizienten bedeutungslos werden, weil bei jeder erneuten Regression völlig veränderte Regressionsansätze ermittelt werden. Eine weitere Einschränkung ist durch die Rechengenauigkeit gegeben, die mit zunehmendem Grad abnimmt. Dies passiert sehr schnell, wenn die Einflußgröße (X) Werte größer 10 annimmt; eine Normierung in einem Wertebereich von 1 bis 2 erlaubt in der Regel einen höheren Grad.

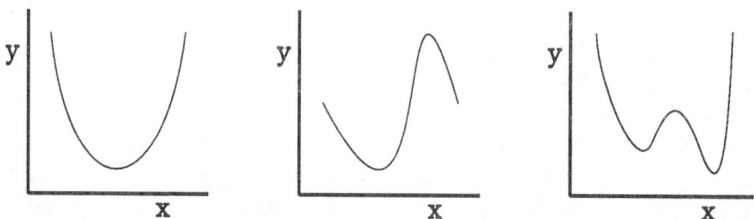

Abb. 9.2.1a: Polynomiale Regressionsfunktionen verschiedenen Grades

Die Abbildungen zeigen Funktionen zweiten, dritten und vierten Grades. Man sieht wie flexibel sich ein Polynom verschiedenen Punktwolken anpassen kann. Probleme bereiten aber Instabilitäten bei höheren Polynomen, die besonders beachtet werden müssen.

9.2.2 Die Regression und Korrelation

Bei der multiplen Regression sind die Einflußgrößen (X_1, X_2,...,X_k) zufällig oder kontrollierbar (einstellbar). Dies bedeutet im Falle zufälliger Einflußgrößen eine gegenseitige Beeinflussung und hohe Korrelation der Einflußgrößen untereinander. Anders ausgedrückt: Orthogonalität (Unabhängigkeit der Einflußgrößen untereinander) eines Experiments kann nicht erreicht werden. Aus diesem Grunde ist es erforderlich, die Korrelationen der Einflußgrößen mit Hilfe der partiellen Korrelationskoeffizienten (r...) zu beurteilen.

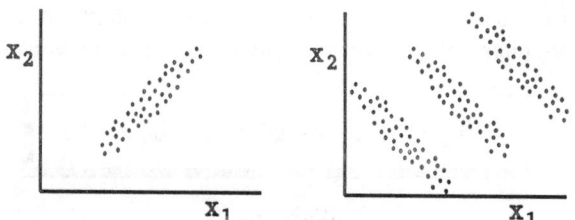

Abb. 9.2.2a: Interkorrelationen

Die erste Abbildung zeigt eine starke Korrelation zwischen den Einflußgrößen, die zur Verzerrung der Schätzwerte führt. Die zweite Abbildung zeigt dieses Verhalten auch, wobei eine dritte Variable die negative Korrelation von X_1 und X_2 sogar zu einer schwach positiven macht.

Statistische Versuchsplanung

Als Maß des linearen Zusammenhanges zwischen zwei beliebigen Zufallsvariablen kann ein partieller Korrelationskoeffizient definiert werden. Dieser gibt den Grad der Abhängigkeit zwischen zwei Variablen an, wobei die übrigen Variablen konstant gehalten werden. Der partielle Korrelationskoeffizient (r...) wird aus den einfachen Korrelationskoeffizienten (r) berechnet.

$$r_{12.3} = \frac{(r_{12} - r_{13} \cdot r_{23})^2}{(1 - r_{13}^2) \cdot (1 - r_{23}^2)}$$

FORMEL 9.2.2a
$r_{12.3}$ .... partieller Korrelationskoeffizient
r_{ij} .... einfache Korrelationskoeffizienten

Durch Vertauschungen der einfachen Korrelationskoeffizienten kann mit der Formel 9.2.2a jeder partielle Korrelationskoeffizient ermittelt werden. Die Berechnung der partiellen Korrelation führt bei unübersichtlichen Abhängigkeitsverhältnissen zu Klarheit über die gegenseitige Bedeutung der Variablen. Wenn beispielsweise die Korrelation zwischen den Einflußgrößen (X_1 und X_2) nur auf einer gemeinsamen Beeinflussung durch eine Einflußgröße (X_3) beruht, so wird der partielle Korrelationskoeffizient ($r_{12.3}$) gleich Null werden. Es kann auch vorkommen, daß eine Korrelation durch die Ausschaltung einer Störvariablen erst hervortritt. In der Regressionsrechnung dürfen nur die unabhängigen Variablen berücksichtigt werden, die nicht mit anderen Variablen korrelieren. Die SVP mit ihrer orthogonalen Versuchsanordnung sorgt für die Einhaltung dieser Bedingung. Insofern sind Regressionsmodelle mit zufälligen Einflußgrößen abzulehnen, wenn sich die Einflußgrößen kontrollieren lassen. Dies ist bei technischen Aufgabenstellungen fast immer der Fall.

Ein Regressionsmodell mit kontrollierbaren Einflußgrößen unterscheidet sich von dem vorherigen mit zufälligen Variablen dadurch, daß nur die abhängige Variable zufällig ist. An der Vorgehensweise in der Analyse ändert sich nichts, wenn die Einstellungen der Einflußgrößen (X_l, X_2, ..., X_k) willkürlich vorgenommen werden. Es ist aber möglich, durch Planung das Experiment so aufzubauen, daß es orthogonal wird. Die orthogonale Regression setzt einstellbare Variable voraus, so daß durch die Versuchsplanung ein orthogonaler Aufbau erreicht werden kann.

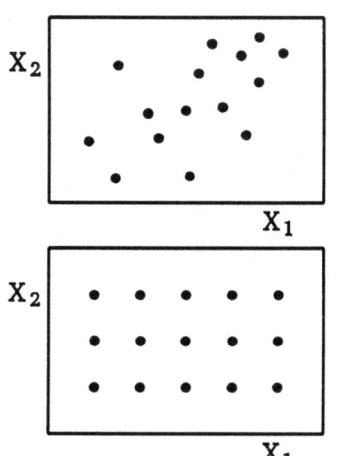

Abb. 9.2.2a Zufälliger und geplanter Versuchsplan.

Durch den zufälligen oder willkürlichen Versuchsplan entsprechend der oberen Abbildung kommt es mit hoher Wahrscheinlichkeit zu Korrelationen zwischen den Einflußgrößen. Diese verzerren die Analyseergebnisse und sollten vermieden werden. Da sich dieses bei historischem Datenmaterial nicht verhindern läßt, sollte man auf solche Analysen verzichten. Der geplante Versuchsplan ist orthogonal und die Einflußgrößen sind voneinander unabhängig. Solche Versuchspläne können uneingeschränkt empfohlen werden, wenn alle Variablen meßbar und die Einflußgrößen zusätzlich einstellbar sind.

Statistische Versuchsplanung

Bei orthogonalem Aufbau sind die unabhängigen Variablen unbeeinflußt und lassen sich direkt und unverzerrt schätzen. Voraussetzung ist aber eine strikte lineare Abhängigkeit der Zielgröße von den Einflußgrößen.

9.2.3 Analyse multipler Regressionsmodelle

Man betrachtet die Zielgröße (Y) und die Einflußgrößen (X_1, X_2, ..., X_k) und sucht einen funktionalen Zusammenhang wie in der Funktion (Formel 9.2.3a) dargestellt:

$$y = b_0 + b_1 \cdot x_1 + b_2 \cdot x_2 + ... + b_k \cdot x_k + \varepsilon$$

FORMEL 9.2.3a
y .... Variablenwert der Zielgröße
x_i .... Variablenwerte der i-ten Einflußgröße
b_0 .... Regressionskonstante
b_i .... Regressionskoeffizienten der i-ten Einflußgröße
ε .... nichterklärbarer Versuchsfehler.

Hat man die Variablen an einer Stichprobe beobachtet mit den Ausprägungen (Werte y_{ij}, x_{1i}, x_{2i}, ..., x_{ki}), so kann man aus dem Normalengleichungssystem (Formel 9.2.3b)

$$\begin{aligned}
b_1 \cdot Q_{x_1} + b_2 \cdot Q_{x_1 x_2} + \cdots + b_k \cdot Q_{x_1 x_k} &= Q_{x_1 y} \\
b_1 \cdot Q_{x_1 x_2} + b_2 \cdot Q_{x_2} + \cdots + b_k \cdot Q_{x_2 x_k} &= Q_{x_2 y} \\
&\vdots \\
b_1 \cdot Q_{x_1 x_k} + b_2 \cdot Q_{x_2 x_k} + \cdots + b_k \cdot Q_{x_k} &= Q_{x_k y}
\end{aligned}$$

FORMEL 9.2.3b
b_i .... Regressionskoeffizienten
Q .... Quadratsummen

die Regressionskoeffizienten (b_1, b_2, ..., b_k) bestimmen; dabei sind die Summen der Normalengleichung nach der folgenden Formel (Formel 9.2.3c) zu bestimmen.

$$Q_{x_j} = \sum_{i=1}^{n}(x_{ij} - \bar{x}_j)^2$$

$$Q_{x_j x_{j'}} = \sum_{i=1}^{n}(x_{ij} - \bar{x}_j) \cdot (x_{ij'} - \bar{x}_{j'})$$

$$Q_{x_j y} = \sum_{i=1}^{n}(x_{ij} - \bar{x}_j) \cdot (y_i - \bar{y})$$

FORMEL 9.2.3c
Q .... Quadratsummen
x_{ij} .... Werte der Einflußgrößen
y_i .... Werte der Zielgröße

Statistische Versuchsplanung

Der Schätzwert für die Regressionskonstante ergibt sich aus der nächsten Formel (Formel 9.2.3d).

$$b_0 = \bar{y} - b_1 \cdot \bar{x}_1 - b_2 \cdot \bar{x}_2 - \ldots - b_k \cdot \bar{x}_k$$

FORMEL 9.2.3d
b_0 .... Regressionskonstante
b_i .... Regressionskoeffizienten
$\bar{x}_i$ .... Mittelwerte der Einflußgrößen
$\bar{y}$ .... Mittelwert der Zielgröße

Die allgemeine Modellgleichung läßt sich in Matrizendarstellung schreiben als Formel 9.2.3e.

$$Y = X \cdot b + e$$

FORMEL 9.2.3e
Y .... Vektor der Zielgröße
X .... Matrix der Einflußgrößen
b .... Vektor der Regressionskoeffizienten
e .... Vektor des Versuchsfehlers.

In der Formel 9.2.3e werden die folgenden Ausdrücke eingesetzt.

$$Y = \begin{bmatrix} y_1 \\ y_2 \\ y_3 \\ \vdots \\ y_n \end{bmatrix} \quad X = \begin{bmatrix} 1 & x_{11} & x_{21} & \cdots & x_{k1} \\ 1 & x_{12} & x_{22} & \cdots & x_{k2} \\ 1 & x_{13} & x_{23} & \cdots & x_{k3} \\ \vdots & \vdots & \vdots & & \vdots \\ 1 & x_{1n} & x_{2n} & \cdots & x_{kn} \end{bmatrix} \quad e = \begin{bmatrix} e_1 \\ e_2 \\ e_3 \\ \vdots \\ e_n \end{bmatrix} \quad b = \begin{bmatrix} b_0 \\ b_1 \\ b_2 \\ \vdots \\ b_k \end{bmatrix}$$

FORMEL 9.2.3f
Y .... Vektor der Zielgröße
X .... Matrix der Einflußgrößen
b .... Vektor der Regressionskoeffizienten
e .... Vektor des Versuchsfehlers

Der Vektor (b) läßt sich als Lösung der Normalengleichungen aus der Formel 9.2.3g gewinnen.

$$X^T \cdot X \cdot b = X^T \cdot Y$$

FORMEL 9.2.3g
Y .... Vektor der Zielgröße
X .... Matrix der Einflußgrößen
X^T .... transponierte Matrix der Einflußgrößen
b .... Vektor der Regressionskoeffizienten

Statistische Versuchsplanung

Ist das Produkt der Matrizen $(X^T X)$ invertierbar, dieses ist bei orthogonalen Versuchen der SVP immer der Fall, so ergibt sich hieraus sofort der Vektor (b) mit Formel 9.2.3h.

$$b = (X^T \cdot X)^{-1} \cdot X^T \cdot Y$$

FORMEL 9.2.3h
Y .... Vektor der Zielgröße
X .... Matrix der Einflußgrößen
X^T .... transponierte Matrix der Einflußgrößen
b .... Vektor der Regressionskoeffizienten

Man erhält eine eindeutig bestimmte Schätzung der Regressionsparameter (b_0, b_1, ..., b_k). Setzt man außerdem

$$C = (X^T \cdot X)^{-1}$$

FORMEL 9.2.3i
X .... Matrix der Einflußgrößen
X^T .... transponierte Matrix der Einflußgrößen
C .... Matrix der inversen Elemente c_{ij}

so gilt

$$s^2_{b_i} = s^2_y \cdot c_{ii}$$

FORMEL 9.2.3j
s_{bi}^2 .... Varianzen der Regressionskoeffizienten
s_y^2 .... Varianz des Restfehlers
c_{ij} .... Elemente der inversen Matrix C
c_{ii} .... Diagonalelemente der inversen Matrix C

Der Streuungsparameter (s_y) kann hierbei geschätzt werden durch

$$s^2_y = \frac{1}{n-k-1} \sum_{i=1}^{n} (y_i - b_0 - \sum_{j=1}^{k} b_j \cdot x_{ij})^2$$

FORMEL 9.2.3k
s_y^2 .... Varianz des Restfehlers
x_{ij} .... Werte der Einflußgrößen
y_i .... Werte der Zielgröße
b_j .... Regressionskoeffizienten
b_0 .... Regressionskonstante
n .... Anzahl der Wertesätze
k .... Anzahl der Einflußgrößen

Den multiplen Korrelationskoeffizienten erhält man aus der Formel 9.2.3l.

$$r^2_{Y,(X_1,...,X_k)} = 1 - \frac{\sum_{i=1}^{n}(y_i - b_0 - \sum_{j=1}^{k} b_j \cdot x_{ij})^2}{\sum_{i=1}^{n}(y_i - \bar{y})^2}$$

FORMEL 9.2.3l

$r_{(...)}$ .... multipler Korrelationskoeffizient
x_{ij} .... Werte der Einflußgrößen
y_i .... Werte der Zielgröße
b_i .... Regressionskoeffizienten
b_0 .... Regressionskonstante
n .... Anzahl der Wertesätze
k .... Anzahl der Einflußgrößen

Das Bestimmtheitsmaß (r^2) trifft eine Aussage darüber, wie gut sich die Regressionsfunktion an die empirische Verteilung der Punkte anpaßt. So läßt sich für ein Bestimmtheitsmaß von 0.8 sagen, daß die Streuung der Zielgröße zu 80% aus der Regression erklärt werden kann. Die Prüfung der Korrelationskoeffizienten wird mit Formel 9.2.3m durchgeführt.

$$P = \frac{r^2_{Y,(X_1,...,X_k)} \cdot (n-k-1)}{(1 - r^2_{Y,(X_1,...,X_k)}) \cdot k}$$

FORMEL 9.2.3m

$r_{(...)}$ .... multipler Korrelationskoeffizient
n .... Anzahl der Wertesätze
k .... Anzahl der Einflußgrößen
P .... F-verteilte Prüfgröße des Korrelationskoeffizienten

Aufgrund der Stichprobenwerte wurde ein empirischer Prüfwert (P) ermittelt, der mit dem entsprechenden Schwellenwert der F-Verteilung (T) verglichen wird. Ist P > T wird die Nullhypothese (H0: r=0) abgelehnt. Die Prüfung der Regressionskoeffizienten wird mit Hilfe ihrer Standardabweichungen durchgeführt. Es wird ein Vertrauens-

$$b_{i\,un}^{ob} = b_i \pm t_{(1-\alpha/2;\,n-k-1)} \cdot s_{b_i}$$

FORMEL 9.2.3n

$b_{i(un,ob)}$ ..... Vertrauensbereiche der Regressionskoeffizienten
b_i .... Regressionskoeffizienten
s_{bi} .... Standardabweichungen der Regressionskoeffizienten
$t_{(...)}$ .... Schwellenwert der t-Verteilung

Statistische Versuchsplanung

bereich berechnet, der Null nicht überdecken darf, sonst ist der Regressionskoeffizient nicht signifikant. Für nicht orthogonale Regressionsmodelle müssen die Einflußgrößen der nicht signifikanten Regressionskoeffizienten entfernt werden, bis alle Regressionskoeffizienten signifikant sind. Dies führt man am besten mit der schrittweisen Regression durch.

ANOVA der multiplen Regression

Streuungsursache	Summe der quadratischen Abweichungen	Freiheitsgrad	Varianz
Total	$\sum_{i=1}^{k}\sum_{j=1}^{n_i} y_{ij}^2$	n	
Mittelwert	$\bar{y}^2 \cdot n$	1	
Gesamt	$\sum_{i=1}^{k}\sum_{j=1}^{n_i} y_{ij}^2 - \bar{y}^2 \cdot n$	n-1	s_g^2
Regression	$\sum_{i=1}^{n}(y_i - \sum_{j=1}^{k} b_j \cdot x_{ij})^2$	k	s_R^2
Restfehler	Gesamt − Regression	n-k-1	s_y^2
Linearität	$\sum_{i=1}^{m}\sum_{j=1}^{n_i}(\bar{y}_i - \hat{y}_i)^2 \cdot n_i$	m-k-1	s_L^2
reiner Restfehler	$\sum_{i=1}^{m}\sum_{j=1}^{n_i}(y_{ij} - \bar{y}_i)^2$	n-m	s_B^2

Tabelle 9.2.3a: ANOVA der multiplen Regression

Die Tabelle zeigt den additiven Aufbau der Streuungszerlegung in die verschiedenen Streuungsursachen (ANOVA - Analysis of Variance). Wichtig ist, daß nur die Summen der quadratischen Abweichungen und die Freiheitsgrade sich additiv verhalten und nicht die Varianzen. Nach der Berechnung der Streuungsursachen Gesamt, Restfehler und reiner Restfehler ergeben sich die Streuungsursachen für Regression und Linearität aus einfachen Subtraktionen.

Die Prüfung der Regression und der Anpassung ergibt sich aus einer ANOVA (Analysis of Variance).

Die Regression wird wie bei der einfachen linearen Regression mittels F-test geprüft und wenn Wiederholungen vorkommen, wird der Mangel an Anpassung mit dem gleichen Test geprüft.

$$P = \frac{s_R^2}{s_y^2}$$

FORMEL 9.2.3o
s_R^2 .... Varianz der Regression
s_y^2 .... Varianz des Restfehlers
P .... Prüfwert der Regression

Statistische Versuchsplanung

$$P = \frac{s_L^2}{s_E^2}$$

FORMEL 9.23p

s_L^2 .... Varianz des Anpassungsfehlers
s_E^2 .... Varianz des reinen Versuchsfehlers
P .... Prüfwert für den Mangel an Anpassung

Die nicht in der Regressionsgleichung erfaßten Einflußgrößen schlagen sich in den Residuen (R_i) nieder. Sie werden Restschwankung oder Residual genannt. Definiert ist das Residual durch

$$R_i = y_i - \hat{y}_i$$

FORMEL 9.2.3q

R_i .... Residuen
y_i .... beobachteter Wert der Zielgröße
$E(y)$ .... geschätzter Wert der Zielgröße

Gemäß dem allgemeinen Ansatz müssen die Residuen auf Normalität und Ausreißer geprüft werden.

Bei der Regressionsanalyse ohne Regressionskonstante, die Funktion geht durch den Nullpunkt, müssen folgende Voraussetzungen erfüllt sein:

- ☐ Die Daten wurden nicht normiert.
- ☐ Die Regressionskonstante (b_0) ist nicht signifikant.
- ☐ Die Regressionskonstante (b_0) gleich Null ist sachlogisch begründbar.

Die Berechnung der Regression erfolgt analog der dargestellten Vorgehensweise, wobei in der Matrix X die erste Spalte der Einsen (Formel 9.2.3f) nicht beachtet wird.

Wie schon bemerkt, müssen nicht signifikante Einflußgrößen bei nicht orthogonalen Designs mittels schrittweiser Regression eliminiert werden. Dies geschieht durch die sogenannten Betakoeffizienten (Formel 9.2.3r). Sie werden berechnet, um die Wirkung der nicht signifikanten Variablen in standardisierter Form zu bekommen. Die Einflußgröße mit der geringsten Wirkung wird eliminiert. Dieser Vorgang wird so oft wiederholt, bis alle in dem Modell verbliebenen Einflußgrößen signifikant sind oder alle Einflußgrößen eliminiert wurden. Die stufenweise Reduzierung der Variablen ist bei nicht orthogonalen Versuchen immer notwendig und sinnvoll.

$$b'_i = b_i \frac{s_{x_i}}{s_y}$$

FORMEL 9.2.3r

b'_i .... Betakoeffizienten der Einflußgrößen
b_i .... Regressionskoeffizienten der Einflußgrößen
s_y .... Standardabweichung des Restfehlers
s_{xi} .... Standardabweichungen der Einflußgrößen

10. Die mehrfache Varianzanalyse

Die mehrfache Varianzanalyse ist ein Verfahren, das die Wirkung mehrerer unabhängiger Variabler (Einflußgrößen) auf eine oder mehrere abhängige Variablen (Zielgrößen) untersucht. Für die unabhängige Variable wird dabei lediglich Nominalskalierung verlangt, während die abhängige Variable Intervallskalierung aufweisen muß. Dadurch wird diese Methode bei der Analyse von Versuchsplänen benötigt, in denen nominalskalierte Variable zulässig sind. Dies sind die faktoriellen und teilfaktoriellen Versuchspläne. Die im Vergleich zu anderen Verfahren geringen Anforderungen der mehrfachen Varianzanalyse an das Skalenniveau der unabhängigen Variablen haben sie zu einem beliebten Analyseverfahren werden lassen. Auch bei der mehrfachen Varianzanalyse müssen allerdings bestimmte Voraussetzungen erfüllt werden:

- ❏ Die Varianzanalyse geht von der Annahme aus, daß die den Beobachtungswerten zugrunde liegende Grundgesamtheit zumindest in den Residuen normalverteilt ist.

- ❏ Bei der Anlage von Experimenten muß darauf geachtet werden, daß keine systematischen Fehler auf die Ergebnisse einwirken.

- ❏ Der Versuchsfehler sollte im gesamten Versuchsbereich gleichgestreut sein, d.h. die Varianzen in den Versuchspunkten dürfen keine signifikanten Unterschiede zeigen.

- ❏ Voraussetzung zur Anwendung der Varianzanalyse ist, daß alle Komponenten additiv miteinander verknüpft sind.

- ❏ Die bei der Versuchsplanung aufgestellte Designmatrix muß vollständig sein, d.h. kein Beobachtungswert einer Variablenkombination darf fehlen.

Das der Varianzanalyse zugrunde liegende additive und lineare Modell geht von folgender Gleichung aus:

$$x_{ij} = \bar{x} + a_i + b_j + ab_{ij} + \varepsilon$$

$$x_{ijk} = \bar{x} + a_i + b_j + ab_{ij} + c_k + ac_{ik} + bc_{jk} + abc_{ijk} + \varepsilon$$

FORMEL 10a

$x_{...}$ .... Meßwert der Zielgröße
$\bar{x}$ .... Gesamtmittelwert
a_i .... Effekt der Einflußgröße A
b_j .... Effekt der Einflußgröße B
c_k .... Effekt der Einflußgröße C
ab_{ij} .... Wechselwirkung der Einflußgrößen A und B
ac_{ik} .... Wechselwirkung der Einflußgrößen A und C
bc_{jk} .... Wechselwirkung der Einflußgrößen B und C
abc_{ijk} ..... Wechselwirkung der Einflußgrößen A, B und C
ε .... Versuchsfehler

Statistische Versuchsplanung

10.1 Die Modelle der Varianzanalyse

Als erstes wird der Aufbau der Designmatrix erläutert (alle Beispiele beziehen sich auf eine zweifache oder dreifache Varianzanalyse und sind leicht zu verallgemeinern). Die dreifache Varianzanalyse läßt sich noch gut graphisch darstellen.

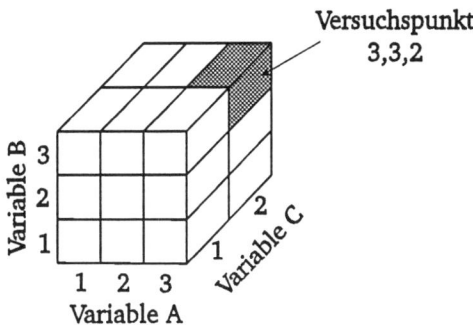

Abb. 10.1a: Die dreifache Varianzanalyse

Die Grafik zeigt den Versuchsplan für eine dreifache Varianzanalyse. Die Variablen A und B werden auf drei Stufen und die Variable C auf zwei Stufen getestet. Der Versuchspunkt (3,3,2) ist hervorgehoben dargestellt.

Wenn eine Klassifizierung der Daten nach mehr als einem Gesichtspunkt getroffen werden muß, ist die Benutzung von Indizes sehr dienlich. Für die dreifache Varianzanalyse bezeichnet der erste Index die Zeile, der zweite die Spalte und der dritte die Schicht. Um die Indizes eindeutig zuzuordnen, entwickeln wir in Tabelle (Tab.: 10.1a) eine Designmatrix:

Lfd. Nr.	Stufen der Variablen A	Stufen der Variablen B	Stufen der Variablen C	indizierte Meßwerte
1	1	1	1	x_{111}
2	2	1	1	x_{211}
3	3	1	1	x_{311}
4	1	2	1	x_{121}
5	2	2	1	x_{221}
6	3	2	1	x_{321}
7	1	3	1	x_{131}
8	2	3	1	x_{231}
9	3	3	1	x_{331}
10	1	1	2	x_{112}
11	2	1	2	x_{212}
12	3	1	2	x_{312}
13	1	2	2	x_{122}
14	2	2	2	x_{222}
15	3	2	2	x_{322}
16	1	3	2	x_{132}
17	2	3	2	x_{232}
18	3	3	2	x_{332}

Tab. 10.1a: Versuchsplan einer dreifachen Varianzanalyse

Der Versuchsplan wird entwickelt, in dem zuerst die Stufen der Variablen A, dann der Variablen B und zuletzt der Variablen C variiert werden. Sollen die Versuche wiederholt werden, erhält jeder Versuchspunkt einen weiteren Index.

Statistische Versuchsplanung

Die laufende Nummer kann zufällig angeordnet werden und wir erhalten eine Zufallsmatrix, nach der das Experiment durchgeführt werden sollte. Die Varianzanalyse kennt, ebenso wie die Regressionsanalyse, mehrere Modelle:

- ❏ das Modell I mit systematischer Auswahl,
- ❏ das Modell II mit zufälliger Auswahl.

Da für die SVP das Modell I von besonderer Bedeutung ist, wird nur dieses Modell ausführlicher behandelt. Das Modell I wird auch als "Model fixed" bezeichnet und ist von der Funktion her ein multipler Mittelwertvergleich. Bei signifikanten Befunden läßt sich immer eine Entscheidung für eine Stufe der Variablen betrachten. Wir wollen uns dies an einem Beispiel verdeutlichen. Nehmen wir an, wir haben verschiedene Katalysatoren (Stufen der Variablen) in einem chemischen Prozeß, die aufgrund ihrer Zusammensetzung unterscheidbar sind (verschiedene Grundgesamtheiten), dann können wir uns immer für den Katalysator mit dem besten Ergebnis entscheiden. Im Gegensatz dazu kann man bei dem Modell II, bezeichnet als "Model random", mit zufälliger Auswahl von Stufen der Variablen sich nicht für die Auswahl einer Stufe entscheiden, weil die Stufe selbst ein zufälliges Ereignis darstellt. Die Modelle I und II kommen auch gemischt vor und werden als "Model mixed" bezeichnet. Das "Model mixed" ist aufgrund komplexer Teststatistiken äußerst schwierig zu interpretieren und sollte nach Möglichkeit vermieden werden. Ein weiterer Unterschied der Varianzanalysen ergibt sich aus der Anordnung der Versuchspunkte. Man unterscheidet drei Klassifikationen:

- ❏ **Gekreuzte Versuche:** Bei den gekreuzten Versuchen (Cross-Classification) wird jede Stufe einer Variableneinstellung mit jeder Stufe der anderen Variableneinstellungen kombiniert.

- ❏ **Hierarchische Versuche:** Bei den hierarchischen Versuchen (Nested-Classification) werden die Variablen derart kombiniert, daß jede Faktorstufe einer Variablen nur mit bestimmten Faktorstufen einer anderen Variablen auftritt.

- ❏ **Semihierarchische Versuche:** Bei den semihierarchischen Versuchen werden die vorherigen Klassifikationen kombiniert. Man unterscheidet bei der dreifachen Varianzanalyse zwei verschiedene Kombinationen:
  - ○ Die Variable B ist unter Variable A geschachtelt
  - ○ Die Variable C ist unter Variable B geschachtelt

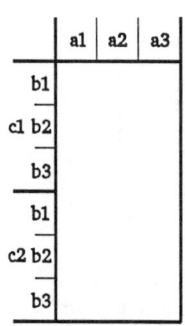
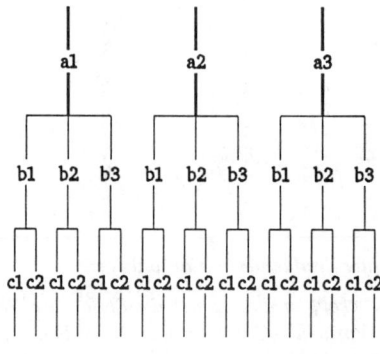

Abb. 10.1b: Klassifikation

Die erste Abbildung zeigt die typische gekreuzte Klassifikation und die zweite Abbildung zeigt einen hierarchischen Versuchsaufbau. Bei dem hierarchischen Versuch sind die untergeordneten Stufen nicht identisch, z.B. wenn der Versuch ein Ringversuch bzgl. einer Meßmethode ist. A sind die Labore, B sind die Güteprüfer in den Laboren usw.

Statistische Versuchsplanung

10.2 Berechnung der mehrfachen Varianzanalyse

Die Signifikanztests können am einfachsten mit einer ANOVA dargestellt werden. Mit der mehrfachen Varianzanalyse überprüft man, wie eine abhängige Variable von mehreren unabhängigen Variablen (Faktoren) beeinflußt wird. Den ersten Faktor bezeichnet man mit A und den zweiten Faktor mit B usw.. Die Stufen der Faktoren bezeichnet man mit den entsprechenden Kleinbuchstaben. Insgesamt ergibt sich die Summe der möglichen Faktorstufenkombinationen aus dem Produkt aller Faktorstufen multipliziert mit dem Stichprobenumfang (n) jeder Kombination. Die Daten erhalten also immer einen Index mehr als Faktoren vorhanden sind. Aus diesen Daten werden nach den folgenden Formeln die Streuungen der einzelnen Faktoren ermittelt. Dies gilt auch für die Wechselwirkungen.

$$TSS = \sum_{i=1}^{a} \sum_{j=1}^{b} \sum_{k=1}^{c} \sum_{l=1}^{n} x_{ijkl}^2$$

$$MSS = \frac{\left(\sum_{i=1}^{a} \sum_{j=1}^{b} \sum_{k=1}^{c} \sum_{l=1}^{n} x_{ijkl}\right)^2}{a \cdot b \cdot c \cdot n}$$

$$ASS = \frac{\sum_{i=1}^{a} \left(\sum_{j=1}^{b} \sum_{k=1}^{c} \sum_{l=1}^{n} x_{ijkl}\right)^2}{b \cdot c \cdot n}$$

$$BSS = \frac{\sum_{j=1}^{b} \left(\sum_{i=1}^{a} \sum_{k=1}^{c} \sum_{l=1}^{n} x_{ijkl}\right)^2}{a \cdot c \cdot n}$$

$$CSS = \frac{\sum_{k=1}^{c} \left(\sum_{i=1}^{a} \sum_{j=1}^{b} \sum_{l=1}^{n} x_{ijkl}\right)^2}{a \cdot b \cdot n}$$

$$ABSS = \frac{\sum_{i=1}^{a} \sum_{j=1}^{b} \left(\sum_{k=1}^{c} \sum_{l=1}^{n} x_{ijkl}\right)^2}{c \cdot n}$$

$$ACSS = \frac{\sum_{i=1}^{a} \sum_{k=1}^{c} \left(\sum_{j=1}^{b} \sum_{l=1}^{n} x_{ijkl}\right)^2}{b \cdot n}$$

$$BCSS = \frac{\sum_{j=1}^{b} \sum_{k=1}^{c} \left(\sum_{i=1}^{a} \sum_{l=1}^{n} x_{ijkl}\right)^2}{a \cdot n}$$

$$ABCSS = \frac{\sum_{i=1}^{a} \sum_{j=1}^{b} \sum_{k=1}^{c} \left(\sum_{l=1}^{n} x_{ijkl}\right)^2}{n}$$

FORMEL 10.2a

TSS .... Quadratsumme aller Werte
MSS .... Quadratsumme des Mittelwertes
ASS .... Quadratsumme der Variablen A
BSS .... Quadratsumme der Variablen B
CSS .... Quadratsumme der Variablen C
ABSS ...... Quadratsumme der Wechselwirkung AB
ACSS ...... Quadratsumme der Wechselwirkung AC
BCSS ...... Quadratsumme der Wechselwirkung BC
ABCSS ... Quadratsumme der Wechselwirkung ABC

a .... Stufen der Variablen A
b .... Stufen der Variablen B
c .... Stufen der Variablen C
n .... Anzahl der Wiederholungen
i, j, k, l .... Indizes der Versuchspunkte
x_{ijkl} .... Meßwerte der Versuchspunkte

In der ANOVA werden die Streuungsursachen in Hauptwirkungen und Wechselwirkungen (gegenseitige Wirkung mehrerer Variablen) zerlegt. Mit Hilfe der Varianzen läßt sich nun gemäß dem jeweiligen Modell ein F-Test zur Beurteilung der Signifikanzen durchführen.

Grundlagen der SVP

ANOVA mit 2 Variablen
gekreuzte Versuche

Effekt	quadratische Abweichung	Freiheitsgrad	Varianz
Gesamt	TSS-MSS	abn-1	s_G^2
A	ASS-MSS	a-1	s_A^2
B	BSS-MSS	b-1	s_B^2
AB	ABSS-ASS-BSS+MSS	(a-1)(b-1)	s_{AB}^2
FEHLER	TSS-ABSS	ab(n-1)	s_E^2

ANOVA mit 3 Variablen
gekreuzte Versuche

Effekt	quadratische Abweichung	Freiheitsgrad	Varianz
Gesamt	TSS-MSS	abcn-1	s_G^2
A	ASS-MSS	a-1	s_A^2
B	BSS-MSS	b-1	s_B^2
AB	ABSS-ASS-BSS+MSS	(a-1)(b-1)	s_{AB}^2
C	CSS-MSS	c-1	s_C^2
AC	ACSS-ASS-CSS+MSS	(a-1)(c-1)	s_{AC}^2
BC	BCSS-BSS-CSS+MSS	(b-1)(c-1)	s_{BC}^2
ABC	ABCSS-ABSS-ACSS-BCSS+ASS+BSS+CSS-MSS	(a-1)(b-1)(c-1)	s_{ABC}^2
FEHLER	TSS-ABCSS	abc(n-1)	s_E^2

ANOVA mit 2 Variablen
hierarchische Versuche

Effekt	quadratische Abweichung	Freiheitsgrad	Varianz
Gesamt	TSS-MSS	abn-1	s_G^2
A	ASS-MSS	a-1	s_A^2
B(A)	ABSS-ASS	a(b-1)	s_B^2
FEHLER	TSS-ABSS	ab(n-1)	s_E^2

ANOVA mit 3 Variablen
hierarchische Versuche

Effekt	quadratische Abweichung	Freiheitsgrad	Varianz
Gesamt	TSS-MSS	abcn-1	s_G^2
A	ASS-MSS	a-1	s_A^2
B(A)	ABSS-ASS	a(b-1)	s_B^2
C(B(A))	ABCSS-ABSS	ab(c-1)	s_C^2
FEHLER	TSS-ABCSS	abc(n-1)	s_E^2

ANOVA mit 3 Variablen
teilhierarchische Versuche Version 1

Effekt	quadratische Abweichung	Freiheitsgrad	Varianz
Gesamt	TSS-MSS	abcn-1	s_G^2
A	ASS-MSS	a-1	s_A^2
B(A)	ABSS-ASS	a(b-1)	s_B^2
C	CSS-MSS	c-1	s_C^2
AC	ACSS-ASS-CSS+MSS	(a-1)(c-1)	s_{AC}^2
B(A)C	ABCSS-ABSS-ACSS+ASS	a(b-1)(c-1)	s_{BC}^2
FEHLER	TSS-ABCSS	abc(n-1)	s_E^2

ANOVA mit 3 Variablen
teilhierarchische Versuche Version 2

Effekt	quadratische Abweichung	Freiheitsgrad	Varianz
Gesamt	TSS-MSS	abcn-1	s_G^2
A	ASS-MSS	a-1	s_A^2
B	BSS-MSS	b-1	s_B^2
AB	ABSS-ASS-BSS+MSS	(a-1)(b-1)	s_{AB}^2
C(A,B)	ABCSS-ABSS	ab(c-1)	s_C^2
FEHLER	TSS-ABCSS	abc(n-1)	s_E^2

Statistische Versuchsplanung

Die Prüfung der Nullhypothese des Modells I (H0: $\mu_\alpha = \mu_\beta = \mu_{\alpha\beta} = ... = \mu$) oder des Modells II (H0: $\sigma_\alpha^2 = \sigma_\beta^2 = \sigma_{\alpha\beta}^2 = ... = \sigma^2$) wird mit den Quotienten der Varianzen durchgeführt. Welche Quotienten gebildet werden müssen, wird mit Hilfe der nachfolgenden Tabellen verdeutlicht.

Prüftabelle für 2 Variable
gekreuzte Versuche

zu prüfende Varianz	A fest B fest	A fest B zufällig	A zufällig B fest	A zufällig B zufällig
s_A^2	s_E^2	s_{AB}^2	s_E^2	s_{AB}^2
s_B^2	s_E^2	s_E^2	s_{AB}^2	s_{AB}^2
s_{AB}^2	s_E^2	s_E^2	s_E^2	s_E^2

Prüftabelle für 3 Variable
gekreuzte Versuche

zu prüfende Varianz	A fest B fest C fest	A fest B fest C zufällig	A fest B zufällig C fest	A zufällig B fest C fest	A fest B zufällig C zufällig	A zufällig B fest C zufällig	A zufällig B zufällig C fest	A zufällig B zufällig C zufällig
s_A^2	s_E^2	s_{AC}^2	s_{AB}^2	s_E^2	*	s_{AC}^2	s_{AB}^2	*
s_B^2	s_E^2	s_{BC}^2	s_E^2	s_{AB}^2	s_{BC}^2	*	s_{AB}^2	*
s_{AB}^2	s_E^2	s_{ABC}^2	s_E^2	s_E^2	s_{BC}^2	s_{ABC}^2	s_E^2	*
s_C^2	s_E^2	s_E^2	s_{BC}^2	s_{AC}^2	s_{ABC}^2	s_{AC}^2	*	s_{ABC}^2
s_{AC}^2	s_E^2	s_E^2	s_{ABC}^2	s_E^2	s_{ABC}^2	s_E^2	s_{ABC}^2	s_{ABC}^2
s_{BC}^2	s_E^2	s_E^2	s_E^2	s_{ABC}^2	s_E^2	s_{ABC}^2	s_{ABC}^2	s_{ABC}^2
s_{ABC}^2	s_E^2	s_E^2	s_E^2	s_E^2	s_E^2	s_E^2	s_E^2	s_E^2

Prüftabelle für 2 Variable
hierarchische Versuche

zu prüfende Varianz	A fest B fest	A fest B zufällig	A zufällig B fest	A zufällig B zufällig
s_A^2	s_E^2	s_B^2	s_E^2	s_B^2
s_B^2	s_E^2	s_E^2	s_E^2	s_E^2

Grundlagen der SVP

Statistische Versuchsplanung

Prüftabelle für 3 Variable
hierarchische Versuche

zu prüfende Varianz	Prüfvarianzen							
	A fest B fest C fest	A fest B fest C zufällig	A fest B zufällig C fest	A zufällig B fest C fest	A fest B zufällig C zufällig	A zufällig B fest C zufällig	A zufällig B zufällig C fest	A zufällig B zufällig C zufällig
s_A^2	s_E^2	s_C^2	s_B^2	s_B^2	s_B^2	s_C^2	s_B^2	s_B^2
s_B^2	s_E^2	s_C^2	s_E^2	s_E^2	s_E^2	s_C^2	s_E^2	s_C^2
s_C^2	s_E^2	s_E^2	s_E^2	s_E^2	s_E^2	s_E^2	s_E^2	s_E^2

Prüftabelle für 3 Variable
teilhierarchische Versuche Version 1

zu prüfende Varianz	Prüfvarianzen							
	A fest B fest C fest	A fest B fest C zufällig	A fest B zufällig C fest	A zufällig B fest C fest	A fest B zufällig C zufällig	A zufällig B fest C zufällig	A zufällig B zufällig C fest	A zufällig B zufällig C zufällig
s_A^2	s_E^2	s_{AC}^2	s_B^2	s_E^2	*	s_{AC}^2	s_B^2	*
s_B^2	s_E^2	s_{BC}^2	s_E^2	s_E^2	s_{BC}^2	s_{BC}^2	s_E^2	s_{BC}^2
s_C^2	s_E^2	s_E^2	s_{BC}^2	s_{AC}^2	s_{BC}^2	s_{AC}^2	s_{BC}^2	s_{AC}^2
s_{AC}^2	s_E^2	s_E^2	s_{BC}^2	s_E^2	s_{BC}^2	s_E^2	s_{BC}^2	s_{BC}^2
s_{BC}^2	s_E^2	s_E^2	s_E^2	s_E^2	s_E^2	s_E^2	s_E^2	s_E^2

Prüftabelle für 3 Variable
teilhierarchische Versuche Version 2

zu prüfende Varianz	Prüfvarianzen							
	A fest B fest C fest	A fest B fest C zufällig	A fest B zufällig C fest	A zufällig B fest C fest	A fest B zufällig C zufällig	A zufällig B fest C zufällig	A zufällig B zufällig C fest	A zufällig B zufällig C zufällig
s_A^2	s_E^2	s_C^2	s_{AB}^2	s_E^2	s_{AB}^2	s_C^2	s_{AB}^2	s_{AB}^2
s_B^2	s_E^2	s_C^2	s_E^2	s_{AB}^2	s_C^2	s_{AB}^2	s_{AB}^2	s_{AB}^2
s_{AB}^2	s_E^2	s_C^2	s_E^2	s_E^2	s_C^2	s_E^2	s_E^2	s_C^2
s_C^2	s_E^2	s_E^2	s_E^2	s_E^2	s_E^2	s_E^2	s_E^2	s_E^2

Statistische Versuchsplanung

Die in den Prüftabellen mit einem Stern (*) markierten Varianzen sind nur mit Quasi-F-Brüchen zu testen (Bortz, J. 1985). Sind keine Wiederholungen gemacht worden, gibt es keinen Versuchsfehler (s_E^2) und man setzt voraus, daß die Mehrfachwechselwirkung Null ist und erhält somit einen Schätzwert für die Varianz (s_E^2). Der Prüfwert (P) des F-Tests wird verglichen mit dem Schwellenwert der F-Verteilung (T) und errechnet sich wiederum nach den vorangegangenen Tabellen. Die Varianz des Restfehlers (s_E^2), auch als ERROR bezeichnet, wird ermittelt aus Wiederholungen, wobei die Wiederholungen bei der Berechnung als Stufen einer Variablen betrachtet werden. Der ERROR ergibt sich dann aus der Zusammenfassung von Varianzen, in denen die Wiederholung als Variable steht. Um die Testschärfe zu erhöhen, können nicht signifikante Streuungen zusammengefaßt werden. Die Zusammenfassung der nicht signifikanten Varianzen kann durchgeführt werden, weil nicht signifikante Varianzen einen Schätzwert der ERROR-Varianz (s_E^2) darstellen.

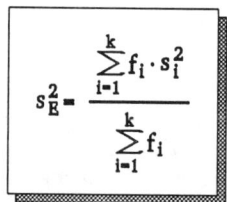

FORMEL 10.2b

s_E^2 .... Varianz des Versuchsfehlers
s_i^2 .... zusammenzufassende Varianzen
f_i .... Freiheitsgrade der Varianzen
k .... Anzahl der Varianzen
i .... Index

10.3 Grafische Interpretation der Varianzanalyse

Die Interpretation einer signifikanten Wirkung wird durch eine grafische Darstellung erleichtert. Hierfür fertigt man ein Wirkungsdiagramm an, auf dessen Abszisse ein Faktor eingetragen wird. Die Ordinate bezeichnet die abhängige Variable (Mittelwerte der jeweiligen Faktorstufe).

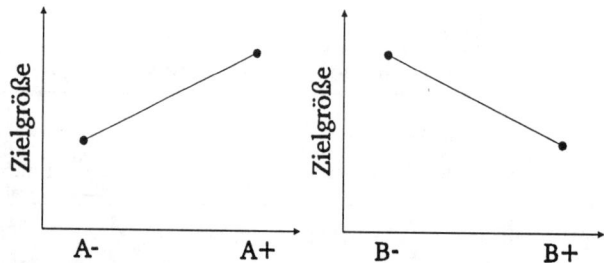

Abb.: 10.3a Wirkungsdiagramm der Haupteffekte

Mit Hilfe dieser Darstellungen ist es möglich, die Größe der Haupteffekte zu beurteilen. Dabei ist zu beachten, daß die Maßstäbe für alle Abbildungen gleich gewählt werden. Sollten mehrstufige Variable vorkommen, unterscheidet sich die Darstellung durch weitere Einstellungen der Variablen. Diese müssen dann sinnvoll angeordnet werden.

So dargestellt lassen sich alle Hauptwirkungen leicht interpretieren, denn man sieht die Größe und Richtung der Hauptwirkungen auf einen Blick. Für die Darstellung einer signifikanten Wechselwirkung (Interaktion) wird ein Interaktionsdiagramm angefertigt. Dabei wird auf der Abszisse derjenige Faktor abgetragen, der die größere Stufenzahl aufweist. Die Ordinate bezeichnet die abhängige Variable (Mittelwerte der Faktorstufenkombinationen). Für jede Stufe des anderen Faktors ergibt sich ein Linienzug, der die Größe der Mittelwerte der entsprechenden Faktorstufenkombination veranschaulicht. Erweist sich in einer mehrfachen Varianzanalyse eine Wechselwirkung als signifikant, ist die Interpretation der entsprechenden Hauptwirkungen an der Wechselwirkung zu relativieren. Um die Hauptwirkungen einer mehrfachen Varianzanalyse eindeutiger interpretieren zu können, empfiehlt es sich, die Art der signifikanten Wechselwirkung zu klassifizieren. Man unterscheidet drei Kategorien von Wechselwirkungen:

- ordinale Wechselwirkung
- hybride Wechselwirkung
- disordinale Wechselwirkung

Für die Klassifikation einer Wechselwirkung fertigt man zwei Interaktionsdiagramme für jede Wechselwirkung an. Im ersten Diagramm werden die Stufen des ersten Faktors und im zweiten Diagramm die Stufen des zweiten Faktors auf der Abszisse abgetragen.

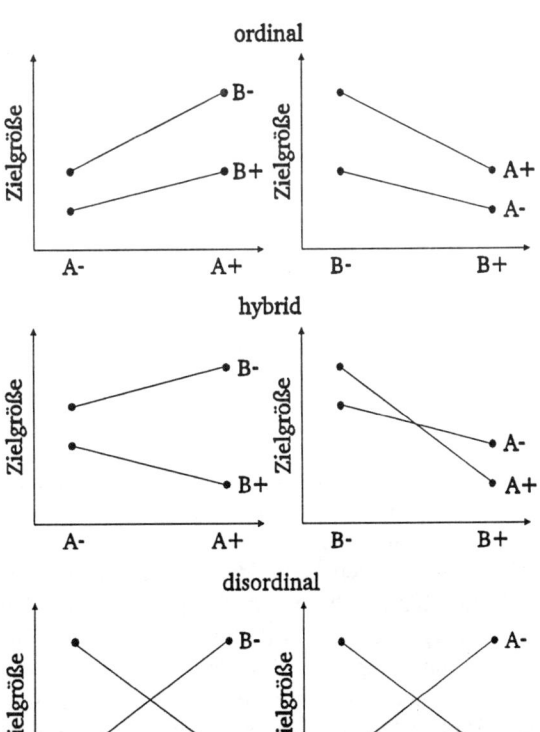

Abb.: 10.3b Wirkungsdiagramme für Wechselwirkungen

Die oberen Abbildungen zeigen ein ordinales Verhalten der Wechselwirkungen, so daß die Hauptwirkungen interpretierbar sind. Die mittleren Abbildungen zeigen eine hybride Wechselwirkung, in der nur die Hauptwirkung B eindeutig interpretierbar ist. Die unteren Abbildungen zeigen eine disordinale Wechselwirkung bei der keine Hauptwirkung mehr interpretierbar ist

Ordinale Wechselwirkung

Die obere Abbildung zeigt, daß die Linienzüge sowohl im linken als auch im rechten Diagramm den gleichen Trend aufweisen. Die Rangfolge der A-Stufen ist für b_1 und b_2 identisch und die Rangfolge der B-Stufen ist für a_1 und a_2 identisch. Beide Hauptwirkungen sind eindeutig interpretierbar.

Hybride Wechselwirkung

Das linke Diagramm in der mittleren Abbildung zeigt zwei Linienzüge mit gegenläufigem Trend, was zwangsläufig dazu führt, daß sich die Linienzüge im rechten Diagramm überschneiden. Dennoch sind die Trends im rechten Diagramm gleichsinnig. Die Rangfolge der Mittelwerte gilt nur noch beim Faktor B, nicht mehr beim Faktor A, d.h. Hauptwirkung B ist eindeutig interpretierbar, und Hauptwirkung A hingegen sollte nicht interpretiert werden.

Disordinale Wechselwirkung

Die untere Abbildung verdeutlicht divergierende Linienzüge sowohl im linken als auch im rechten Diagramm, d.h. beide Hauptwirkungen sind für sich genommen inhaltlich bedeutungslos. Es sind nur die Faktorstufenkombinationen der Wechselwirkung eindeutig interpretierbar.

Diese grafische Form der Interpretation von Varianzanalysen ist ein unverzichtbares Werkzeug und wird auch bei der Interpretation faktorieller und teilfaktorieller Versuche angewendet, wenn einer der Faktoren nominalskaliert ist. Ähnliche Darstellungsformen findet man auch bei der Analyse von Versuchen nach Taguchi.

10.4 Einfache Mittelwertvergleiche.

Die mehrfache Varianzanalyse kann auf die einfache Streuungszerlegung zurück geführt werden, man erhält dann die Verfahren für die einfachen Mittelwertvergleiche. Um eine allgemeine Darstellung der Mittelwertvergleiche zu geben, werden die einfache Streuungszerlegung, der Welch-Test, der Scheffe-Test und der Vergleich zweier paarweise verbundener Stichproben in den nachfolgenden Abschnitten behandelt.

10.4.1 Die einfache Varianzanalyse.

Möchte man beurteilen ob die Qualität eines Teiles auf verschiedenen Maschinen, von mehreren Maschinenbedienern, zu verschiedenen Fertigungszeiten oder differierenden Behandlungsmethoden abhängt, dann wird man im Falle einfacher Vergleiche die einfache Streuungszerlegung benutzen. Die Vertrauensbereiche der einzelnen Stichproben reichen für eine Beurteilung nicht aus, man kann aber von den Vertrauensbereichen einen Test für den Vergleich von Mittelwerten ableiten. Zur Berechnung der Vertrauensbereiche benötigt man die Standardabweichung der Mittelwerte (Formel 6.2.2a). Sie wird berechnet aus der Standardabweichung aller Einzelwerte. Faßt man nun verschiedene Stichproben als eine aus einer Grundgesamtheit stammende auf, stehen die Varianz der Einzelwerte und die Varianz der Stichprobenmittelwerte in einem Verhältnis gemäß der nachfolgenden Formel 10.4.1a.

Statistische Versuchsplanung

Dieses Verhältnis definiert den Sollzustand, wenn alle Stichproben aus der gleichen Grundgesamtheit stammen. Unterscheiden sich die Grundgesamtheiten bzgl. ihrer Lage wird das Verhältnis der Varianzen in Abhängigkeit der Mittelwertdifferenzen immer größer und schließlich signifikant. Die Signifikanz läßt sich mit Hilfe des F-Tests prüfen.

$$s_{\bar{x}}^2 = \frac{s^2}{n}$$
$$n \cdot s_{\bar{x}}^2 = s^2$$
$$\frac{n \cdot s_{\bar{x}}^2}{s^2} = 1$$

Werden $n \cdot s_{\bar{x}}^2$ durch $s_{zwischen}^2$ und s^2 durch $s_{innerhalb}^2$ ersetzt, erhält man den F-Test für die einfache Streuungszerlegung

$$P = \frac{s_{zwischen}^2}{s_{innerhalb}^2}$$

Formel 10.4.1a

$s_{\bar{x}}^2$ .... Varianz des Mittelwertes
s^2 .... Varianz der Einzelwerte
n .... Stichprobenumfang
$s^2_{zwischen}$ .. Varianz der Stichprobenmittelwerte
$s^2_{innerhalb}$ .. Varianz der Stichproben
P .... Prüfwert für den Vergleich von Mittelwerten (F-Verteilung)

Die Nullhypothese (H0: $\mu_1 = \mu_2 = ... = \mu_k = \mu$) alle Stichprobenmittelwerte sind gleich dem Gesamtmittelwert wird bestätigt, wenn $P < F_{(k-1, n-k; 1-\alpha/2)}$. Anderenfalls wird die Nullhypothese zugunsten der Alternativhypothese verworfen. Die Anzahl der Stichproben k und die Stichprobenumfänge n_i sind beliebig. Es wird aber empfohlen, das die Stichprobenumfänge nicht kleiner als fünf sind. Besonders günstig sind gleiche Stichprobenumfänge mit einer Anzahl von mindestens 20 Meßwerten für jede Stichprobe. Die Streuungszerlegung läßt sich grafisch darstellen:

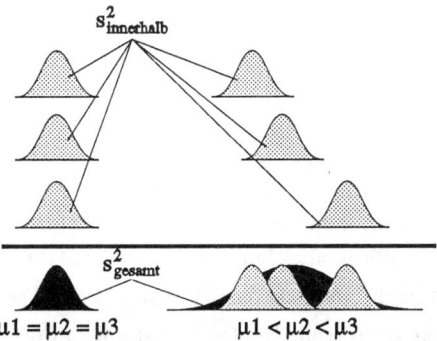

Abb. 10.4.1a Streuungszerlegung

Die Abbildung zeigt auf der linken Seite Stichproben mit gleichem Mittelwert und auf der rechten Seite Stichproben mit verschiedenen Mittelwerten. Deutlich ist, daß die Gesamtstreuung auf der linken Seite der Stichprobenstreuung entspricht, und daß auf der rechten Seite die Gesamtstreuung wesentlich größer ist als die Stichprobenstreuung. Der Unterschied zwischen der Stichprobenstreuung und der Gesamtstreuung wird mit zunehmenden Mittelwertdifferenzen größer. Man erkennt, daß die Gesamtstreuung von der Streuung der Mittelwerte und der Stichprobenstreuung abhängig ist.

Statistische Versuchsplanung

Setzt man voraus, daß die Streuung der Stichproben homogen und konstant ist, dann verändert sich die Gesamtstreuung nur noch in Abhängigkeit von der Streuung der Mittelwerte der Stichproben. Dieses läßt sich mit Hilfe der Streuungszerlegungstafel (ANalysis Of VAriance kurz **ANOVA**) darlegen.

ANOVA der Mittelwertvergleiche

Streuungsursache	Summe der quadr. Abweichungen	Freiheitsgrad	Varianz
Total	$\sum_{i=1}^{k}\sum_{j=1}^{n_i} x_{ij}^2$	n	
Mittelwert	$\bar{\bar{x}}^2 \cdot n$	1	
Gesamt	$\sum_{i=1}^{k}\sum_{j=1}^{n_i} x_{ij}^2 - \bar{\bar{x}}^2 \cdot n$	n-1	s_{gesamt}^2
Zwischen den Stichproben	$\sum_{i=1}^{k}(\bar{x}_i - \bar{\bar{x}})^2 \cdot n_i$	k-1	$s_{zwischen}^2$
Innerhalb der Stichproben	$\sum_{i=1}^{k} s_i^2 \cdot (n_i - 1)$	n-k	$s_{innerhalb}^2$

Tabelle 10.4.1a ANOVA der Mittelwertvergleiche.

Die Tabelle zeigt den additiven Aufbau der Streuungszerlegung und läßt erkennen, daß die Gesamtstreuung in die Streuung "zwischen" und "innerhalb der Stichproben" zerlegt wird. Die Streuung "innerhalb der Stichproben" wird auch als "ERROR", "Versuchs-" oder "reiner Restfehler" bezeichnet, es ist die mittlere, gewichtete Varianz der Stichproben.

Für die einfache Streuungszerlegung gelten die gleichen Voraussetzungen wie für alle anderen Verfahren der Varianzanalyse, es sind

- Normalverteilung der Meßwerte
- Unabhängigkeit der Meßwerte
- Keine Ausreißer in den Stichproben
- Die Stichproben müssen gleichgestreut sein

Ein Verstoß gegen diese Voraussetzungen ist weitestgehend unkritisch, wenn die Stichprobenumfänge gleich sind, und die Anzahl der Meßwerte pro Stichprobe mindestens 20 beträgt. Somit kann diese Analyse als robust gelten. Außerdem bietet die Wahl gleichgroßer Stichprobenumfänge pro Gruppe mehrere Vorteile:

- Abweichungen bzgl. Homoskedastizität sind nicht so schwerwiegend.
- Der beim F-Test auftretende Fehler II. Art wird minimal.
- Weitere Mittelwertvergleiche (Lineare Kontraste nach Scheffe oder Tukey) sind einfacher durchführbar.

Man muß bei der Planung von Mittelwertvergleichen beachten, das Stichproben, die nicht rein zufällig ausgewählt werden, gegenüber zufälligen Stichproben durch größere Ähnlichkeit der Stichprobenelemente untereinander und geringere Ähnlichkeit der

Statistische Versuchsplanung

Stichprobenmittelwerte charakterisiert sind. Dies bedeutet, daß die Vernachlässigung einer Zufallsentnahme der Stichproben die Standardabweichung verkleinert und die Mittelwertdifferenzen vergrößert. Beide Effekte können uns somit signifikante Effekte vortäuschen, deshalb müssen knapp signifikante Ergebnisse mit großer Vorsicht interpretiert werden, sobald Zweifel an der Zufallsentnahme existieren.

10.4.2 Der Welch-Test

Sollten die Voraussetzungen bzgl. der Homoskedastizität nicht erfüllt werden, und sind die Stichprobenumfänge unterschiedlich, dann können die Resultate des Mittelwertvergleich falsch sein. In diesem Fall sollte man die Streuungszerlegung in der auf Welch zurückgehenden modifizierten Form durchführen. Es sei ausdrücklich betont, daß es sich hierbei um eine Approximation handelt, weil exakte Lösungen dieses Problems (Fisher-Behrens-Problem) nicht bekannt sind.

$$g_i = \frac{n_i}{s_i^2}$$

$$\bar{x} = \frac{\sum_{i=1}^{k} g_i x_i}{\sum_{i=1}^{k} g_i}$$

$$H = \frac{1}{k^2-1} \sum_{i=1}^{k} \frac{1}{n_i-1} \left(1 - \frac{g_i}{\sum_{i=1}^{k} g_i}\right)^2$$

$$P = \frac{\sum_{i=1}^{k} g_i (\bar{x}_i - \bar{x})^2}{(k-1)[1+2(k-2)H]}$$

Formel 10.4.2a

g_i .... Gewichtungen der Berechnung
n_i .... Stichprobenumfänge der Gruppen
s_i^2 .... Stichprobenvarianzen der Gruppen
$\bar{x}_i$ .... Stichprobenmittelwerte der Gruppen
k .... Anzahl der Gruppen
H .... Hilfsgröße zur Berechnung
P .... Prüfgröße (F-verteilter Wert)
i .... Index der Gruppe

Die Prüfgröße P ist annähernd F-verteilt mit $[k-1, 1/(3H)]$ Freiheitsgraden. Die Nullhypothese (H0: $\mu_1 = \mu_2 = ... = \mu_k = \mu$ "alle Stichprobenmittelwerte sind gleich dem Gesamtmittelwert") wird bestätigt, wenn $P < F_{[k-1,\ 1/(3H);\ 1-\alpha/2]}$. Anderenfalls wird die Nullhypothese zugunsten der Alternativhypothese verworfen.

10.4.3 Mittelwertvergleich bei verbundenen Gruppen

Die Analyse von verbundenen Gruppen ist besonders vorteilhaft bei kleineren Stichprobenumfängen, weil dann gewöhnlich die Güte der Analyse besser ist. Besteht die Wahl zwischen verbundener und unabhängiger Stichprobenentnahme, wird die verbundene Stichprobenentnahme wegen besserer Vergleichbarkeit von Effekten bevorzugt. Typische Anwendungen sind:

- ❏ Vergleiche zweier Meßgeräte oder Meßmethoden.
- ❏ Vergleiche zweier Behandlungsmethoden oder Maschinen usw.

Sollten mehr als zwei Gruppen miteinander verglichen werden kann die Analyse als eine zweifache Varianzanalyse durchgeführt werden. Die Wechselwirkung AB ist dann der Versuchsfehler, die Hauptwirkung A die Gruppenvariabilität und die Hauptwirkung B die Variabilität innerhalb der Gruppen. Für den Fall, daß nur zwei Gruppen miteinander verglichen werden sollen, werden die Differenzen der paarweise verbundenen Meßwerte gebildet. Wenn sich die Gruppen nicht unterscheiden, muß der Mittelwert der Differenzen Null betragen. Mit dem Vertrauensbereich des Mittelwertes der Differenzen läßt sich die Nullhypothese (H0: $\mu=0$) prüfen. Liegt Null im Intervall des Vertrauensbereiches wird die Nullhypothese bestätigt und anderenfalls zugunsten der Alternativhypothese verworfen. Die Berechnung des Test kann mit den Formeln 6.2.1a bis 6.2.3a durchgeführt werden.

Die verbundene Stichprobenentnahme ergibt sich aus der Versuchsmethodik der Blockbildung. Dies veranschaulicht das folgende Beispiel: Nehmen wir an, daß ein Haarwasser bzgl. des Merkmal Reißfestigkeit der Haare getestet werden soll. Dann läßt sich der Versuch mit zwei zufällig ausgewählten Gruppen durchführen oder mit einer Gruppe bei der die Messung vor und nach der Behandlung erfolgt. Im letzten Fall wird der Gruppenunterschied eliminiert. Andere Störgrößen werden aber wirksam: So ist nicht klar, ob das Haarwasser oder die damit verbundene Massage einen Effekt auf die Reißfestigkeit der Haare haben. In der Regel wird ein solcher Test auch über einen längeren Zeitraum durchgeführt, so daß die Effekte nicht vom Haarwasser sondern von der Ernährung oder anderen Einflüßen wie Sonnenbestrahlung, Bekleidung etc. abhängig sein können. Um all diese Störgrößen zu eliminieren sollte nur eine Kopfhälfte mit Haarwasser behandelt werden, und die Probenentnahme von beiden Kopfhälften gleichzeitig nach Abschluß der Behandlungsdauer erfolgen.

10.4.4 Lineare Kontraste

Wurden signifikante Unterschiede zwischen den Gruppen ermittelt, interessiert, welche Gruppen sich unterscheiden bzw. nicht unterscheiden. Die Statistik liefert hierzu eine Reihe von Tests (näheres L. Sachs 1974). Hier beschränken wir uns auf

Least Significant Difference

$$LSD_{(1,2)} = t_{n-k;\alpha} \, s_{innerhalb} \left(\frac{n_1+n_2}{n_1 n_2}\right)^{0.5}$$

Differenz nach Scheffe

$$DS_{(1,2)} = \left[s^2_{innerhalb}\left(\frac{1}{n_1}+\frac{1}{n_2}\right)(k-1) F_{(k-1, FG_{inn};\alpha)}\right]^{0.5}$$

Formel 10.4.4a

$s^2_{innerhalb}$ .. Varianz des Versuchsfehlers
t .... Schwellenwert der t-Verteilung
F .... Schwellenwert der F-Verteilung
k .... Anzahl der Gruppen
n_1, n_2 .... Stichprobenumfänge der zu vergleichenden Gruppen
FG_{inn} .... Freiheitsgrad des Versuchsfehlers
LSD, DS . Kritische Differenzen benachbarter Mittelwerte

Statistische Versuchsplanung

zwei Verfahren, welche auch ungleiche Stichprobenumfänge zulassen und keine besonderen Prüfverteilungen erfordern. Diese Tests gelten als konservative Verfahren, sind aber robuster als andere Verfahren, wenn die Voraussetzungen nicht voll einzuhalten waren.

Zur Durchführung der Tests ordnet man die Mittelwerte in aufsteigender Reihenfolge, berechnet die kritischen Differenzen LSD oder DS und vergleicht diese mit den tatsächlichen Mittelwertdifferenzen. Ist die tatsächliche Differenz der Mittelwerte größer als die kritische Differenz, muß die Nullhypothese (H0: $\mu_1 = \mu_2$ "benachbarte Mittelwerte sind gleich") abgelehnt werden. Mit dem Scheffe-Test (DS) lassen sich auch zusammengefaßte Gruppen (μ_1 und μ_2 gegen μ_3, μ_4 und μ_5) beurteilen. Die Beispiele in der nachfolgenden Tabelle sollen die Tests verdeutlichen:

Versuchsfehler = 10.38
Anzahl der Gruppen = 6

LSD – Test : LSD = 3.25

Stichproben- umfang	Mittelwerte	Differenzen
8	26.8	0.5
8	26.3	1.1
8	25.2	5.4
8	19.8	5.5
8	14.3	2.5
8	11.8	

Scheffe – Test : DS = 5.63

Stichproben- umfang	Mittelwerte	Differenzen					
		26.8	26.3	25.2	19.8	14.3	11.8
8	26.8	---					
8	26.3	0.5	---				
8	25.2	1.6	1.1	---			
8	19.8	7.0	6.5	5.4	---		
8	14.3	12.5	12.0	10.9	5.5	---	
8	11.8	15.0	14.5	13.4	8.0	2.5	---

Tab. 10.4.4a Lineare Kontraste.

Der LSD-Test zeigt eine eindeutige Gruppierung der Stichprobenmittelwerte, dies verdeutlichen die durchgezogenen Linien neben den Mittelwerten. Der Scheffe-Test zeigt in dem markierten Bereich alle signifikanten Mittelwertdifferenzen: die Differenzen zwischen 25.2 und 19.8 sowie 19.8 und 14.3 nicht signifikant sind. Dieses Ergebnis steht im Gegensatz zum LSD-Test. Würden die Gruppen einem Scheffe-Test unterzogen, hätte man das gleiche Ergebnis wie beim LSD-Test. Das Fazit lautet: Der Scheffe-Test gibt detailliertere Informationen, erfordert aber größeren Aufwand.

Verfahren der SVP

In diesem Kapitel werden die Verfahren der Statistischen Versuchsplanung (SVP) erläutert. Nach den Anfängen der SVP mit nur wenigen Versuchsplänen setzte eine rege Entwicklung neuer Versuchspläne ein, so daß heute Versuchspläne für fast jede Problemstellung vorhanden sind. Der besondere Schwerpunkt der Darstellung liegt auf den faktoriellen, teilfaktoriellen und zentral zusammengesetzten Versuchen sowie der Analyse von Mischungen. Behandelt werden neben diesen grundlegenden Verfahren auch die Analyse von orthogonalen Feldern nach Taguchi, die reduzierten Versuchspläne von Plackett und Burman und andere reduzierte Versuchspläne.

11. Analyse faktorieller Versuche

Die Grundlage der SVP bilden die faktoriellen Versuche; sie basieren auf einfachen Algorithmen, auf einer symmetrischen und leicht überschaubaren Versuchsanordnung und sind deshalb leicht zu entwickeln und zu analysieren. Außerdem sind sie in der Lage, außer den Hauptwirkungen der Faktoren auch deren Wechselwirkungen unverzerrt zu schätzen.

11.1 Planung von 2^k-Faktoren-Versuchen

Zunächst wird die Planung von 2^k-Faktoren-Versuchen erläutert, ohne näher auf den mathematischen Hintergrund dieser Pläne einzugehen. Als einen Faktor bezeichnet man die unabhängige, willkürlich einstellbare Größe, die vermutlich einen Einfluß auf das Ergebnis eines Versuchs hat. Salopp ausgedrückt ist ein Faktor ein Schalter, der probeweise betätigt wird, um den Einfluß auf das Versuchsergebnis festzustellen. Zum Beispiel können bei einer chemischen Reaktion die Temperatur, der Druck und die Rührgeschwindigkeit Faktoren sein. Die Reaktionsausbeute beispielsweise ist dagegen die abhängige Variable oder Zielgröße. Häufig müssen bei einem Experiment sehr viele solcher Faktoren berücksichtigt werden: "k-Faktoren". Die Faktoren werden mit großen Buchstaben bezeichnet, z.B. Faktor A (Höhe des Druckes), Faktor B (Höhe der Temperatur), Faktor C (Art der Methode) usw. Um den Einfluß eines Faktors auf ein Versuchsergebnis festzustellen, muß der Faktor verändert werden. Die Einstellungen des Faktors werden als "Stufen" oder "Niveaus" bezeichnet. Es werden mindestens zwei Stufen je Faktor untersucht. Tab. 11.1a zeigt das Schema für einen Faktorenversuchsplan mit zwei Faktoren auf je zwei Stufen. Die niedrigere Einstellung des Faktors ist mit (-) gekennzeichnet, die höhere mit (+). Bei qualitativen Faktoren wird willkürlich eine Ausprägung des Faktors mit (+) und die andere mit (-) bezeichnet. Die Vorzeichen (+) und (-) sind eine verkürzte Schreibweise der vollständigen Darstellung von (+1) und (-1).

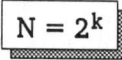

$$N = 2^k$$

Formel 11.1a

N............ Anzahl der Designpunkte in einem faktoriellen Versuch
k............ Anzahl der Faktoren (Einflußgrößen)

Statistische Versuchsplanung

Zur Entwicklung des Versuchsplanes wird als erstes die Anzahl der notwendigen Versuche zu ermittelt. Im nächsten Schritt wird für den Faktor A die erste Stufe durch das Minus-Vorzeichen gekennzeichnet. Dann erhält die nächste Stufe das Plus-Vorzeichen, die nächste Stufe das Minus-Vorzeichen. Diese einfache Folge wird bis zum Erreichen der Anzahl der Versuche fortgesetzt. Bei dem Faktor B beginnt die Folge auf den ersten zwei Stufen mit dem Minus-Vorzeichen gefolgt von zwei Plus-Vorzeichen für die nächsten Stufen usw. Allgemein ist festgelegt, daß jede Folge mit einem Minus-Vorzeichen beginnt. Die Anzahl des Vorzeichenblocks für die Variablen ergibt sich aus Formel 11.1b.

$$M = 2^{i-1}$$

Formel 11.1b

M .... Anzahl des Vorzeichenblocks
i .... Index des Faktors

Sind für jeden Faktor die Folge von Vorzeichen notiert, müssen die Vorzeichenfolgen der Wechselwirkungen definiert werden. Für die Bestimmung der Vorzeichenfolge der Wechselwirkung werden die Einstellungen der Hauptwirkungen multipliziert. Das Ergebnis ist die Vorzeichenfolge der Wechselwirkung.

Faktorieller Versuchsplan 2^2

Lfd. Nr.	Bezeichnung	T	A	B	AB
1	(1)	1	-1	-1	1
2	a	1	1	-1	-1
3	b	1	-1	1	-1
4	ab	1	1	1	1

Tab. 11.1a Faktorieller Versuchsplan der Form 2^2

Die Spalte mit (1), a, b und ab bezeichnet den Versuch. Die Spalte mit der Überschrift T kennzeichnet den Total (Regressionskonstante), die Spalten A und B kennzeichnen die Einstellungen und Wirkungen der Faktoren A und B und die Spalte AB kennzeichnet die Wechselwirkung AB.

Faktorieller Versuchsplan 2^2

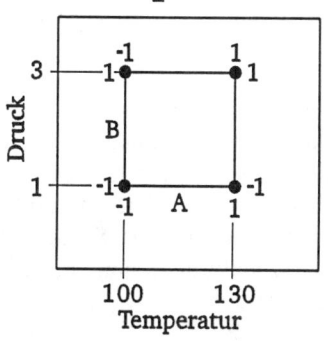

Abb. 11.1a Faktorieller Versuchsplan der Form 2^2

Die Abbildung zeigt einen 2^2 faktoriellen Versuchsplan für die Faktoren Druck (gemessen in bar) und Temperatur (gemessen in Celsius). Aus der normierten Darstellung erkennt man die Orthogonalität und die Verschiebung des Nullpunktes in den Schwerpunkt des Versuchsraumes. Dies hat zur Folge, daß immer eine Regressionskonstante existiert.

Der Plan ist so aufgebaut, daß für jedes Niveau eines Faktors beide Niveaus des anderen Faktors untersucht werden. Dadurch erhält man Versuchsergebnisse bei allen möglichen Kombinationen der untersuchten Faktorenstufen. Die Versuchsbezeichnung kann als Liste der Einflußgrößen aufgefaßt werden, die auf das höhere Niveau eingestellt sind. "(1)" ist die Bezeichnung für den Versuch, bei dem alle Faktoren auf

Statistische Versuchsplanung

der niedrigen Stufe untersucht werden, "a" ist die Standardbezeichnung für den Versuch, bei dem der Faktor A auf das höhere Niveau und alle übrigen Faktoren auf das niedrige Niveau eingestellt werden usw. Schematisch wird ein zusätzlicher Faktor in den Plan eingeführt, indem die Standardbezeichnung der bisherigen Versuche mit diesem Faktor formal multipliziert wird (Tab. 11.1b).

Faktorieller Versuchsplan 2^3

Lfd. Nr.		T	A	B	C	AB	AC	BC	ABC
1	(1)	1	-1	-1	-1	1	1	1	-1
2	a	1	1	-1	-1	-1	-1	1	1
3	b	1	-1	1	-1	-1	1	-1	1
4	ab	1	1	1	-1	1	-1	-1	-1
5	c	1	-1	-1	1	1	-1	-1	1
6	ac	1	1	-1	1	-1	1	-1	-1
7	bc	1	-1	1	1	-1	-1	1	-1
8	abc	1	1	1	1	1	1	1	1

Tab. 11.1b Faktorieller Versuchsplan der Form 2^3

Die Bedeutung der Spalten und Zeilen ist gleich dem Versuchsplan 2^2 in der Tab. 11.1a. Ergänzt wird der Versuchsplan durch weitere Wechselwirkungen einschließlich einer Dreifachwechselwirkung.

Faktorieller Versuchsplan 2^3

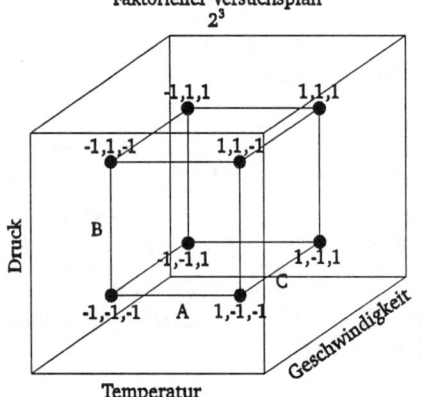

Abb. 11.1b Faktorieller Versuchsplan der Form 2^3

Die Abbildung zeigt einen 2^3 faktoriellen Versuchsplan für die Faktoren Druck, Temperatur und Geschwindigkeit. Auch dieser Versuchsplan ist orthogonal und besitzt einen durch die Normierung verschobenen Nullpunkt.

Bei diesem Schema wechselt also das Niveau des Faktors A am häufigsten, das Niveau des letzten Faktors wechselt nur einmal. Es ist zweckmäßig, die Versuche und ihre Ergebnisse in dieser sogenannten Standardordnung zu notieren, weil die Versuchsauswertung bei dieser Anordnung der Meßergebnisse besonders einfach ist. Die Standardreihenfolge der Versuche gilt nicht für die Durchführung sondern nur für die Auswertung der Versuche. Die Reihenfolge bei der Versuchsdurchführung wird am besten durch Zufallszuordnung festgelegt, um Trends und andere Störgrößen zu verschleiern. Dies ist außerordentlich wichtig für die unverzerrte Schätzung der Effekte. Sollte sich aus technischen Gründen keine Zufallszuordnung durchführen lassen, muß die Technik der Blockbildung angewendet werden.

11.2 Allgemeine Betrachtung faktorieller Versuchspläne

Bei der mehrfachen Varianzanalyse wurde angenommen, daß jeder der Faktoren auf einer beliebigen Anzahl Stufen untersucht wird. Bei den faktoriellen Versuchsplänen der Form 2^k wird die Anzahl der Stufen derart eingeschränkt, daß k Faktoren nur auf jeweils 2 Stufen untersucht werden. Diese Spezialisierung bedeutet eine Beschränkung

Statistische Versuchsplanung

auf Probleme erster Ordnung, d.h. lineare Abhängigkeit zwischen den Faktoren und den Zielgrößen. Bei vielen Problemen ist die Beschränkung auf das lineare Modell technologisch sinnvoll.

$$Y = b_0 + b_1 A + b_2 B + b_3 AB + \varepsilon$$

$$Y = b_0 + b_1 A + b_2 B + b_3 AB + b_4 C + b_5 AC + b_6 BC + b_7 ABC + \varepsilon$$

Formel 11.2a
Y .... Zielgröße (Funktionswert)
b_0 .... Regressionskonstante
b_i .... Regressionskoeffizienten
A, B, C ... Faktoren oder Einflußgrößen
ε .... Versuchsfehler

In der Regel sind die Modelle nur im untersuchten Bereich gültig, da sie nur Approximationen der wahren Abhängigkeiten der Faktoren sind. Die Güte der Approximation hängt im wesentlichen von dem Abstand der Faktorstufen, der Lage der Faktorstufen und dem Grad des Modells ab.

11.2.1 Definition der Faktorstufen

Die richtige Definition der Faktorstufen bereitet zu Beginn von Experimenten erhebliche Schwierigkeiten, weil der Versuchsplan mit nur zwei Faktorstufen erstellt werden muß. Tatsächlich ist der Fachmann aber in der Lage zu entscheiden, in welcher Größenordnung die Einflußgröße sinnvoll variiert werden kann. Diese Vorkenntnisse über den zu untersuchenden Sachverhalt, die Möglichkeit der Realisierung, die Definition der Aufgabenstellung usw. legen den möglichen Versuchsbereich fest. Damit erhalten wir einen begrenzten Versuchsraum, der aber immer noch viele unterschiedliche Faktorstufen zuläßt. Aus diesen Möglichkeiten optimale Faktorstufen auszuwählen, ist ohne Vorkenntnisse nicht möglich. Die Faktorstufen sind deshalb so auszuwählen, daß sie zu einem Modell zweiten Grades (zentral zusammengesetzte Versuche) ergänzt bzw. weitere Versuche durchgeführt werden können. Die Problematik der richtigen Wahl wird in den nachfolgenden Abbildungen dargestellt.

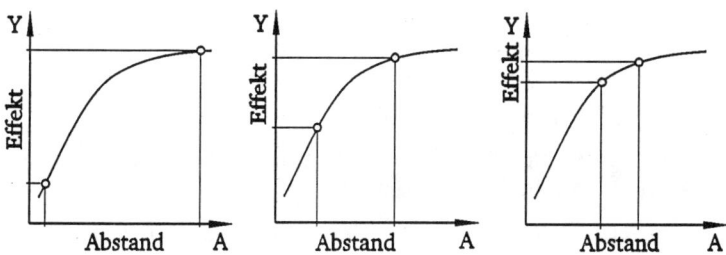

Abb. 11.2.1a Abstand der Faktorstufen

Der Effekt des Faktors A auf die Zielgröße Y wird größer, wenn der Stufenabstand des Faktors A größer wird. In gleichem Maße wird auch der Anpassungsfehler größer, wenn die wahre Funktion nicht linear ist. Abzuschätzen ist der Anpassungsfehler nur mit Hilfe des Zentralpunktes.

Statistische Versuchsplanung

Wie wir sehen, beeinflußt die Definition der Faktorstufen die Größe des Effektes und damit auch die Signifikanz des Faktors sowie die Güte der Anpassung an das lineare Modell der faktoriellen Versuche. Diese Problematik gilt speziell für intervall- oder verhältnisskalierte Faktoren und kann durch die Definition eines zusätzlich in den Versuchsplan aufgenommenen Zentralpunktes wesentlich gemildert werden. Für nominalskalierte Faktoren gibt es keine stetigen Funktionen und somit natürliche Faktorstufen, so daß hier die Auswahl unproblematisch ist. Es gelten für die Definition der Faktorstufen folgende Faustregeln:

- Wenig Vorkenntnisse: großer Stufenabstand, grobe Näherung im nichtoptimalen Gebiet.
- Gute Vorkenntnisse: kleiner Stufenabstand, gute Näherung im optimalen Gebiet.
- Kleinster zulässiger Stufenabstand: sechs Standardabweichungen der Einstellungsstreuung des Faktors.

Weiterhin ist der ermittelte Effekt nicht nur vom Abstand sondern auch von der Lage der Stufen abhängig. Die nachfolgenden Abbildungen zeigen die Probleme, die bei falscher Definition der Lage entstehen können:

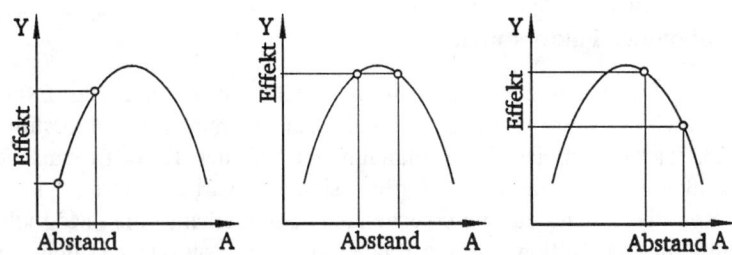

Abb 11.2.1b Lage der Faktorstufen

Bei nicht linearen Funktionen können durch unterschiedliche Lagen der Faktorstufen widersprüchliche Ergebnisse erzielt werden. Die erste Abbildung zeigt eine positive Hauptwirkung, die zweite Abbildung zeigt keine Hauptwirkung und die dritte Abbildung zeigt eine negative Hauptwirkung. Der Anpassungsfehler wird größer, je näher das Maximum der Funktion am Zentrum des Versuchsplanes liegt. Um einen Anpassungsfehler zu ermitteln, ist ein Versuchsplan mit Zentralpunkt unerläßlich.

Gewisse Gefahren für Fehldeutungen bestehen, wenn die Faktorstufen symmetrisch zum Maximum liegen. Wenn mit Zentralpunkt gearbeitet wird ist eine Fehlinterpretation ausgeschlossen. Aber auch sonst ist eine Fehldeutung, "keine Hauptwirkung ist signifikant", sehr gering einzuschätzen, weil

- eine zufällige symmetrische Anordnung der Faktorstufen zu dem Extremum der Funktion unwahrscheinlich ist.
- bei mäßigem Stufenabstand das Extremum sehr steil sein müßte, und ein flaches Extremum (der Normalfall) keinen wesentlichen Fehler bewirkt.
- die Ergebnisse dem Experimentator auf keinen Fall plausibel erscheinen werden.

Statistische Versuchsplanung

Vermutet der Experimentator einen starken Einfluß eines Faktors, und findet er keinen wesentlichen Effekt, wird er sich durch einen weiteren Versuch (in der Regel der Zentralpunkt) überzeugen, ob ein Fehler vorliegt oder nicht. Der Vergleich von Hauptwirkungen und Wechselwirkungen ermöglicht eine nachträgliche Aussage über die Richtigkeit der Stufenauswahl, wenn ein zweiter Versuch mit größerem Stufenabstand durchgeführt wird.

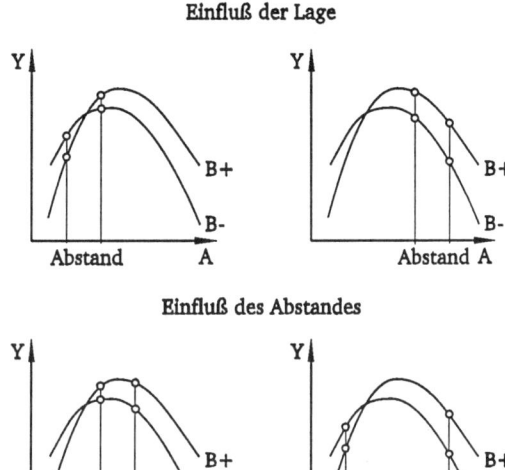

Abb. 11.2.1c Einfluß der Faktorstufen auf Wechselwirkungen

Die erste Grafik zeigt eine positive Hauptwirkung A, keine Hauptwirkung B und eine disordinale Wechselwirkung AB. Die zweite Grafik zeigt eine negative Hauptwirkung A, eine positive Hauptwirkung B und keine Wechselwirkung AB. Die dritte Grafik zeigt keine Hauptwirkung A, eine positive Hauptwirkung B und eine hybride Wechselwirkung AB. Die vierte Grafik zeigt keine Hauptwirkungen A und B, aber eine große disordinale Wechselwirkung AB. Sollten zwischen zwei Versuchen solch widersprüchliche Ergebnisse erzielt werden, dann ist das Vorhandensein einer nichtlinearen Abhängigkeit gegeben. Versuche mit Zentralpunkt zeigen einen Anpassungsfehler der geschätzten Funktion.

Es sind folgende Situationen denkbar, falls ein zweiter Versuch mit größerem Stufenabstand durchgeführt würde:

- ❏ Die Vergrößerung des Stufenabstandes ergibt unverändert kleine Haupt- und Wechselwirkungen. Der Faktor hat keinen wesentlichen Einfluß auf die Zielgröße.

- ❏ Die Vergrößerung des Stufenabstandes führt zu einer signifikanten Haupt- oder Wechselwirkung. Der Faktor hat einen wesentlichen Einfluß auf die Zielgröße.

- ❏ Die Vergrößerung des Stufenabstandes führt zu einer signifikanten Haupt- oder Wechselwirkung, wobei die Effekte umgekehrte Vorzeichen erhalten. Der Faktor hat einen wesentlichen Einfluß auf die Zielgrößenfunktion mit einem Extremum.

Wenn derartige Probleme auch nicht häufig sind, so können sie doch nicht ausgeschlossen werden. Um ihnen zu begegnen, sollte im Versuchsplan immer ein Zentralpunkt definiert werden. Wird eine nicht lineare Abhängigkeit zwischen den Einflußgrößen erwartet oder diagnostiziert, werden die faktoriellen Versuchspläne ergänzt durch Sternpunkte, so daß man einen zentral zusammengesetzten Versuchsplan erhält. Die Statistische Versuchsplanung kann dem Experimentator bei der Strukturierung von Problemen helfen und nimmt ihm Teile der Routinearbeit ab, nicht aber die Denkarbeit.

Statistische Versuchsplanung

11.2.2 Voraussetzungen faktorieller Versuche

Wie bei allen Verfahren der Statistik werden auch an faktorielle Versuchspläne eine Reihe von Voraussetzungen gestellt:

- Die Zielgröße muß einer Intervall- oder Verhältnisskala entsprechen. Sollten keine stetigen Meßwerte analysiert werden können, wie es z.B. bei Rangzahlen oder zählbaren Größen der Fall ist, müssen einige Regeln berücksichtigt werden: Aus mindestens fünf Rangzahlen werden Mittelwerte gebildet, die dann wie Meßwerte behandelt werden können. Handelt es sich um zählbare, poisson- oder binomialverteilte Größen, gelten die Approximationsregeln für die Normalverteilung.

- Die Residuen müssen unabhängig und normalverteilt sein. Sollte dieses nicht der Fall sein, sind die Teststatistiken nur bedingt gültig. Eine Beseitigung dieser Fehler sollte angestrebt werden. Wenn Autokorrelation auftritt, können die Ursachen Mangel an Anpassung bedeuten, starker Einfluß einer Störgröße oder Durchführung des Experiments ohne Zufallszuordnung. Die Abweichung von der Normalität kann durch Mangel an Anpassung, stark gerundete Meßwerte, Ausreißer oder dem Fehlen einer Normalverteilung der Meßwerte verursacht werden.

- Die Wiederholungen pro Versuchspunkt müssen gleich sein. Diese Forderung ist wichtig für eine unverzerrte Schätzung der Effekte. Der Einfluß unterschiedlicher Stichproben in den Versuchspunkten ist gering bei großen Stichproben und bedeutend bei kleinen Stichproben.

- Die Varianzen in jedem Versuchspunkt müssen gleich sein. Wenn keine Homoskedastizität vorhanden ist, sind die Teststatistiken nur bedingt gültig. Wenn eine proportionale Abhängigkeit der Streuung vom Lageparameter vorhanden ist, sollte man diesen Fehler durch eine die Varianz stabilisierende Transformation beseitigen. Wenn keinerlei Zusammenhang zwischen Streuung und Lage vorhanden ist, kann die Streuung als Zielgröße definiert, und optimiert werden. Weitere Erläuterungen zu diesem Problem findet man in den Verfahrensbeschreibungen der Methoden von Taguchi oder in einer Arbeit von R. Franzkowski 1983.

- Die Faktoren können beliebigen Skalen entstammen. Dies bedeutet, daß prinzipiell keine Einschränkungen bzgl. des Skalenniveaus an die Faktoren gestellt werden. Es empfiehlt sich aber, in faktoriellen Versuchen stetige Faktoren einzusetzen. Sonst sind die Methoden der multiplen Varianzanalyse vorzuziehen.

- Der Versuchsplan muß symmetrisch und orthogonal sein. Dies kann in der Versuchsplanung immer erfüllt werden. Sollen aber zufällige Versuchseinstellungen nach dem gleichen Modell analysiert werden, so ist dieses mit der Regressionsanalyse möglich. Es muß aber beachtet werden, daß dies kein orthogonaler Versuchsplan ist, und somit die Effekte nicht mehr unverzerrt geschätzt werden können.

Es bereitet keine prinzipiellen Schwierigkeiten, faktorielle Versuchspläne für $k>5$ zu entwickeln. Es muß aber angezweifelt werden, daß derartige Versuchspläne in der

Statistische Versuchsplanung

Praxis mit Erfolg angewendet werden können. So müssen bei einem faktoriellen Versuchsplan 2^6 sechs Einflußgrößen für 64 Versuche kontrolliert und fehlerfrei eingestellt werden. Der organisatorische Aufwand und die Gefahr von Fehlern im Ansatz oder in der Durchführung (Fehler 3. Art) sind zu groß. Außerdem wird die Interpretation der Versuchsergebnisse durch die Vielzahl von Wirkungen erschwert. Besonders erwähnenswert ist, daß die Ergebnisse aus faktoriellen Versuchen immer unabhängig sind; d.h. keiner der Faktoren übt einen Einfluß auf einen anderen Faktor aus. Dies ergibt sich aus dem orthogonalen Aufbau des faktoriellen Versuchs.

11.2.3 Einsatzbereiche faktorieller Versuche

Faktorielle Versuchspläne werden heute in allen technischen Bereichen eingesetzt. Die größte Verbreitung ist historisch bedingt in der chemischen Industrie zu finden. Seit den siebziger Jahren sind die faktoriellen Versuchspläne auch in andere Industriezweige eingedrungen. Einige Universitäten bieten Vorlesungen und Seminare zur Statistischen Versuchsplanung an. Damit werden sich auch die faktoriellen Versuchspläne in der Industrie weiter verbreiten. Auch die von Taguchi propagierten orthogonalen Felder sind auf faktorielle Versuche zurückzuführen. Die industriellen Anwendungsbereiche sind:

- ❏ Beseitigung von Störungen in verschiedenen Prozessen, wie Spritzgießen, Beschichtung, Montage usw.
- ❏ Optimierung von Prozeßparametern in Fertigungseinrichtungen und bei der Entwicklung von Geräten oder Maschinen.
- ❏ Entwicklung und Optimierung von Rezepturen.

Beschränkungen für die Anwendung faktorieller Versuchspläne ergeben sich durch eine zu hohe Anzahl von Einflußgrößen und mangelnde Anpassung an das lineare Modell. Ist die Anzahl der Einflußgrößen größer als 4, sollten die teilfaktoriellen Versuchspläne oder die orthogonalen Felder nach Taguchi angewendet werden. Werden nichtlineare Abhängigkeiten erwartet, sollten die zentral zusammengesetzten Versuchspläne eingesetzt werden.

11.2.4 Normierung der Faktoren

Obwohl die benutzten Stufen und die Faktoren in der Praxis sehr verschieden sind, dürfen sich die faktoriellen Versuche im Aufbau und von den Stufen-Werten her nicht unterscheiden. Dies wird durch Normierung der quantitativen Faktoren erreicht:

$$w = \frac{X_{max} - X_{min}}{2}$$

$$X_{zen} = \frac{X_{min} + X_{max}}{2}$$

$$+1 = \frac{X_{max} - X_{zen}}{w}$$

$$-1 = \frac{X_{min} - X_{zen}}{w}$$

Formel 11.2.4a

X_{min} .... Kleinster Wert des Faktors
X_{max} .... Größter Wert des Faktors
X_{zen} .... Zentralwert des Faktors
w .... Schrittweite des Faktors

Statistische Versuchsplanung

Wenn zum Beispiel die Temperatur (Faktor A) 25 Grad Celsius und 30 Grad Celsius und die Rührgeschwindigkeit (Faktor B) 50 min^{-1} und 100 min^{-1} betragen, erhalten wir die Abb. 11.2.4a für das physikalische Modell und das normierte Modell.

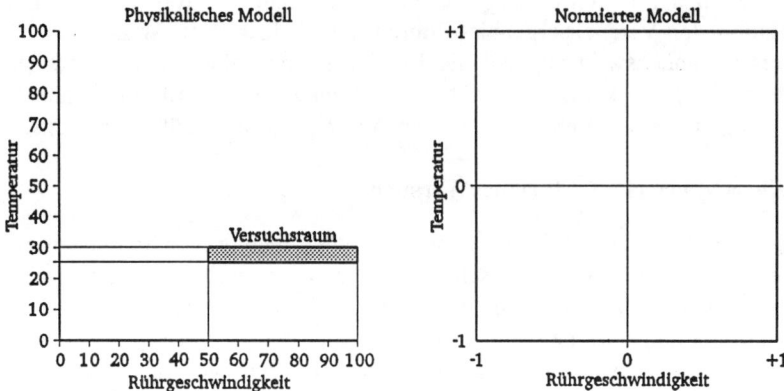

Abb. 11.2.4a Physikalisches und normiertes Modell

*Das physikalische Modell zeigt aufgrund der Definitionen des Versuchsbereiches ein Rechteck. Dies bedeutet, daß die Hauptwirkungen orthogonal zueinander stehen und die Wechselwirkung nicht orthogonal zu den Hauptwirkungen ist. Dadurch sind unverzerrte Schätzungen der Parameter in diesem Modell nicht möglich. Anders ist dies bei dem **normierten Modell**, hier sind alle Wirkungen orthogonal, und somit sind unverzerrte Schätzungen der Parameter möglich.*

Beide Modelle kommen zur Anwendung; so wird das physikalische Modell bei der multiplen Regression bevorzugt benutzt und das normierte, orthogonale Modell bei faktoriellen Versuchen oder zentral zusammengesetzten Versuchen. Der Normierung ist aber in jedem Fall der Vorzug zu geben, weil

- ❑ Die Daten numerisch stabiler sind und so eine weitestgehende Rechengenauigkeit bieten.
- ❑ Nur so Orthogonalität erreicht werden kann und damit eine unverzerrte Schätzung der Wirkungen von Faktoren.
- ❑ Der Versuchsplan symmetrisch ist und leichter beurteilt werden kann.
- ❑ Die Wirkungen direkt miteinander verglichen werden können und somit die Wirksamkeit der Faktoren untereinander besser abgeschätzt werden kann.

Aus den genannten Gründen sollte eine Normierung immer durchgeführt werden, egal mit welchem Verfahren die Analyse durchgeführt wird. Zwischen der Regressionsanalyse und den faktoriellen Versuchen besteht ein enger Zusammenhang. Dies bedeutet, man kann einen faktoriellen Versuch wie eine multiple Regression analysieren, die Zusammenhänge zeigt die Formel 11.2.4b:

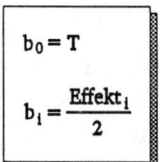

Formel 11.2.4b

T .... Total oder Gesamtmittelwert des faktoriellen Versuchs
b_0 .... Regressionskonstante des normierten Modells
Effekt$_i$ ..... Effekte oder Wirkungen der Faktoren
b_i .... Regressionskoeffizienten des normierten Modells

Statistische Versuchsplanung

Als Effekte oder Wirkungen werden die Ergebnisse der faktoriellen Versuche oder der Varianzanalyse bezeichnet. Die Ergebnisse der Regressionsanalyse sind die Regressionskoeffizienten.

11.3 Die Analyse faktorieller Versuche

Nach Aufstellung einer vollständigen Designmatrix und dem Vorliegen der Versuchsergebnisse ergeben sich mehrere Möglichkeiten zur Berechnung der Effekte:

- ❑ Die erste Methode ist die Analyse und Interpretation mit Hilfe der Regression. Diese Methode kann uneingeschränkt, besonders aber wenn die Faktoren meßbar sind, empfohlen werden. Man muß bei dieser Methode beachten, daß alle Wechselwirkungen wie Variable zu behandeln sind.

- ❑ Die zweite Methode ist die Analyse und Interpretation mit Hilfe der Varianzanalyse. Diese Methode sollte bevorzugt bei einer Analyse eingesetzt werden, bei der ein oder mehrere Faktoren nominalskalierte Variablen sind.

- ❑ Die dritte Methode wurde entwickelt, um die Berechnungen auch manuell durchführen zu können und wird im folgenden detailliert an Beispielen mit zwei und drei Faktoren dargestellt.

Die faktoriellen Versuchspläne sind durch die Form 2^k gekennzeichnet, wobei k die Anzahl der Einflußgrößen bezeichnet. In dieser Form ist der faktorielle Versuch eine spezielle Art der Varianzanalyse, oder, wenn alle Variablen meßbar sind, auch der Regressionsanalyse. Die faktoriellen Versuchspläne kennen nur zwei Stufen der Einflußgrößen zum Aufbau eines Versuchsplans. Zur Veranschaulichung soll ein Beispiel mit zwei und drei Einflußgrößen dienen.

Beispiel mit zwei Einflußgrößen

Zielgröße:	Ertrag einer chemischen Reaktion (Y)	
Einflußgrößen:	niedrige Stufe (-1)	hohe Stufe (+1)
Reaktionstemperatur (A)	130 °C	140 °C
Reaktionszeit (B)	3 h	4 h

Versuchseinstellungen		Planmatrix					Ergebnis			
Reaktions-temperatur	Reaktions-zeit	Versuchs-nummer	T	A	B	AB	y_1	y_2	Y	s
130	3	1	1	-1	-1	+1	69	71	70	1.4
140	3	2	1	+1	-1	-1	82	78	80	2.8
130	4	3	1	-1	+1	-1	93	99	96	4.2
140	4	3	1	+1	+1	+1	99	97	98	1.4

Statistische Versuchsplanung

Beispiel mit drei Einflußgrößen

Zielgröße:	Adhäsionskraft einer Verklebung (Y)	
Einflußgrößen:	niedrige Stufe (-1)	hohe Stufe (+1)
Beschichtungsdicke (A)	30 g/m²	40 g/m²
Anpressdruck (B)	1 dN/cm²	2 dN/cm²
Anpressdruckdauer (C)	1 h	24 h

Versuchseinstellungen			Planmatrix								Ergebnis			
Beschichtungs-dicke	Anpress-druck	Anpress-druckdauer	Versuchs-nummer	T	A	B	C	AB	AC	BC	ABC	y_1	y_2	Y	s
30	1	1	1	1	-1	-1	-1	+1	+1	+1	-1	29	31	30	1.4
40	1	1	2	1	+1	-1	-1	-1	-1	+1	+1	37	33	35	2.8
30	2	1	3	1	-1	+1	-1	-1	+1	-1	+1	26	24	25	1.4
40	2	1	4	1	+1	+1	-1	+1	-1	-1	-1	30	36	33	4.2
30	1	24	5	1	-1	-1	+1	+1	-1	-1	+1	29	31	30	1.4
40	1	24	6	1	+1	-1	+1	-1	+1	-1	-1	40	42	41	1.4
30	2	24	7	1	-1	+1	+1	-1	-1	+1	-1	38	42	40	2.8
40	2	24	8	1	+1	+1	+1	+1	+1	+1	+1	46	44	45	1.4

Aus diesen Definitionen ergeben sich einfache Versuchspläne, welche wie folgt zu deuten sind:

- ❑ Die Vorzeichen (-) und (+) sind die Codierungen der jeweiligen Stufe der Einflußgrößen und lauten vollständig ausgeschrieben (-1) und (+1).
- ❑ A, B und C sind die Hauptwirkungen der Einflußgrößen.
- ❑ AB, AC, BC und ABC sind die Wechselwirkungen zwischen den Einflußgrößen.
- ❑ Y sind die Mittelwerte der Zielgrößenergebnisse und y_i sind die Versuchsergebnisse entsprechend der Anzahl der Wiederholungen.
- ❑ s ist die Standardabweichung in jedem Versuchspunkt.
- ❑ T definiert den Gesamtmittelwert (Total) des Versuchsplanes.

Die faktoriellen Versuchspläne sind für zwei und drei Faktoren auf einfache Art und Weise grafisch darstellbar:

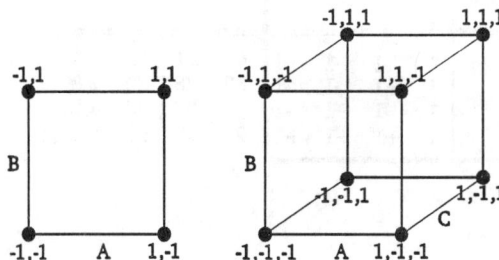

Abb 11.3a Faktorielle Versuche

Die erste Grafik zeigt einen 2^2 und die zweite Grafik einen 2^3 faktoriellen Versuchsplan. Versuchspäne mit mehr als 3 Faktoren sind nicht darstellbar.

Statistische Versuchsplanung

Ein Effekt ist die Differenz der Veränderung der Zielgröße, wenn die Einflußgröße auf eine andere Stufe eingestellt wird. Die Effekte sind für die Interpretation wesentlich. Die Berechnung der Effekte ist einfach und kann manuell durchgeführt werden. Ein Effekt wird berechnet, indem man die Y_i entsprechend den Vorzeichen der Wirkung addiert und das Ergebnis durch 2^{k-1} dividiert. Für unsere Beispiele lauten die berechneten Effekte:

$$\text{Effekt (T)} = \frac{1}{2^k} (Y_1 + Y_2 + Y_3 + Y_4)$$

$$\text{Effekt (A)} = \frac{1}{2^{k-1}} (Y_2 + Y_4 - Y_1 - Y_3)$$

$$\text{Effekt (B)} = \frac{1}{2^{k-1}} (Y_3 + Y_4 - Y_1 - Y_2)$$

$$\text{Effekt (AB)} = \frac{1}{2^{k-1}} (Y_1 + Y_4 - Y_2 - Y_3)$$

Formel 11.3a

T .... Total (Gesamtmittelwert) das arithmetische Mittel aller Versuchsergebnisse
A .... Hauptwirkung A
B .... Hauptwirkung B
AB .... Wechselwirkung AB
k .... Anzahl der Faktoren
Y_i .... Mittelwert des jeweiligen Versuchspunktes

$$\text{Effekt (T)} = \frac{1}{4}(70+80+96+98) = 86$$

$$\text{Effekt (A)} = \frac{1}{2}(80+98-70-96) = 6$$

$$\text{Effekt (B)} = \frac{1}{2}(96+98-70-80) = 22$$

$$\text{Effekt (AB)} = \frac{1}{2}(70+98-80-96) = -4$$

$$\text{Effekt (T)} = \frac{1}{2^k}(Y_1+Y_2+Y_3+Y_4+Y_5+Y_6+Y_7+Y_8)$$

$$\text{Effekt (A)} = \frac{1}{2^{k-1}}(Y_2+Y_4+Y_6+Y_8-Y_1-Y_3-Y_5-Y_7)$$

$$\text{Effekt (B)} = \frac{1}{2^{k-1}}(Y_3+Y_4+Y_7+Y_8-Y_1-Y_2-Y_5-Y_6)$$

$$\text{Effekt (C)} = \frac{1}{2^{k-1}}(Y_5+Y_6+Y_7+Y_8-Y_1-Y_2-Y_3-Y_4)$$

$$\text{Effekt (AB)} = \frac{1}{2^{k-1}}(Y_1+Y_4+Y_5+Y_8-Y_2-Y_3-Y_6-Y_7)$$

$$\text{Effekt (AC)} = \frac{1}{2^{k-1}}(Y_1+Y_3+Y_6+Y_8-Y_2-Y_4-Y_5-Y_7)$$

$$\text{Effekt (BC)} = \frac{1}{2^{k-1}}(Y_1+Y_2+Y_7+Y_8-Y_3-Y_4-Y_5-Y_6)$$

$$\text{Effekt (ABC)} = \frac{1}{2^{k-1}}(Y_2+Y_3+Y_5+Y_8-Y_1-Y_4-Y_6-Y_7)$$

Formel 11.3a

T .... Total (Gesamtmittelwert) das arithmetische Mittel aller Versuchsergebnisse
A .... Hauptwirkung A
B .... Hauptwirkung B
C .... Hauptwirkung C
AB .... Wechselwirkung AB
AC .... Wechselwirkung AC
BC .... Wechselwirkung BC
ABC .... Wechselwirkung ABC
k .... Anzahl der Faktoren
Y_i .... Mittelwert des jeweiligen Versuchspunktes

$$\text{Effekt (T)} = \frac{1}{8}(30+35+25+33+30+41+40+45) = 34{,}875$$

$$\text{Effekt (A)} = \frac{1}{4}(35+33+41+45-30-25-30-40) = 7{,}250$$

$$\text{Effekt (B)} = \frac{1}{4}(25+33+40+45-30-35-30-41) = 1{,}750$$

$$\text{Effekt (C)} = \frac{1}{4}(30+41+40+45-30-35-25-33) = 8{,}250$$

$$\text{Effekt (AB)} = \frac{1}{4}(30+33+30+45-35-25-41-40) = -0{,}750$$

$$\text{Effekt (AC)} = \frac{1}{4}(30+25+41+45-35-33-30-40) = 0{,}750$$

$$\text{Effekt (BC)} = \frac{1}{4}(30+35+40+45-25-33-30-41) = 5{,}250$$

$$\text{Effekt (ABC)} = \frac{1}{4}(35+25+30+45-30-33-41-40) = 0{,}250$$

Statistische Versuchsplanung

Da bei den hier beschriebenen 2^k-Faktoren-Versuchen die Signifikanztests durch einfache Vergleiche mit den Vertrauensbereichen ersetzt werden, erhält man eine übersichtliche Darstellung. Die Vertrauensbereiche sind leicht zu berechnen und für alle Effekte gleich. Die Berechnung der Versuchsstreuungen und der Teststatistiken ist einfach und wird mit der folgenden Formel 11.3c dargestellt:

Formel 11.3c

$$s_i^2 = \frac{1}{n_i - 1} \sum_{j=1}^{n_i} (y_{ij} - \bar{y}_i)^2$$

$$N = 2^k$$

$$fe = \sum_{i=1}^{N} (n_i - 1)$$

$$s_E^2 = \frac{\sum_{i=1}^{N} [s_i^2 \cdot (n_i - 1)]}{\sum_{i=1}^{N} (n_i - 1)}$$

$$VB = t_{(fe; 1-\alpha/2)} \sqrt{\frac{4 \cdot s_E^2}{\sum_{i=1}^{N} n_i}}$$

- s_i^2 .... Stichprobenvarianz für jeden Versuchspunkt.
- n_i .... Stichprobenumfang für jeden Versuchspunkt.
- $\bar{y}_i$ .... Stichprobenmittelwert für jeden Versuchspunkt.
- y_{ij} .... Meßergebnisse aller Versuchspunkte.
- k .... Anzahl der Faktoren.
- N .... Anzahl der Versuchspunkte.
- fe .... Freiheitsgrad des Versuchsfehlers.
- s_E^2 .... Varianz des Versuchsfehlers.
- i .... Index des Versuchspunktes.
- j .... Index der Wiederholungen in jedem Versuchspunkt.
- $t_{(fe; 1-\alpha/2)}$. Schwellenwert der t-Verteilung.
- VB .... Vertrauensbereich der Effekte.

Die Signifikanz eines Effektes ergibt sich aus dem Vergleich mit dem Vertrauensbereich. Ist der berechnete absolute Effekt größer als der Vertrauensbereich (VB), dann wird die Nullhypothese (H0: Effekt = 0) ablehnt, und wir erhalten einen signifikanten Effekt. Einfacher ist die Analyse durchzuführen, wenn Programme zur Varianz- oder Regressionsanalyse zur Verfügung stehen.

> $VB > |Effekt|$ nicht signifikant
> $VB < |Effekt|$ signifikant

Wenn das Experiment nur zur Auswahl wesentlicher Faktoren gemacht wurde, und, um den Aufwand klein zu halten, keine Versuche wiederholt wurden, dann kann kein Versuchsfehler berechnet werden. Das Fehlen des Versuchsfehlers verhindert die Berechnung des Vertrauensbereiches. Nun kann man aber aufgrund des Versuchsplanes zeigen, daß die nicht signifikanten Effekte normalverteilt sind mit dem Erwartungswert E( ) = 0 und der Varianz des Restfehlers. Im Wahrscheinlichkeitsnetz können die nicht signifikanten Effekte ermittelt werden (Abb.11.3b), und mit diesen kann dann die Fehlervarianz errechnet werden (Formel 11.3d). Die nicht signifikanten Effekte sind ein Schätzmaß für die Versuchsstreuung. Die Schätzung der Versuchsstreuung aus einem nicht signifikanten Effekt besitzt den Freiheitsgrad "Eins". Kann in

Statistische Versuchsplanung

einem faktoriellen Versuch insgesamt c-mal die Versuchsstreuung durch nicht signifikante Effekte geschätzt werden, so ergibt sich die gesamte Fehlervarianz und der Vertrauensbereich nach Formel 11.3d.

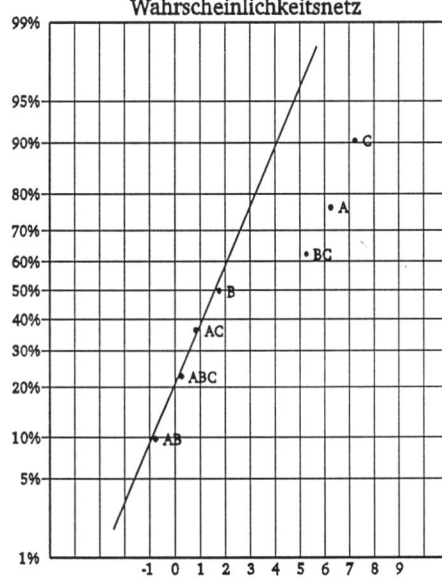

Effekt Bezeichnung	Größe	Summen- häufigkeit
AB	-0.75	9.5
ABC	0.25	22.9
AC	0.75	36.5
B	1.75	50.0
BC	5.25	63.5
A	7.25	77.1
C	8.25	90.5

Abb. 11.3b Wahrscheinlichkeitsnetz der Effekte

Das Wahrscheinlichkeitsnetz zeigt deutlich die signifikanten Effekte A, C und BC. Diese Methode ist sehr effektiv, wenn keine Versuchsstreuung ermittelt werden kann. Für Vorversuche zur Ermittlung wesentlicher Faktoren ist diese Methode unverzichtbar.

Diese Form der Analyse setzt mindestens drei Faktoren voraus und wird mit steigender Anzahl von Faktoren effektiver. Aus den nicht signifikanten Effekten wird nun eine Fehlervarianz und ein Vertrauensbereich für die Effekte ermittelt.

$$s_y^2 = \frac{\text{Effekt}^2}{4} \sum_{i=1}^{N} n_i$$

$$fe = c + \sum_{i=1}^{N} (n_i - 1)$$

$$s_E^2 = \frac{\sum_{i=1}^{N}[s_i^2 \cdot (n_i - 1)] + \sum_{i=1}^{c} s_y^2}{c + \sum_{i=1}^{N}(n_i - 1)}$$

$$VB = t_{(fe; 1-\alpha/2)} \sqrt{\frac{4 \cdot s_E^2}{\sum_{i=1}^{N} n_i}}$$

Formel 11.3d

s_y^2 .... Fehlervarianz eines nicht signifikanten Effekts.
Effekt ...... nicht signifikanter Effekt.
n_i .... Stichprobenumfang für jeden Versuchspunkt.
k .... Anzahl der Faktoren.
N .... Anzahl der Versuchspunkte.
fe .... Freiheitsgrad des Versuchsfehlers.
c .... Anzahl nicht signifikanter Effekte.
s_E^2 .... Varianz des Versuchsfehlers.
i .... Index des Versuchspunktes.
j .... Index der Wiederholungen in jedem Versuchspunkt.
$t_{(fe; 1-\alpha/2)}$ ... Schwellenwert der t-Verteilung.
VB .... Vertrauensbereich der Effekte.

Statistische Versuchsplanung

In der nachfolgenden Tabelle sind die Ergebnisse für den Vertrauensbereich nach drei Verfahren bezogen auf die beiden Beispiele ermittelt und dargestellt. Das erste Verfahren zeigt das Ergebnis für die grafische Lösung ohne Wiederholungen. Die beiden anderen Verfahren zeigen die rechnerischen Lösungen mit und ohne Berücksichtigung der nicht signifikanten Effekte.

2-Faktoren Beispiel

Lösung	Fehlervarianz	Freiheitsgrad	Vertrauensbereich	signifikante Effekte
rechnerisch ohne Effekte	7.35	4	5.32	A, B
rechnerisch mit Effekten	13.08	5	6.55	B

3-Faktoren Beispiel

Lösung	Fehlervarianz	Freiheitsgrad	Vertrauensbereich	signifikante Effekte
grafisch	2.25	4	2.95	A, C, BC
rechnerisch ohne Effekte	5.39	8	2.68	A, C, BC
rechnerisch mit Effekten	5.01	12	2.44	A, C, BC

Tab. 11.3g Teststatistik faktorieller Versuche

Das 2-Faktoren Beispiel kommt zu indifferenten Ergebnissen. Wenn der nicht signifikante Effekt AB berücksichtigt wird, ist auch der Effekt B nicht signifikant. Um dieses Ergebnis abzusichern, sind mehr Wiederholungen der Versuche erforderlich. Bei dem 3-Faktoren Beispiel wurden für die grafische Lösung nur die Mittelwerte berücksichtigt. Mit allen Lösungen werden die Effekte A, C, BC signifikant.

Die Modellgleichung kann nun aufgestellt werden. Man sollte aber zur detaillierten Analyse noch die Voraussetzungen mit den Residuen überprüfen. Die wichtigsten Tests sind die Prüfung auf Normalität, Autokorrelation, Ausreißer und Homoskedastizität. Die Residuen ergeben sich aus der Modellgleichung gemäß der Formel 11.3e:

$$\hat{Y} = 86 + 3 \cdot A + 11 \cdot B$$
$$\hat{Y} = 34.875 + 3.625 \cdot A + 4.125 \cdot C + 2.625 \cdot BC$$
$$R_i = Y_i - \hat{Y}$$

Formel 11.3e

R_i .... Residuen
Y_i .... beobachtete Meßwerte
$E(y)$ .... aus der Modellgleichung geschätzter Wert (auch Y-Dach)
A, B .... Einstellungen der signifikanten Hauptwirkungen
BC .... signifikante Wechselwirkung

Statistische Versuchsplanung

11.4 Analyse mit Zentralpunkt

Bei Faktoren, die einer Verhältnis- oder Intervallskala entstammen, kann eine Einstellung auf Null vorgenommen werden. Wird für alle Faktoren diese Einstellung vorgenommen, ergibt sich ein neuer Versuchspunkt, der immer nach der Standard-Reihenfolge angeordnet wird. Der Zentralpunkt wird für die Berechnung des Mittelwert-Effektes benutzt; sein Sinn und Zweck ist einzig und allein die Prüfung der Anpassung des Modells. Außerdem kann der Zentralpunkt zur Schätzung der Versuchsstreuung s_E^2 dienen, wenn Wiederholungen des gesamten Experiments nicht möglich sind. Es ist möglich, den faktoriellen Versuch mit den Methoden der Varianzanalyse oder der Regressionsanalyse auszuwerten. Die Varianzanalyse kann immer benutzt werden. Wenn eine oder mehrere Einflußgrößen diskrete Variablen sind, ist die Varianzanalyse die beste Methode zur Auswertung. Die Regressionsanalyse wird bevorzugt angewendet, wenn alle Variablen stetig sind. In diesem Fall muß der Zentralpunkt den faktoriellen Versuchsplan ergänzen, um so die Anpassung an das lineare Modell prüfen zu können. Außerdem kann häufig auf Wiederholungen in den Eckpunkten verzichtet werden, wenn in dem zusätzlichen Punkt ausreichend viele Versuche durchgeführt werden. Dadurch bleibt der Versuchsaufwand auch bei vielen Einflußgrößen klein, weil nicht der gesamte Versuch wiederholt werden muß sondern nur der Zentralpunkt. Ob man nur den Zentralpunkt oder lieber den gesamten Versuchsplan wiederholt ist von der Anzahl der Faktoren bzw. der Anzahl der Eckpunkte abhängig. Die Erfahrung zeigt, daß Versuche mit 4 oder 8 Eckpunkten komplett, und Versuche mit 16 oder mehr Eckpunkten nur im Zentralpunkt wiederholt werden sollten. Für faktorielle Versuchspläne ergeben sich, nach Ergänzung der Versuchsmatrix mit dem Zentralpunkt, die nachfolgenden Versuchspläne:

Faktorieller Versuchsplan 2^2 mit Zentralpunkt

Lfd. Nr.	Bezeichnung	T	A	B	AB
1	(1)	1	-1	-1	1
2	a	1	1	-1	-1
3	b	1	-1	1	-1
4	ab	1	1	1	1
5	ZP	0	0	0	0

Tab 11.4a Faktorieller Versuchsplan 2^2 mit Zentralpunkt.

Die Bezeichnungen des Versuchsplanes entsprechen einem faktoriellen Versuchsplan wie in Tab. 11.1a. Allerdings mit einem zusätzlichen Versuchspunkt (ZP), der als Zentralpunkt bezeichnet wird. Dieser Punkt erlaubt es, die Güte der Approximation der linearen Funktion zu beurteilen.

Faktorieller Versuchsplan 2^2 mit Zentralpunkt

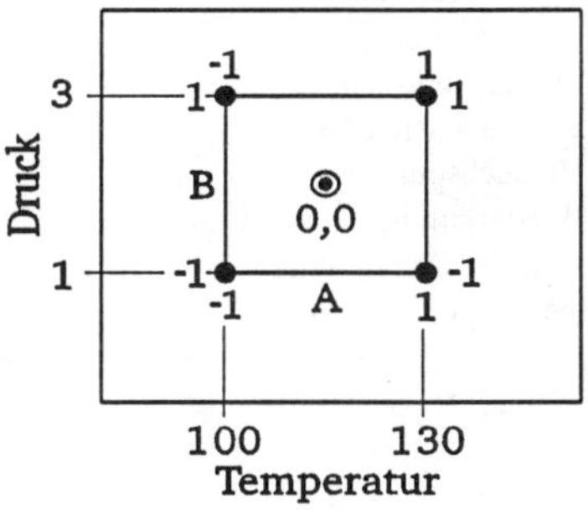

Abb. 11.4a Faktorieller Versuchsplan 2^2 mit Zentralpunkt.

Die Abbildung zeigt den Zentralpunkt im Schwerpunkt des Versuchsplanes. Man erkennt, daß die Hebelwirkung dieses Versuchspunktes Null beträgt. Daraus ergibt sich, daß der Zentralpunkt für die Berechnung der Effekte völlig belanglos ist. Er enthält aber wesentliche Informationen über den Mangel an Anpassung des Modells.

Statistische Versuchsplanung

Faktorieller Versuchsplan 2^3 mit Zentralpunkt

Lfd. Nr.		Bezeichnung						
		T	A	B	C	AB	AC	BC	ABC
1	(1)	1	-1	-1	-1	1	1	1	-1
2	a	1	1	-1	-1	-1	-1	1	1
3	b	1	-1	1	-1	-1	1	-1	1
4	ab	1	1	1	-1	1	-1	-1	-1
5	c	1	-1	-1	1	1	-1	-1	1
6	ac	1	1	-1	1	-1	1	-1	-1
7	bc	1	-1	1	1	-1	-1	1	-1
8	abc	1	1	1	1	1	1	1	1
9	ZP	0	0	0	0	0	0	0	0

Tab. 11.4b Faktorieller Versuchsplan 2^3 mit Zentralpunkt

Die Bedeutung der Spalten und Zeilen ist gleich dem Versuchsplan in Tab. 11.1a. Ergänzt wurde der Versuchsplan lediglich um den Zentralpunkt (ZP).

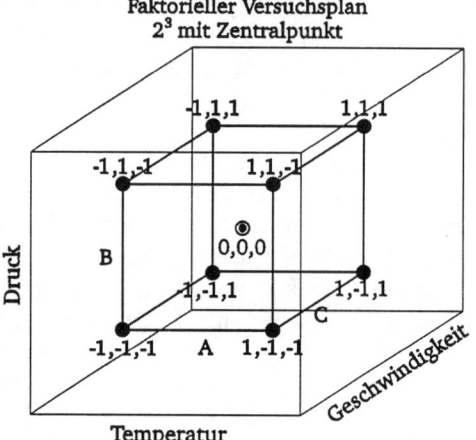

Abb. 11.4b Faktorieller Versuchsplan 2^3 mit Zentralpunkt

Die Abbildung zeigt den Versuchsplan entsprechend der Tab. 11.4b. Man erkennt auch in diesem Versuchsplan, daß der Zentralpunkt im Schwerpunkt des Versuchsplanes liegt und somit keinen Einfluß auf die Berechnung der Effekte hat.

Die manuelle Analyse von Versuchsplänen mit Zentralpunkt unterscheidet sich von der Analyse ohne Zentralpunkt in der Berechnung der Fehlervarianz und in der Möglichkeit, das lineare Modell zu überprüfen. Wurde nur der Zentralpunkt wiederholt gilt die nachfolgende Berechnung des Vertrauensbereiches (VB).

$$fe = n_0 - 1$$

$$s_E^2 = \frac{\sum_{i=1}^{n_0}(y_{ij} - Y_c)^2}{n_0 - 1}$$

$$VB = t_{(fe; 1-\alpha/2)} \sqrt{\frac{4 \cdot s_E^2}{\sum_{i=1}^{N} n_i}}$$

Formel 11.4a

- fe .... Freiheitsgrad des Versuchsfehlers
- n_0 .... Stichprobenumfang des Zentralpunktes
- n_i .... Stichprobenumfänge in den Versuchspunkten.
- N .... Anzahl der Versuchspunkte.
- y_{ij} .... Meßwerte im Zentralpunkt.
- Y_c .... Mittelwert des Zentralpunktes.
- s_E^2 .... Varianz des Versuchsfehlers.
- i .... Index des Versuchspunktes.
- j .... Index der Wiederholungen.
- $t_{(fe; 1-\alpha/2)}$ ... Schwellenwert der t-Verteilung.
- VB .... Vertrauensbereich der Effekte.

Statistische Versuchsplanung

Um die Anpassung an das lineare Modell zu testen, wird der Mittelwerteffekt (ME) berechnet und mit dem Vertrauensbereich verglichen, sollte der Mittelwerteffekt größer als der Vertrauensbereich sein, ist das Modell nicht linear.

$$\text{Effekt (T)} = \frac{1}{N}\sum_{i=1}^{N} Y_i$$

$$\text{Effekt (ME)} = \text{Effekt (T)} - Y_c$$

FORMEL 11.4b

T .... Total (Regressionskonstante) der Mittelwert aller Designpunkte.
N .... Anzahl aller Designpunkte.
i .... Index der Designpunkte.
Y_i .... Mittelwerte der Designpunkte.
ME .... Effekt für den Mangel an Anpassung.
Y_c .... Mittelwert des Zentralpunktes.

Wie wichtig die Beurteilung des linearen Modells und damit des Mittelwerteffektes ist, demonstrieren die Abbildungen Abb. 11.2.1a, Abb. 11.2.1b und Abb. 11.2.1c. Die Fehlervarianz und der Vertrauensbereich ergeben sich aus der Streuungen in den Versuchspunkten und können nach den Formeln 11.3d oder 11.4a berechnet werden.

Wie schon bei den Verfahren zur Varianz- oder Regressionsanalyse kann auch für die faktoriellen Versuche eine ANOVA aufgestellt werden. Wir können zwei verschiedene Streuungszerlegungstafeln erhalten, die mit und ohne Zentralpunkt.

ANOVA der faktoriellen Versuche
ohne Zentralpunkt

Streuungsursache	Summe der quadratischen Abweichungen	Freiheitsgrad	Varianz
Total	$\sum_{i=1}^{N}\sum_{j=1}^{n_i} y_{ij}^2$	n	
Mittelwert	$\bar{y}^2 \cdot n$	1	
Gesamt	$\sum_{i=1}^{N}\sum_{j=1}^{n_i} y_{ij}^2 - \bar{y}^2 \cdot n$	n-1	s_g^2
Regression	Gesamt - Restfehler	2^k-1	s_R^2
Restfehler	$\sum_{i=1}^{N}\sum_{j=1}^{n_i} (y_{ij} - \hat{y}_i)^2$	$n-2^k$	$s_{\hat{y}}^2$

Tab. 11.4c ANOVA für faktorielle Versuche ohne Zentralpunkt.

Die Tabelle zeigt den additiven Aufbau der Streuungszerlegung für die Summen der quadratischen Abweichungen und die Freiheitsgrade. Man erkennt, daß für den Restfehler der Freiheitsgrad Null wird, wenn keine Wiederholungen in den Versuchspunkten realisiert wurden. Ein Signifikanztest ist in diesem Fall nur nach dem grafischen Verfahren (Wahrscheinlichkeitsnetz) möglich. Die Streuungsursache "Regression" läßt sich in die Streuungsursachen der Haupt.- und Wechselwirkungen zerlegen. Die Berechnungen hierzu sind der Formel 11.3d zu entnehmen. Der reine Restfehler kann nicht ohne einen weiteren Versuchspunkt - im Normalfall dem Zentralpunkt - ermittelt werden. Damit ist die Prüfung auf Anpassung an das lineare Modell ausgeschlossen.

Statistische Versuchsplanung

ANOVA der faktoriellen Versuche
mit Zentralpunkt

Streuungsursache	Summe der quadratischen Abweichungen	Freiheitsgrad	Varianz
Total	$\sum_{i=1}^{N}\sum_{j=1}^{n_i} y_{ij}^2$	n	
Mittelwert	$\bar{y}^2 \cdot n$	1	
Gesamt	$\sum_{i=1}^{N}\sum_{j=1}^{n_i} y_{ij}^2 - \bar{y}^2 \cdot n$	n-1	s_g^2
Regression	Gesamt - Restfehler	$2^k - 1$	s_R^2
Restfehler	$\sum_{i=1}^{N}\sum_{j=1}^{n_i} (y_{ij} - \hat{y}_i)^2$	$n - 2^k$	$s_{\bar{y}}^2$
Linearität	$\sum_{i=1}^{N} (\bar{y}_i - \hat{y}_i)^2 \cdot n_i$	1	s_L^2
reiner Restfehler	$\sum_{i=1}^{N}\sum_{j=1}^{n_i} (y_{ij} - \bar{y}_i)^2$	$n - 2^k - 1$	s_E^2

Tab. 11.4d ANOVA für faktorielle Versuche mit Zentralpunkt.

Diese Streuungszerlegung zeigt im Unterschied zur vorangegangenen (Tab. 11.4c) die Berechnung des reinen Restfehlers und des Mangels an Anpassung (Linearität). Diese ANOVA kann das Modell auf das Vorhandensein einer Regression und auf Linearität prüfen. Der Versuchsplan setzt stetige intervall- oder verhältnisskalierte Faktoren voraus.

11.5 Grafische Darstellung faktorieller Versuche

Die grafische Darstellung der Analyse unterscheidet sich entsprechend der Auswertungsmethode. Die Abbildung 11.5a zeigt die bevorzugten Darstellungen bei der Varianzanalyse, sie werden Wirkungsdiagramme genannt.

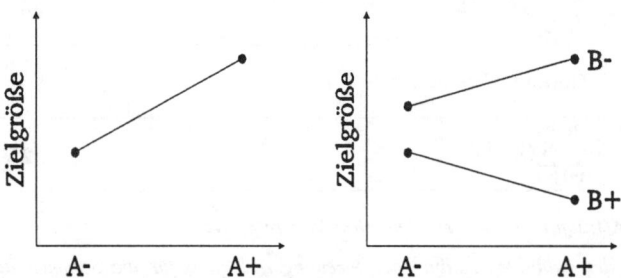

Abb. 11.5a Wirkungsdiagramme faktorieller Versuche.

Das erste Wirkungsdiagramm zeigt die Hauptwirkung A, die zweite Abbildung stellt die Wechselwirkung AB dar. Diese Diagramme sind einfach zu konstruieren und zu beurteilen. Sie werden bevorzugt bei Versuchsplänen mit nominalskalierten Faktoren eingesetzt und gestatten, auf einfache Weise ein Minimum oder Maximum der Zielgröße zu ermitteln. Ein bestimmter Wert der Zielgröße kann nicht ermittelt werden, dies bleibt den Konturliniengrafiken vorbehalten.

Statistische Versuchsplanung

Die nachfolgende Grafik zeigt eine Konturliniengrafik, wie sie bei der Regressionsanalyse bevorzugt angewendet wird. Bei der Regressionsanalyse werden die günstigsten Einstellungen mit der Konturliniengrafik ermittelt.

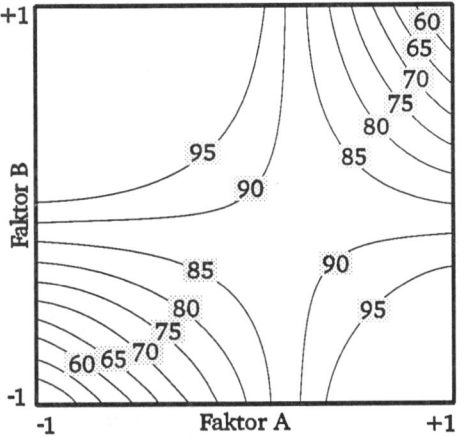

Abb. 10.5b Kontulinienrgrafik faktorieller Versuche.

Die Konturliniengrafik zeigt Isolinien, welche ein Min-Max (Sattel) bilden. Dies ist die typische Darstellung für eine disordinale Wechselwirkung. Man kann in dem untersuchten Bereich jede Variablenkombination bestimmen, welche die optimalen Eigenschaften besitzt. Soll z.B. die Zielgröße 90 betragen und Faktor B ist eine teure Komponente, dann ist die günstigste Einstellung leicht zu ermitteln (A=0.2; B=-1). Ein Wechsel zwischen der normierten und der physikalischen Skalierung ist jeder Zeit durch einfache Umrechnung möglich.

11.6 Versuchsaufwand und Informationsgehalt

Die Effizienz eines statistischen Versuchsplanes im Vergleich mit einem konservativen Versuch wird in der nachfolgenden Tabelle dargestellt. In dieser Tabelle wird die Einfaktormethode mit faktoriellen Versuchsplänen verglichen, wobei vor allem Versuchsaufwand und Informationsgehalt betrachtet werden. Zur einfachen Darstellung des Vergleiches wurde in der Tabelle bewußt auf die Berücksichtigung von Wiederholungen verzichtet.

Einfaktormethode

Faktorenanzahl	Umfang	Effekte
1	2	1
2	8	2
3	24	3
4	64	4
5	160	5

Faktorieller Versuch

Faktorenanzahl	Umfang	Effekte
1	2	1
2	4	3
3	8	7
4	16	15
5	32	31

Tab. 11.6a Aufwand und Informationsgehalt

Die Tabelle zeigt deutlich den Vorteil eines statistischen Versuchsplanes gegenüber einem konservativen. Ein statistischer Versuchsplan bietet bei einem deutlich kleineren Versuchsaufwand einen größeren Informationsgehalt.

Wie aus der Tabelle ersichtlich, steigt mit der Anzahl der Einflußgrößen (k) der Aufwand linear an, während der Informationsgehalt nach der Formel 11.6a ansteigt. Der Informationsgehalt definiert die Anzahl an Wirkungen, die geschätzt werden

Statistische Versuchsplanung

können. Im faktoriellen Versuchsplan sind dies die Hauptwirkungen, die zweifachen Wechselwirkungen und die mehrfachen Wechselwirkungen, wenn mehr als zwei Einflußgrößen analysiert werden.

statistischer Versuchsplan	konservativer Versuchsplan
$I = 2^k - 1$	$I = k$
$A = 2^k$	$A = 2 \cdot k \cdot 2^{k-1}$

Formel 11.6a
A............. Aufwand bei gleicher Anzahl von Versuchen.
I.............. Informationsgehalt (Anzahl der Effekte).
k............. Anzahl der Faktoren (Einflußgrößen).

11.7 Blockbildung in faktoriellen Versuchen

In einem faktoriellen Versuch wird eine große Anzahl von Einflußgrößen gleichzeitig untersucht, ohne daß die Wirkung des einen Parameters durch die Wirkung eines anderen verfälscht wird. Außerdem ist bekannt, daß man die Wirkung störender Einflüsse dadurch vermindern kann, daß man Versuche in Blöcken ausführt. Wir wollen die Techniken der Blockbildung und der Zufallszuordnung bei der Versuchsplanung miteinander verbinden.

Nehmen wir an, wir hätten 3 Faktoren, deren Einfluß ermittelt werden soll, so erhalten wir 8 Versuchspunkte. Von einer Charge ist der Grundstoff, mit dem das Experiment durchgeführt wird, nur für jeweils 4 Designpunkte ausreichend zu bekommen. Weil Heterogenität des Grundstoffs nicht ausgeschlossen werden kann, ist eine Blockbildung unbedingt erforderlich.

Faktorieller Versuchsplan 2^3 mit Blockbildung

Lfd. Nr.		T	A	B	C	AB	AC	BC	ABC Block
1	(1)	1	-1	-1	-1	1	1	1	●
2	a	1	1	-1	-1	-1	-1	1	○
3	b	1	-1	1	-1	-1	1	-1	○
4	ab	1	1	1	-1	1	-1	-1	●
5	c	1	-1	-1	1	1	-1	-1	○
6	ac	1	1	-1	1	-1	1	-1	●
7	bc	1	-1	1	1	-1	-1	1	●
8	abc	1	1	1	1	1	1	1	○

● erster Block
○ zweiter Block

Tab. 11.7a Vorzeichentabelle für einen 2^3-faktoriellen Versuch.

Für den Fall, daß die ersten 4 Versuche mit der ersten Charge durchgeführt würden, dann würde der Effekt C verzerrt durch den Chargeneffekt geschätzt werden. Die Tabelle zeigt, daß auch alle anderen Effekte durch den Chargeneffekt verzerrt werden können. Da aber Mehrfachwechselwirkungen in der Regel keinen Einfluß haben, ist die Dreifachwechselwirkung ABC zur Blockbildung des faktoriellen Versuchsplanes geeignet.

In der Tabelle (Tab.11.7a) sind sämtliche Vorzeichen der Wirkungen dargestellt. Gehen wir nun davon aus, daß die Wechselwirkung ABC=0 ist, so kann das (-) Zeichen für die erste Charge und das (+) Zeichen für die zweite Charge stehen. Es muß aber immer mit großer Sicherheit angenommen werden können, daß eine Wechselwirkung keine Bedeutung hat, und die Blockvariable keine Wechselwirkung mit den Faktoren aufweist. Es gilt im allgemeinen: Je höher der Grad ist, desto geringer ist die Bedeutung der Wechselwirkungen. Für unser Beispiel ist ABC keine Wechselwirkung mehr, sondern der Block- oder Chargeneffekt.

Statistische Versuchsplanung

Die Blockbildung kann nicht nur benutzt werden, um Chargeneffekte zu beseitigen, vielmehr sollte sie immer eingesetzt werden, wenn heterogene Versuchsbedingungen die unverzerrte Schätzung der Effekte behindern. Heterogene Versuchsbedingungen entstehen z.B. durch verschiedene Chargen, differierendes Rohmaterial, zeitliche Abstände, Testdurchführung von mehreren Personen usw..

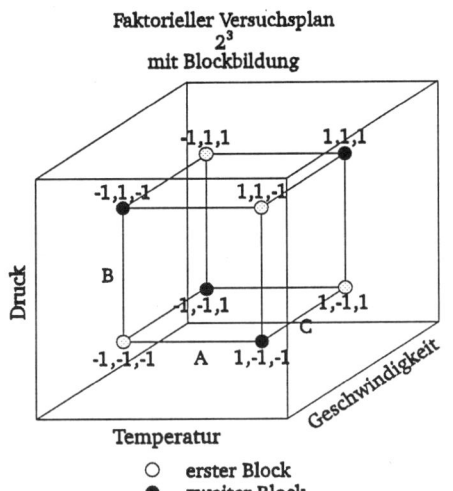

Abb. 11.7a Darstellung eines faktoriellen Versuchsplans mit Blockbildung.

Diese Darstellung zeigt den faktoriellen Versuchsplan gemäß der Tabelle (Tab. 11.7a).

Sollten mehr als ein Block notwendig sein, oder ist für unser vorangegangenes Beispiel nur der Grundstoff für jeweils zwei Versuchspunkte ausreichend vorhanden, ist die Blockbildung über eine zweite Wechselwirkung möglich. In unserem Beispiel soll dies die Wechselwirkung BC sein. Die Wechselwirkung BC muß aber in jedem Fall als ein in Wirklichkeit vorkommender Effekt ausgeschlossen werden können. Die Tabelle (Tab. 11.7b) zeigt für diesen Fall die Aufteilung der Blöcke.

Faktorieller Versuchsplan 2^3 mit Blockbildung

Lfd. Nr.		T	A	B	C	AB	AC	BC	ABC
1	(1)	1	-1	-1	-1	1	1	●	○
2	a	1	1	-1	-1	-1	-1	●	●
3	b	1	-1	1	-1	-1	1	○	●
4	ab	1	1	1	-1	1	-1	○	○
5	c	1	-1	-1	1	1	-1	○	●
6	ac	1	1	-1	1	-1	1	○	○
7	bc	1	-1	1	1	-1	-1	●	○
8	abc	1	1	1	1	1	1	●	●

● erster Block
○ zweiter Block

Tab. 11.7b Zweifache Blockbildung.

Die Tabelle zeigt die Aufteilung für den Fall, daß nur homogenes Material für zwei Versuche zur Verfügung steht. Die Versuchsblöcke ergeben sich aus den gleichen Kombinationen der Blöcke BC und ABC. Die Kombinationen sind die Versuchspunkte 1 und 7, 2 und 8, 3 und 5, sowie 4 und 6. Sollte BC eine zeitliche Aufteilung und ABC differierendes Rohmaterial sein, müssen die Versuche entsprechend den festgelegten Blöcken erfolgen.

Diese Technik kann auf alle faktoriellen Versuchspläne angewendet werden. Für jeden erforderlichen Block ist eine Wechselwirkung auszuschließen. Somit ist dieses Verfahren besonders effektiv bei Versuchsplänen mit vier oder mehr Faktoren, weil in diesen Fällen der Anteil von Mehrfachwechselwirkungen steigt.

Statistische Versuchsplanung

12. Die teilfaktoriellen Versuchspläne

Durch Vermengen von Wechselwirkungen mit Blöcken konnten unerwünschte Effekte bei der Durchführung von Versuchen unschädlich gemacht werden. Es konnte sogar die Größe des Effekts geschätzt werden. Wenn die Homogenität des Versuchsmaterials gewährleistet ist, so kann man, statt Blöcke zu bilden, einen zusätzlichen Faktor einführen und diesen mit der Wechselwirkung vermengen. Dadurch erhalten wir einen Faktor mehr, ohne die Anzahl der Versuchspunkte zu erhöhen.

12.1 Grundlage teilfaktorieller Versuchspläne

Wenn man aus Vorversuchen erwarten kann, daß keine Wechselwirkungen vorkommen oder man bestimmte Wechselwirkungen aufgrund technischer Überlegungen ausschließen kann, dann sind die teilfaktoriellen Versuchspläne optimal einzusetzen. Eine andere Einsatzmöglichkeit ergibt sich bei einer großen Anzahl von Einflußgrößen, weil die Anzahl der mehrfachen Wechselwirkungen zunimmt, die in der Praxis vernachlässigbar sind und so mit anderen Einflußgrößen vermengt werden können. Die teilfaktoriellen Versuchspläne sind gekennzeichnet durch die Form 2^{k-p}, worin k der Anzahl der Einflußgrößen, und p der Anzahl der vermengten Einflußgrößen entspricht.

Gesättigter teilfaktorieller Versuchsplan 2^{7-4} des Lösungstyp III

Lfd. Nr.		T	A	B	C	AB D	AC E	BC F	ABC G
1	(1)	1	-1	-1	-1	1	1	1	-1
2	a	1	1	-1	-1	-1	-1	1	1
3	b	1	-1	1	-1	-1	1	-1	1
4	ab	1	1	1	-1	1	-1	-1	-1
5	c	1	-1	-1	1	1	-1	-1	1
6	ac	1	1	-1	1	-1	1	-1	-1
7	bc	1	-1	1	1	-1	-1	1	-1
8	abc	1	1	1	1	1	1	1	1

Tab. 12.1a Gesättigter teilfaktorieller Versuchsplan 2^{7-4} des Lösungstyps III

In dem dargestellten Versuchsplan sind die Spalten der Wechselwirkungen AB, AC, BC und ABC gleich den Hauptwirkungen D, E, F und G. Damit können mit acht Versuchen sieben Einflußgrößen analysiert werden, wenn keine Wechselwirkung einen Einfluß hat.

Man unterscheidet die teilfaktoriellen Versuchspläne nach dem Grad ihrer Vermengung, genannt **"Lösungstyp"**. Besondere Bedeutung erlangt der gesättigte teilfaktorielle Versuchsplan vom Lösungstyp III für Vorversuche zur Auswahl der wichtigsten Einflußgrößen (Screening). Versuchspläne vom Lösungstyp V können ohne Informationsverlust angewendet werden, weil Hauptwirkungen und zweifache Wechselwirkungen nicht untereinander vermengt sind. Man kann mit acht Versuchspunkten je nach dem Grad der Vermengung teilfaktorielle Versuchspläne der Form 2^{4-1}, 2^{5-2}, 2^{6-3} und 2^{7-4} entwickeln. Demnach kann ein Versuchsplan mit acht Versuchen benutzt werden für die Abschätzung

❏ der Effekte von drei Faktoren und aller ihrer Wechselwirkungen (2^3-Plan);

Statistische Versuchsplanung

- ❏ der Effekte von vier Faktoren und der 2-Faktor-Wechselwirkung von drei Faktoren. Alle anderen Wechselwirkungen müssen Null oder vernachlässigbar sein (2^{4-1}-Plan);
- ❏ der Effekte von fünf Faktoren und der 2-Faktor-Wechselwirkung von einem Faktor mit zwei anderen. Alle übrigen Wechselwirkungen müssen Null oder vernachlässigbar sein (2^{5-2}-Plan);
- ❏ der Effekte von sechs Faktoren und einer 2-Faktor-Wechselwirkung. Alle übrigen Wechselwirkungen müssen Null oder vernachlässigbar klein sein (2^{6-3}-Plan);
- ❏ der Effekte von sieben Faktoren. Alle übrigen Wechselwirkungen müssen Null oder vernachlässigbar sein (2^{7-4}-Plan).

Aus praktischen Gründen wird der Versuchsplaner in der Kopfzeile des Versuchsplanes die Faktoren und ihre vermengten Effekte vorgeben. Er ordnet seine konkreten Einflußgrößen (Geschwindigkeit, Druck, Konzentration, Temperatur usw.) den abstrakten Bezeichnungen (A, B, C, D, AB usw.) so zu, daß möglichst keine wesentlichen Effekte vermengt sind, daß z.B. kein Haupteffekt von einem vermutlich wesentlichen Wechselwirkungseffekt überlagert wird. Dies gelingt um so besser, je umfangreicher die Vorkenntnisse des Versuchsplaners über das zu untersuchende Problem sind.

Plan	Vermengungen oder Aliases						
2^{4-1}	Haupteffekte	A	B	C		D	
	Wechselwirkungen			AB		AC	AD
				CD		BD	BC
2^{5-2}	Haupteffekte	A	B	C		D	
	Wechselwirkungen	BE	AE	AB	DE	AC AD	CD
				CD		BD	BC
2^{6-3}	Haupteffekte	A	B	C	F	D	
	Wechselwirkungen	BE	AE	AB	AF	AC AD	BF
		CF	DF	CD	DE	BD BC	CD
							EF
2^{7-4}	Haupteffekte	A	B	C	D	E F	G
	Wechselwirkungen	BE	AE	AB	AF	AC AD	AG
		CF	CG	CD	BG	BD BC	BF
		DG	DF	FG	DE	EG EF	CD

Tab. 12.1b Vermengungen der teilfaktoriellen Versuchspläne (acht Versuche).

Die Tabelle zeigt die Vermengungen teilfaktorieller Versuchspläne mit acht Versuchen. Für die Darstellung der Vermengungen wurde auf die Darstellung von Mehrfachwechselwirkungen verzichtet, weil sie in der Regel unbedeutend sind. Mit acht Versuchen lassen sich nur Versuchspläne des Lösungstyps III bis IV entwickeln, d.h. 2-Faktoren-Wechselwirkungen sind in jedem Falle vermengt. Einzig der 2^{4-1}-Plan erlaubt die mit 2-Faktoren-Wechselwirkung unvermengte Schätzung der Haupteffekte.

Ein Versuchsplan mit acht Versuchen ergibt, unabhängig vom Grad der Reduzierung, sieben Haupt- bzw. Wechselwirkungen, ein Versuchsplan mit 16 Versuchen 15 Haupt- bzw. Wechselwirkungen usw. Für alle Wirkungen mit gleicher Vorzeichenspalte hat sich der Begriff "**Aliases**" eingeführt. Bei hohem Vermengungsgrad gibt es ganze Alias-Ketten wie in der Tabelle (Tab. 12.1b) dargestellt. Die Forderung

-Alle übrigen Wechselwirkungen müssen Null oder vernachlässigbar sein-

Statistische Versuchsplanung

ist oft nicht erfüllbar, oder man hat nur ungenügende Kenntnisse über den wahren Sachverhalt. Trotzdem sind teilfaktorielle Versuchspläne in gleicher Weise wie faktorielle Versuche anwendbar. Man muß aber bei der Aufstellung von Versuchsplänen darauf achten, daß möglichst nur Effekte kleiner Größe mit vermutlich wesentlichen Effekten vermengt sind. Zusätzlich müssen die Sachzusammenhänge des Untersuchungsobjekts berücksichtigt werden.

Beispiel

Es soll mit einem teilfaktoriellen Versuchsplan der Einfluß von vier Faktoren auf ein Schießergebnis untersucht werden. Als Einflußgrößen sollen in diesem Versuchsplan folgende Faktoren berücksichtigt werden:

- ❏ Visiereinrichtung mechanisch-optisch (A),
- ❏ Position des Schützen stehend-liegend (B),
- ❏ Lichtverhältnisse Sonnenlicht-Kunstlicht (C),
- ❏ Munitionstyp sortiert-unsortiert (D).

Aus verständlichen Gründen dürfen in diesem Versuchsplan die Wechselwirkungen mit dem Faktor Munitionstyp (D) ausgeschlossen werden. Dies führt zu einem teilfaktoriellen Versuchsplan 2^{4-1}, mit dem alle Hauptwirkungen (A, B, C und D) sowie die interessierenden 2-Faktor-Wechselwirkungen (AB, AC und BC) unvermengt ermittelt werden können. Um einen teilfaktoriellen Versuchsplan sinnvoll konstruieren und auswerten zu können, muß man genau wissen, wie viele und welche Haupt- und Wechselwirkungen miteinander vermengt sind. Dies erscheint viel komplizierter als es ist, da nur die Hauptwirkungen und die 2-Faktor-Wechselwirkungen berücksichtigt werden müssen. Alle übrigen Wechselwirkungen sind fast immer Null oder liegen innerhalb des Bereiches der Versuchsfehler.

12.2 Lösungstypen

Die Lösungstypen lassen erkennen, welche Arten von Wirkungen miteinander vermengt sind. Der Lösungstyp wird mit römischen Ziffern gekennzeichnet. Interessiert man sich nur für Hauptwirkungen und kann alle anderen Wechselwirkungen ausschließen, reicht der Lösungstyp III. Sind die Hauptwirkungen bedeutsam, und andere Wechselwirkungen lassen sich nicht ausschließen, nimmt man den Lösungstyp IV. Sind aber neben den Hauptwirkungen auch die 2-Faktor-Wechselwirkungen von Interesse und nicht vernachlässigbar, dann ist für einen ordentlichen Versuchsplan der Lösungstyp V erforderlich.

In hochvermengten Plänen werden immer Hauptwirkungen mit 2-Faktor-Wechselwirkungen gleichgesetzt. Damit ergibt sich immer der Lösungstyp III. Das gilt in den teilfaktoriellen Versuchsplänen mit

- ❏ 8 Versuchen für 5 bis 7 Einflußgrößen,
- ❏ 16 Versuchen für 9 bis 15 Einflußgrößen,
- ❏ 32 Versuchen für 17 bis 31 Einflußgrößen,
- ❏ 64 Versuchen für 33 bis 63 Einflußgrößen.

Statistische Versuchsplanung

Die gesättigten teilfaktoriellen Versuchspläne des Lösungstyps III sind nur dann sinnvoll einzusetzen, wenn

- ❏ Wechselwirkungen nicht oder nur mit vernachlässigbaren Effekten auftreten, d.h. die Hauptwirkungen dürfen nicht wesentlich verfälscht werden.
- ❏ aus vielen Einflußgrößen nur wenige bedeutsame Faktoren für einen vollständigen Versuchsplan auszufiltern sind (Screening).

Lösungstyp	sind getrennt	werden vernachlässigt	sind vermengt
III	HW von HW	2 FWW und höhere	HW mit 2 FWW
IV	HW von 2 FWW	3 FWW und höhere	HW mit 3 FWW 2 FWW mit 2 FWW
V	2 FWW von 2 FWW	3 FWW und höhere	HW mit 4 FWW 2 FWW mit 3 FWW
VI	2 FWW von 3 FWW	4 FWW und höhere	HW mit 5 FWW 2 FWW mit 4 FWW 3 FWW mit 3 FWW
VII	3 FWW von 3 FWW	4 FWW und höhere	HW mit 6 FWW 2 FWW mit 5 FWW 3 FWW mit 4 FWW

Tab. 12.2a Lösungstypen

Die Tabelle zeigt eine Zusammenstellung der Lösungstypen III bis VII. Die Lösungstypen I und II sind bedeutungslos, weil Lösungstyp I bedeutet, alle Wirkungen sind vermengt (ein Versuchspunkt). Lösungstyp II bedeutet, Hauptwirkungen sind miteinander vermengt (weniger Versuchspunkte als Einflußgrößen). Auch die Lösungstypen VI und höher sind nur von untergeordneter Bedeutung, weil hier nur noch eine Vermengung von Haupt- und 2-Faktor-Wechselwirkungen mit höheren Wechselwirkungen stattfindet. Pläne dieser Art können mit Recht als unwirtschaftlich angesehen werden. Für die sinnvolle Anwendung bleiben die teilfaktoriellen Versuchspläne der Lösungstypen III bis V.

Der Lösungstyp III spielt bei vielen Aufgabenstellungen eine wichtige Rolle. So setzen die Versuchsmodelle nach Taguchi, Lateinische Quadrate und andere Verfahren das Fehlen jeglicher Wechselwirkungen voraus. Häufig werden solche Verfahren in der betrieblichen Praxis angewendet, wobei gedanklich Additivität der Haupteffekte vorausgesetzt wird. Versuchspläne, die keine Wechselwirkungen berücksichtigen, dürfen aber nur angewendet werden, wenn auch keine Wechselwirkungen vorhanden sind.

**Desinteresse an Wechselwirkungen reicht zur Anwendung
von Versuchen des Lösungstyps III nicht aus.**

Hat man einen teilfaktoriellen Versuchsplan des Lösungstyps III durchgeführt, sind zwei Ergebnisse möglich. Es können sich wenige Wirkungen als signifikant erweisen, so daß man davon ausgehen kann, die signifikanten Effekte sind trotz der hohen Vermengung eindeutig zuzuordnen. Sollten aber viele Wirkungen signifikant werden, kann eine sinnvolle Zuweisung der Effekte zu den Einflußgrößen aufgrund der hohen Vermengung nicht durchgeführt werden. In diesem Fall können Pläne mit umgekehrten Vorzeichen helfen.

Statistische Versuchsplanung

Der Lösungstyp IV ist besonders wichtig, da er gestattet die Hauptwirkungen unvermengt zu schätzen. Bei dieser Eigenschaft wird der Versuchsaufwand minimal gehalten. Der Lösungstyp IV ist möglich in Versuchsplänen mit

- ❏ 8 Versuchen für 4 Einflußgrößen,
- ❏ 16 Versuchen für 6 bis 8 Einflußgrößen,
- ❏ 32 Versuchen für 7 bis 16 Einflußgrößen,
- ❏ 64 Versuchen für 9 bis 32 Einflußgrößen.

Wenn einige Variablen keine Wechselwirkungen eingehen und man diese geschickt verteilt, können auch 2-Faktor-Wechselwirkungen getrennt gehalten werden, wie dies in dem Beispiel des Abschnitts 12.1 erfolgt ist.

Lösungstyp	Anzahl der Versuche				
	4	8	16	32	64
III	2^{3-1}	$2^{5-2}...2^{7-4}$	$2^{9-5}...2^{15-11}$	$2^{17-12}...2^{31-26}$	$2^{33-27}...2^{63-57}$
IV		2^{4-1}	$2^{6-2}...2^{8-4}$	$2^{7-2}...2^{16-11}$	$2^{9-3}...2^{32-26}$
V			2^{5-1}		2^{8-2}
VI				2^{6-1}	
VII					2^{7-1}

Tab. 12.2b Teilfaktorielle Versuche und ihr Lösungstyp

Der Tabelle kann man entnehmen, welcher Lösungstyp zu welchem teilfaktoriellen Versuchsplan gehört. Für die Auswahl von wichtigen Faktoren (Screening) eignen sich die Versuchspläne der oberen Reihe. Ohne Informationsverlust können die Versuchspläne 2^{5-1}, 2^{6-1}, 2^{7-1} und 2^{8-2} angewendet werden.

Die Lösungstypen V oder höher gestatten es, Haupt- und Wechselwirkungen getrennt zu betrachten. Dies muß allerdings mit einem deutlich höheren Aufwand erkauft werden. Die Lösungstypen V oder höher werden aus diesem Grund auf eine geringe Anzahl von Faktoren beschränkt bleiben. Sie sind sinnvoll noch möglich in Plänen mit

- ❏ 16 Versuchen für 5 Einflußgrößen,
- ❏ 32 Versuchen für 6 Einflußgrößen,
- ❏ 64 Versuchen für 7 und 8 Einflußgrößen.

Ist die Anzahl der Faktoren größer, so daß umfangreichere Versuchspläne notwendig werden, sollte man sein Problem in kleinere Teilprobleme zerlegen. Dies ermöglicht kleinere Versuchspläne und vermeidet unübersichtliche Versuchspläne mit dem Risiko III. Art (Fehler in der Versuchsdurchführung).

12.3 Konstruktion eines teilfaktoriellen Versuchsplanes.

Wenn man einen 2^{3-1} teilfaktoriellen Versuchsplan aufbaut, ergibt sich ein halber faktorieller Versuchsplan 2^3 entsprechend der Tabelle (Tab. 12.3a). Die Spalten des

Statistische Versuchsplanung

teilfaktoriellen Versuchsplans T, A, B, C der Tab. 12.3a zeigen, mit welchem Vorzeichen die Versuchsergebnisse addiert werden müssen, um die Effekte A, B, bzw. C und den Gesamtmittelwert T (Total) auszurechnen.

Teilfaktorieller Versuchsplan 2^{3-1}

Lfd. Nr.	Bezeichnung	T	A	B	C
1	(1)	1	-1	-1	1
2	a	1	1	-1	-1
3	b	1	-1	1	-1
4	c	1	1	1	1

Tab. 12.3a 2^{3-1} teilfaktorieller Versuchsplan.

Im Unterschied zu einem 2^2 faktoriellen Versuchsplan wird bei dem teilfaktoriellen Versuchsplan 2^{3-1} die Spalte AB gleich C gesetzt. Da es sich um einen halben Versuchsplan handelt, gibt es eine zweite Hälfte, welche durch Vorzeichenumkehr der Spalte C konstruiert werden kann.

Diese vier Größen bilden einen vollständigen Satz orthogonaler (unabhängiger) Vergleiche. Man kann deswegen außer den Effekten A, B, C keine weiteren Effekte ausrechnen. Ohne darauf Rücksicht zu nehmen, soll einmal angenommen werden, daß die Wechselwirkungen AB, AC, BC nicht Null sind. Sie würden dann berechnet nach Tab. 12.3b.

Teilfaktorieller Versuchsplan 2^{3-1}

Lfd. Nr.	Bezeichnung	T	A	B	C	AB	AC	BC	ABC
1	(1)	1	-1	-1	1	1	-1	-1	1
2	a	1	1	-1	-1	-1	-1	1	1
3	b	1	-1	1	-1	-1	1	-1	1
4	c	1	1	1	1	1	1	1	1

Tab. 12.3b 2^{3-1} teilfaktorieller Versuchsplan mit Aliases.

Die Spalten AB, AC, BC und ABC ergeben sich wie bei den faktoriellen Versuchplänen durch Multiplikation der Spalten A, B und C. Wenn diese errechneten Spalten gleiche Vorzeichenfolgen wie andere Spalten aufweisen, erhalten wir Vermengungen oder Aliases. In dem dargestellten Versuchsplan sind ABC, BC, AC und AB die Aliases von T, A, B, und C.

Wir sehen: AB wird berechnet wie C, ein Umstand, der geplant war. Außerdem sind aber offensichtlich A mit BC, B mit AC und der Mittelwert (Total) mit ABC vermengt. Bei der Auswertung der Ergebnisse dieses Versuchsplans gibt es keine Möglichkeit, den Effekt von der damit verbundenen Wechselwirkung zu trennen. Diejenige Wechselwirkung, die mit dem Mittelwert (T) vermengt ist, wird **"Definierender Kontrast"** genannt. Trotz der großen Vorteile der teilfaktoriellen Versuche - Untersuchen vieler Faktoren mit wenigen Versuchen - darf aber nicht übersehen werden, daß die Aussagekraft gegenüber den vollständigen Versuchsplänen in dem Maß sinkt, wie die Vermengungen ansteigen. Wichtige Effekte und Wechselwirkungen dürfen deswegen nur Vermengungen haben, von denen man weiß, daß sie irrelevant sind. Dies sind in der Regel nur höhere - mindestens aber Dreifach-Wechselwirkungen. Bevor wir die Vermengungen in einem Versuchsplan untersuchen, wollen wir einige formale Regeln zusammenstellen, die diese Untersuchungen wesentlich vereinfachen. Es gelten folgende Regeln:

Statistische Versuchsplanung

- 1. Die Multiplikation eines Elements mit T ist das Element selbst.
- 2. Die Multiplikation eines Elements mit sich selbst ergibt das Total.
- 3. Produkte von beliebigen Faktoren ergeben sich durch einfaches Aneinanderreihen der Elemente.
- 4. Die Multiplikation ist kommutativ, d.h. man darf die Faktoren vertauschen.
- 5. Die Multiplikation ist transitiv, d.h. man darf beliebig Klammern setzen.

```
ABCD·ADE = BCE
ABCD·ADE = ABCDADE    (nach 3. Regel)
         = AABCDDE    (nach 4. Regel und 5. Regel)
         = TBCTE      (nach 2. Regel)
         = BCE        (nach 1. Regel)
```

Tab. 12.3d Rechenregel für Vermengungen

Das Ergebnis dieser Regeln ist eine Vermengung. In dem dargestellten Beispiel ist ADE ein Generator und ABCD eine Wechselwirkung, die vermengt ist mit der Wechselwirkung BCE.

Aus diesen Regeln ergibt sich, daß wenn in einem Produkt ein Buchstabe doppelt vorkommt, man ihn weglassen kann. Die Buchstaben sind die normierten Werte der Einflußgrößen (-1 oder +1) und stehen in den ebenso bezeichneten Spalten der Versuchspläne. Mit Hilfe dieser Rechenregeln lassen sich die Vermengungen für jeden Versuchsplan berechnen.

Generatoren und definierende Beziehungen

Im unvermengten Versuchsplan bildet man den Vorzeichenvektor einer Wechselwirkung durch Multiplikation der Vorzeichenvektoren der Hauptwirkungen. In einem teilfaktoriellen Versuchsplan 2^{4-1} wird anstelle der 3-Faktor-Wechselwirkung ABC die Hauptwirkung D gesetzt. Nun ergibt sich die Wechselwirkung ABCD aus der Multiplikation mit sich selbst, und man erhält den Plusvorzeichenvektor T.

$$ABCABC = ABCD = T = ABCD$$

Die auf diese Weise mit T verbundene Wechselwirkung heißt **"Generator"** des vermengten Versuchsplans. Für unser Beispiel heißt der Generator ABCD. Jeder zusätzlich eingeführte Faktor bildet einen neuen Generator, d.h. die Anzahl der Generatoren im teilfaktoriellen Versuchsplan 2^{k-p} ist gleich p. Wird der Generator ABCD in alle möglichen Kombinationen zerlegt, erkennt man die Vermengungen.

T = ABCD	T = ABCD
T = BACD	T = ACBD
T = CABD	T = ADBC
T = DABC	

Die Beziehungen der Art T = ABCD sind die definierenden Beziehungen oder definierenden Kontraste, weil durch sie eindeutig die Vermengung eines teilfaktoriellen Versuchsplans definiert ist. Möchte man z.B. wissen, welche Wechselwirkung mit

Statistische Versuchsplanung

dem Haupteffekt vermengt ist, wird die definierende Beziehung mit dem entsprechenden Haupteffekt multipliziert, und unter Anwendung der fünf Regeln ergibt sich die Vermengung. Nach dieser Vorgehensweise werden alle Vermengungen ermittelt.

Vermengungen eines teilfaktoriellen Versuchs 2^{5-1}

Ausgangs-effekte	Generator	Produkt	Vermengung	tatsächliche Effekte
T	ABCDE	TABCDE	ABCDE	T
A	ABCDE	AABCDE	BCDE	A
B	ABCDE	BABCDE	ACDE	B
AB	ABCDE	ABABCDE	CDE	AB
C	ABCDE	CABCDE	ABDE	C
AC	ABCDE	ACABCDE	BDE	AC
BC	ABCDE	BCABCDE	ADE	BC
ABC	ABCDE	ABCABCDE	DE	DE
D	ABCDE	DABCDE	ABCE	D
AD	ABCDE	ADABCDE	BCE	AD
BD	ABCDE	BDABCDE	ACE	BD
ABD	ABCDE	ABDABCDE	CE	CE
CD	ABCDE	CDABCDE	ABE	CD
ACD	ABCDE	ACDABCDE	BE	BE
BCD	ABCDE	BCDABCDE	AE	AE
ABCD	ABCDE	ABCDABCDE	E	E

Tab. 12.3d Vermengungen eines 2^{5-1} teilfaktoriellen Versuchsplans.

Die Tabelle zeigt in anschaulicher Weise, wie die Vermengungen ermittelt werden. Zuerst erstellt man eine Liste aller Effekte für einen vollständigen faktoriellen Versuchsplans 2^4 (Spalte: Ausgangseffekte). Dann multipliziert man alle Ausgangseffekte mit dem Generator ABCDE (Spalte "Produkt"). Nach den vorher definierten Rechenregeln muß nun ein doppeltes Element gestrichen werden. Auf diese Weise entsteht die Spalte "Vermengung". Diese Spalte ist vermengt mit der Spalte "Ausgangseffekt". Aus diesen Spalten wählt man nun die Wirkungen der niedrigsten Ordnung (Haupt-, 2-Faktor-, 3-Faktorwechselwirkung usw.) aus und erhält die Spalte "tatsächliche Effekte". Die 3-Faktorwechselwirkungen sind vermengt mit den 2-Faktorwechselwirkungen und werden bei der Analyse und Interpretation nicht berücksichtigt. Dies gilt in besonderem Maße für alle Mehr-Faktorwechselwirkungen höherer Ordnung, weil sie keinen oder aber einen vernachlässigbaren Einfluß haben.

Sind mehrere Generatoren vorhanden, wie dies bei stark reduzierten teilfaktoriellen Versuchsplänen häufig der Fall ist, dann muß die Multiplikation mit den definierenden Beziehungen durchgeführt werden, um die Vermengungen zu berechnen. Für einen 2^{7-4} teilfaktoriellen Versuchsplan ergeben sich vier Generatoren (ABCD, ABE, ACF und BCG), und daraus die definierenden Beziehungen:

$T = ABCD = ABE = ACF = BCG$ (G-Glieder)

$T = CDE = BDF = ADG = BCEF = ACEG = ABFG$ (G∩G-Glieder)

$T = ADEF = BDEG = CDFG = EFG$ (G∩G∩G-Glieder)

$T = ABCDEFG$ (G∩G∩G∩G-Glieder)

Die einzelnen Glieder der definierenden Beziehungen haben eine unterschiedliche Länge, sie enthalten unterschiedlich viele Faktoren. Dies bedeutet, will man möglichst viele Effekte getrennt ermitteln, muß die Länge des kleinsten Gliedes möglichst groß sein. Die Definition eines Generators bestimmt die Qualität eines teilfaktoriellen Versuchsplans.

Statistische Versuchsplanung

12.4 Berechnung von teilfaktoriellen Versuchsplänen

Die Berechnung und die grafische Darstellung der Effekte unterscheiden sich nicht von den faktoriellen Versuchsplänen. Auch lassen sich teilfaktorielle immer zu faktoriellen Versuchsplänen ergänzen, falls dieses aufgrund der Ergebnisse notwendig wird. Dies gilt vor allen Dingen bei Versuchsplänen vom Lösungstyp IV, bei denen zweifache Wechselwirkungen miteinander vermengt sind.

Teilfaktorieller Versuchsplan 2^{3-1}

Lfd. Nr.		T	A	B	C
1	(1)	1	-1	-1	1
2	a	1	1	-1	-1
3	b	1	-1	1	-1
4	c	1	1	1	1

Generator: ABC

Lfd. Nr. entspricht Lfd. Nr. im 2^3-Plan

1 entspricht 5
2 entspricht 2
3 entspricht 3
4 entspricht 8

Teilfaktorieller Versuchsplan 2^{3-1}

Lfd. Nr.		T	A	B	C
1	(1)	1	-1	-1	-1
2	a	1	1	-1	1
3	b	1	-1	1	1
4	c	1	1	1	-1

Generator: -ABC

Lfd. Nr. entspricht Lfd. Nr. im 2^3-Plan

1 entspricht 1
2 entspricht 6
3 entspricht 7
4 entspricht 4

Tab. 12.4a Vervollständigung eines teilfaktoriellen Versuchsplanes.

Die beiden teilfaktoriellen Versuchspläne 2^{3-1} sind mit unterschiedlichen Generatoren entwickelt worden. Der erste Versuchsplan wurde mit dem Generator ABC und der zweite mit dem Generator -ABC erstellt. Das Ergebnis beider Versuchspläne ist ein vollständiger, faktorieller Versuchsplan 2^3. Wie dieses Beispiel zeigt, erhält man durch Vorzeichenumkehr des Generators einen ergänzenden Versuchsplan. Auf diese Weise ergibt sich ein vollständiger Versuchsplan durch Zusammenfassung beider teilfaktorieller Versuchspläne. Bei stark vermengten Plänen kann man auf diese Art z.B. von einem 1/8 Versuch zu einem 1/4 gelangen usw.

Ein weiterer beachtenswerter Punkt ist das Aussieben relevanter Effekte. Erwarten wir, daß von den ausgewählten Faktoren nur wenige bedeutend sind, wir wissen aber nicht welche, dann könnte ein hochvermengter Versuchsplan das Problem lösen. Dies verdeutlicht ein einfaches Beispiel. Gegeben sind drei Faktoren, von denen wir nur zwei als bedeutsam ansehen. Führen wir nun einen 2^{3-1} teilfaktoriellen Versuchsplan aus, können wir, falls eine Einflußgröße sich als unbedeutsam erweist, drei verschiedene vollständige, faktorielle Versuchspläne der Art 2^2 analysieren. Diesen Zusammenhang zeigt die Abbildung (Abb. 12.4a). Diese Verfahrensweise hat zwei wichtige und entscheidende Vorteile:

❏ Man kann den Lösungstyp des teilfaktoriellen Versuchsplanes gegenüber dem Ausgangsplan erhöhen oder doch wenigstens eine große Anzahl von Vermengungen beseitigen.

❏ Man kann aus einem solchen Versuchsplan mehrere gleiche, kleinere Versuchspläne erhalten. Derartige Wiederholungen werden zur Berechnung des Versuchsfehlers benutzt.

Statistische Versuchsplanung

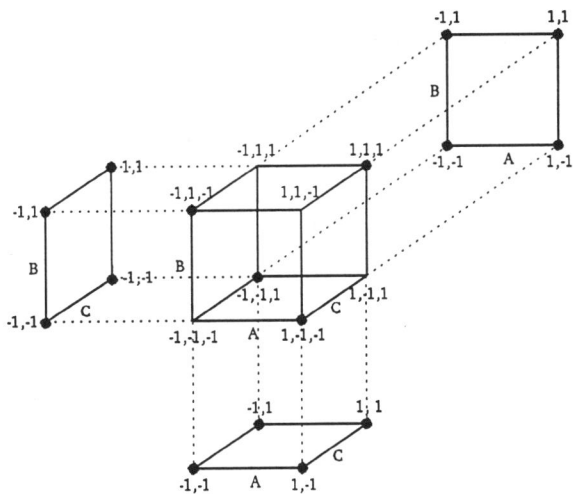

Abb. 12.4a Zerlegung eines teilfaktoriellen Versuchsplans in verkleinerte, faktorielle Versuchspläne.

Aus einem teilfaktoriellen Versuchsplan 2^{3-1} lassen sich drei vollständige, faktorielle Versuchspläne gewinnen, wenn einer der drei Faktoren keinen signifikanten Einfluß hat. In der Mitte ist der teilfaktorielle Versuch dargestellt. Durch Projektion ergeben sich die vollständigen, faktoriellen Versuche für die Faktoren A und B, A und C sowie B und C.

Diese Vorteile können, müssen aber nicht auftreten. So können bei hochvermengten teilfaktoriellen Versuchsplänen mit vielen Faktoren die Vorteile ausbleiben. Sie sind abhängig von

- dem gewählten Lösungstyp
- der Anzahl der Faktoren
- der Anzahl der Generatoren
- der Wahl der Generatoren
- der Anzahl der vernachlässigbaren Faktoren.

Ausgangsplan			Verkleinerter Plan	
Versuchs-anzahl	Variablen	Lösungstyp	ausgesiebte Variablen	entstandene Pläne
8	5 ... 7	III	2	$2 \cdot 2^2$
			3	$1 \cdot 2^3$
16	9 ... 15	III	2	$4 \cdot 2^2$
			3	$2 \cdot 2^3$
32	bis 31	III	2	$8 \cdot 2^2$
			3	$4 \cdot 2^3$
8	bis 4	IV	3	$1 \cdot 2^3$
16	bis 8	IV	3	$2 \cdot 2^3$
			4	$1 \cdot 2^4$
32	bis 16	IV	3	$4 \cdot 2^3$
			4	$2 \cdot 2^4$

Tab. 12.4b Verkleinerung von Versuchsplänen durch Aussieben.

Die Tabelle zeigt, bei welchen Versuchen ein verkleinerter, vollständiger, faktorieller Versuchsplan erzielt werden kann. Wenn die Anzahl der wesentlichen Faktoren größer ist als in der Tabelle angegeben, sind keine vollständigen, faktoriellen Versuchspläne zu konstruieren.

Für die teilfaktoriellen Versuchspläne gilt eine maximal vertretbare Anzahl von fünfzehn Einflußgrößen. Sollte die Anzahl der Einflußgrößen höher sein, muß man die Anzahl reduzieren, weil eine fehlerfreie Versuchsdurchführung (Fehler III. Art) aufgrund der Größe des Versuchsplans sehr zweifelhaft ist.

Statistische Versuchsplanung

13. Zentral zusammengesetzte Versuchspläne

Viele Abhängigkeiten zwischen den Variablen sind komplexer Natur und können mit einem linearen Modell nicht approximiert werden. In diesem Fall werden die zentral zusammengesetzten Versuchspläne benutzt. Bei technischen Vorgängen ist die Zielgröße Y im allgemeinen von zahlreichen Einflußgrößen X(1), X(2), ..., X(k) abhängig. Der funktionale Zusammenhang zwischen der Zielgröße Y und den Einflußgrößen X(i) wird durch eine Regressionsfunktion festgelegt. Oft wünscht man nun die Einflußgrößen X(i) so zu wählen, daß die Zielgröße Y ein Maximum (Gewinn, Ertrag, Leistung) oder ein Minimum (Verlust, Abfall, Fehler) darstellt. Wenn der wahre Regressionsansatz bekannt ist, so läßt sich die Frage mit bekannten mathematischen Methoden lösen. Das ist aber nur ganz selten der Fall. Deshalb kann bei komplizierten Zusammenhängen nur ein approximativer Regressionsansatz benutzt werden, um die günstigste Faktorkombination (X(1), X(2), ..., X(k)) durch geeignete Versuchsreihen zu finden. Die Lösung durch das klassische Verfahren (Gitterlinienmodell) ist zeitraubend und kostspielig. Ein von Box & Wilson entwickeltes Verfahren (Response Surface Methodology) beschränkt sich auf das Notwendigste bzgl. des Versuchsaufwandes bei umfassendem Informationsgehalt.

13.1 Die Versuchspläne der Typen 3^k und 5^k

Die zentral zusammengesetzten Versuche sind reduzierte 3^k oder 5^k Versuchspläne mit günstigen statistischen Eigenschaften. Die Faktorstufenanzahl muß für das Regressionsmodell zweiter Ordnung mindestens drei (besser: fünf) betragen. Dies ist notwendig, um ein lösbares Gleichungssystem zu erhalten.

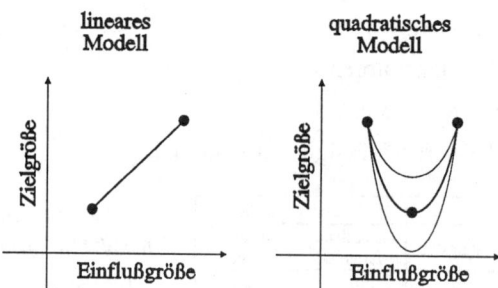

Abb. 13.1a Darstellung einer Parabel

Die erste Abbildung zeigt, daß eine lineare Funktion durch zwei Punkte vollständig beschrieben werden kann. Die zweite Abbildung zeigt, daß für quadratische Funktionen mindestens drei Punkte erforderlich sind, um die Funktion vollständig beschreiben zu können. Diese Aussage gilt auch für mehrere Faktoren, d.h. es muß mindestens ein Versuch mehr durchgeführt werden, als Regressionskoeffizienten zu berechnen sind.

Wenn bei der Modelldefinition quadratische Abhängigkeiten erwartet werden, muß ein faktorieller Versuchsplan 3^k aufgrund der Berechnung der quadratischen Terme in dem Regressionsmodell erstellt werden. Damit steigt die Anzahl der Versuchspunkte erheblich, es werden aber nicht alle Versuchspunkte benötigt, weil die Anzahl der Regressionskoeffizienten für das Modell zweiter Ordnung nicht in gleichem Maße

Statistische Versuchsplanung

ansteigt. Bevor dieser Punkt in der Tabelle 13.1a verdeutlicht wird, betrachten wir die Regressionsmodelle zweiter Ordnung für 2 und 3 Faktoren. Die Regressionsmodelle in Formel 13.1a zeigen die Standardform und können leicht verallgemeinert werden.

$$Y = b_0 + b_1A + b_2B + b_3A^2 + b_4AB + b_5B^2 + \varepsilon$$

$$Y = b_0 + b_1A + b_2B + b_3C + b_4A^2 + b_5AB + b_6AC + b_7B^2 + b_8BC + b_9C^2 + \varepsilon$$

Formel 13.1a

Y .... Zielgröße
b_0 .... Regressionskonstante
b_i .... Regressionskoeffizienten
A, B, C ...... Hauptwirkungen
A^2, B^2, C^2 ...... Quadratische Wirkungen
AB, AC, BC ...... Wechselwirkungen
ε .... nichterklärbarer Versuchsfehler

Man kann aus den Regressionsmodellen ableiten, daß an unbekannten Parametern die Regressionskonstante, die Regressionskoeffizienten der Hauptwirkungen, die 2-Faktor-Wechselwirkungen und die quadratischen Wirkungen ermittelt werden müssen. Die Summe der unbekannten Parameter ist die minimale Anzahl der benötigten Versuchspunkte.

$$\text{Regressionskonstante} = 1$$

$$\text{Hauptwirkungen} = k$$

$$\text{Zwei-Faktor-Wechselwirkungen} = \frac{k(k-1)}{2}$$

$$\text{quadratische Wirkungen} = k$$

$$\text{Summe der unbekannten Parameter} = 1 + 2k + \frac{k(k-1)}{2}$$

Formel 13.1b

k .... Anzahl der Einflußgrößen oder Faktoren

Die Modellgleichungen für zwei und drei Faktoren zeigen, daß sechs bzw. zehn unbekannte Parameter geschätzt werden müssen. Bei höherer Anzahl von Faktoren kann die Anzahl der unbekannten Parameter nach der Formel 13.1b errechnet werden. Wie der nachfolgenden Tabelle (Tab. 13.1a) entnommen werden kann, steigt die Anzahl der Versuchspunkte aus einem 3^k faktoriellen Versuchsplan aber wesentlich stärker an als die Anzahl der unbekannten Parameter. Dies bedeutet, daß sinnvollerweise nur reduzierte Versuchspläne benutzt werden sollten.

Statistische Versuchsplanung

Anzahl Faktoren	Regressions- konstante	Haupt- wirkung	Wechsel- wirkung	quadratische Wirkung	Summe Wirkungen	Versuchspunkte für 3^k
1	1	1	0	1	3	3
2	1	2	1	2	6	9
3	1	3	3	3	10	27
4	1	4	6	4	15	81
5	1	5	10	5	21	243
6	1	6	15	6	28	729

Tab. 13.1a Anzahl der Parameter und Versuchspunkte.

Die Tabelle zeigt, daß für einen Faktor die Anzahl der zu berechnenden Parameter mit der Anzahl der Versuchspunkte übereinstimmt. Aber schon bei zwei Faktoren sind mehr Versuche durchzuführen als Parameter zu berechnen sind. Dies ist auch unbedingt sinnvoll zur Prüfung des geplanten Modells auf Mangel an Anpassung, wenn der Überschuß an Versuchspunkten sich in Grenzen hält. Dies ist bei zwei Faktoren der Fall. Bei drei und mehr Faktoren ist der Überschuß an Versuchspunkten aber unvertretbar hoch.

Die statistische Versuchsplanung weist nach, daß 5^k Versuchspläne gegenüber 3^k Versuchsplänen günstigere statistische Eigenschaften haben. Da hierbei die Anzahl der Versuchspunkte noch stärker ansteigt, ist auch bei 5^k Versuchsplänen eine Reduzierung der Versuchspunkte erforderlich. Reduziert man 3^k oder 5^k faktorielle Versuchspläne, ergeben sich in jedem Fall die gleiche Anzahl von Versuchspunkten.

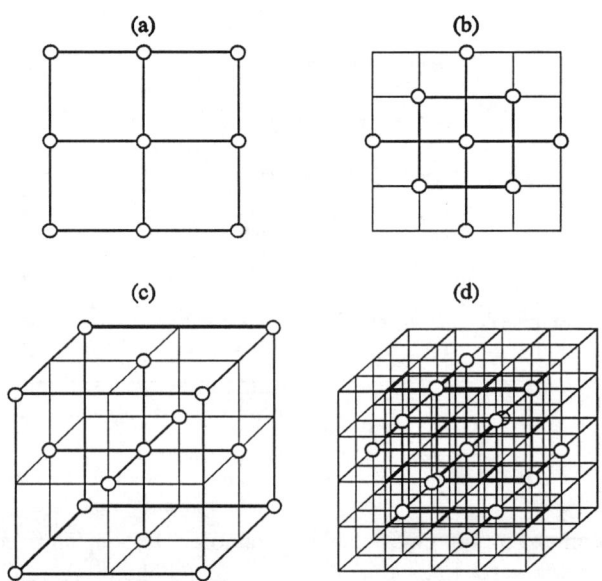

Abb. 13.1b Reduzierte Versuchspläne der Typen 3^2, 3^3, 5^2 und 5^3.

Die Abbildung (a) zeigt einen 3^2 und die Abbildung (b) einen reduzierten 5^2 faktoriellen Versuchsplan. Bei drei Faktoren, wie in den Abbildungen (c) und (d), ist auch der 3^3 faktorielle Versuchsplan reduziert. Die Anzahl der Versuchspunkte ist bei reduzierten Versuchsplänen zweiter Ordnung nur von der Anzahl der Faktoren abhängig.

Statistische Versuchsplanung

13.2 Aufbau eines zentral zusammengesetzten Versuchsplanes

Die Basis eines reduzierten 3^k oder 5^k Versuchsplanes ist ein 2^k faktorieller oder teilfaktorieller (Lösungstyp V) Versuchsplan. Dieser muß dann mit dem Zentralpunkt und den Sternpunkten ergänzt werden. Die nachfolgende Abbildung (Abb. 13.2a) zeigt den Aufbau eines zentral zusammengesetzten Versuchsplanes für zwei und drei Faktoren.

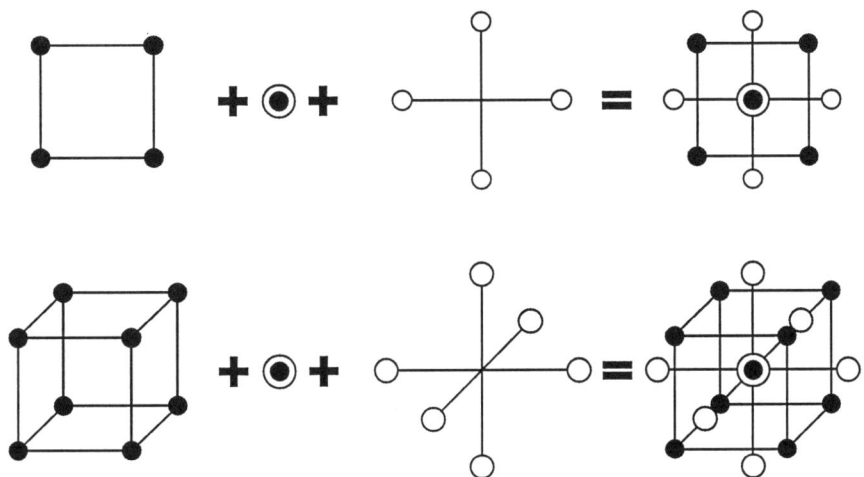

Abb. 13.2a Aufbau zentral zusammengesetzter Versuchspläne.

Wird der 2^k faktorielle Versuchsplan durch einen Zentralpunkt und 2k Sternpunkten ergänzt, so ist das Ergebnis ein zentral zusammengesetzter Versuch, d.h. ein reduzierter 3^2 oder 5^2 faktorieller Versuchsplan. Dieser Aufbau, beginnend mit einem 2^k faktoriellen Versuchsplan, eignet sich in besonderer Weise für eine sequentielle Vorgehensweise bei der Durchführung von Experimenten.

Die Strukturen von zentral zusammengesetzten und faktoriellen Versuchen sind einfach und bauen aufeinander auf. Eine besondere Bedeutung hat der Abstand des Sternpunktes vom Zentralpunkt (α); durch ihn wird festgelegt, ob der Versuchsplan auf einem 3^k oder einem 5^k Versuchsplan basiert. Ist der Abstand α gleich eins, dann entspricht der Versuchsplan immer einem 3^k faktoriellen Versuchsplan.

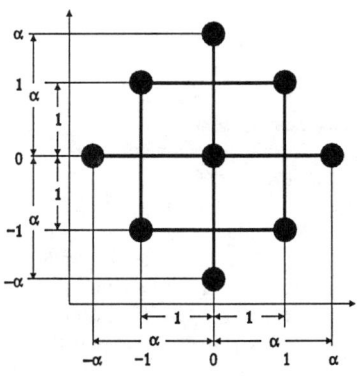

Abb. 13.2b Konstruktionsplan

Die Abbildung zeigt den Konstruktionsplan eines zentral zusammengesetzten Versuchsplanes. Der Abstand der Sternpunkte vom Zentralpunkt wird "α" genannt. Er ist in dem Versuchsplan eine normierte Größe, die, multipliziert mit der Schrittweite oder dem physikalischen Faktorstufenabstand, den physikalischen Abstand der Sternpunkte zum natürlichen Zentralwert des Versuchsplanes ergibt.

Statistische Versuchsplanung

Die Aufstellung eines zentral zusammengesetzten Versuchsplans mit zwei und drei Faktoren soll mit der Darstellung der nachfolgenden Tabellen demonstriert werden. Aus den dargestellten Beispielen lassen sich leicht zentral zusammengesetzte Versuchspläne mit mehr als drei Faktoren ableiten.

Plan-Nr.	Faktor A	Faktor B	
1	-1	-1	faktorieller Versuchsplan
2	1	-1	
3	-1	1	
4	1	1	
5	0	0	Zentralpunkt
6	-α	0	Sternpunkte
7	α	0	
8	0	-α	
9	0	α	

Tab. 13.2a Zentral zusammengesetzter Versuchsplan mit zwei Faktoren.

Die ersten vier Versuchspunkte entsprechen einem faktoriellen Versuchsplan 2^2 und werden ergänzt durch den Zentralpunkt und die vier Sternpunkte. Insgesamt ergeben sich somit neun Versuchspunkte.

Plan-Nr.	Faktor A	Faktor B	Faktor C	
1	-1	-1	-1	
2	1	-1	-1	
3	-1	1	-1	
4	1	1	-1	faktorieller Versuchsplan
5	-1	-1	1	
6	1	-1	1	
7	-1	1	1	
8	1	1	1	
9	0	0	0	Zentralpunkt
10	-α	0	0	
11	α	0	0	
12	0	-α	0	Sternpunkte
13	0	α	0	
14	0	0	-α	
15	0	0	α	

Tab. 13.2b Zentral zusammengesetzter Versuchsplan mit drei Faktoren.

Die ersten acht Versuchspunkte entsprechen einem faktoriellen Versuchsplan 2^3 und werden ergänzt durch den Zentralpunkt und die sechs Sternpunkte. Insgesamt ergeben sich somit fünfzehn Versuchspunkte.

Die Anzahl der Versuchspunkte in einem zentral zusammengesetzten Versuchsplan ergibt sich aus der Anzahl der Versuche eines faktoriellen Versuchsplanes und dem Zentralpunkt und den Sternpunkten. Als Basis für einen zentral zusammengesetzten Versuchsplan kann auch ein teilfaktorieller Versuchsplan des Lösungstyps V benutzt werden (z.B. ein 2^{5-1}). Die Anzahl der Versuchspunkte wächst bei den zentralen zusammengesetzten Versuchen steiler als die Anzahl der zu schätzenden Parameter. Die Überbestimmtheit nimmt mit der Anzahl der Faktoren zu. Ein Maß für die Überbestimmtheit ist der Redundanzfaktor.

$$N_w = 2^k \text{ bzw. } 2^{k-1}$$
$$N_{st} = 2k$$
$$N_0 = 1$$
$$N_{ges} = N_w + N_{st} + N_0$$
$$n_{ges} = n_w + n_{st} + n_0 = W_w N_w + W_{st} N_{st} + W_0 N_0$$
$$\text{Redundanzfaktor} = \frac{N_{ges}}{1 + 2k + \frac{k(k-1)}{2}}$$

Formel 13.2a

N_w .... Anzahl der Würfelpunkte
N_{st} .... Anzahl der Sternpunkte
N_0 .... Zentralpunkt
N_{ges} .... Anzahl aller Versuchspunkte
k .... Anzahl der Faktoren
W_w .... Wiederholungen der Würfelpunkte
W_{st} .... Wiederholungen der Sternpunkte
W_0 .... Wiederholungen des Zentralpunktes
n_0 .... Versuche im Zentralpunkt
n_w .... Versuche in den Würfelpunkten
n_{st} .... Versuche in den Sternpunkten

Statistische Versuchsplanung

Eine begrenzte Überbestimmtheit ist vertretbar und erforderlich, weil es durch sie möglich wird, das Modell auf Adäquatheit zu prüfen. Im Interesse eines minimalen Versuchsaufwandes sollte man die Überbestimmtheit aber möglichst klein halten. Eine wesentliche Verringerung der Überbestimmtheit wird durch die Verwendung von teilfaktoriellen Versuchen als Kern des Versuchsplanes erreicht. Der teilfaktorielle Kern des Versuchsplans muß dann mindestens vom Lösungstyp V sein. Für weitere Reduzierungen werden die Versuchspläne nach HARTLEY, die im Abschnitt 15.3 beschrieben sind, eingesetzt.

13.3 Drehbarkeit und Orthogonalität

Die Menge aller Versuchspläne vom Umfang n für einen beliebigen Versuchsbereich ist unendlich groß. Es kommt bei der statistischen Versuchsplanung darauf an, einen möglichst optimalen Plan auszuwählen. Die Statistik kennt eine Reihe von Optimalitätskriterien, die wichtigsten sind:

- A-Optimalität: Wenn die Meßwerte normalverteilt sind, dann wird die mittlere Varianz der Parameterschätzungen minimiert.
- D-Optimalität: Wenn die Meßwerte normalverteilt sind, dann wird die Streuung der geschätzten Parameter minimiert.
- E-Optimalität: Wenn die Meßdaten normalverteilt sind, wird die größte Varianz der geschätzten Parameter minimiert.
- G-Optimalität: Ein G-optimaler Versuchsplan minimiert den maximalen Wert der Varianzfunktion.

Da keine Versuchspläne konstruiert werden können, welche alle Optimalitätskriterien berücksichtigen, und die Konstruktion solcher Versuchspläne sehr aufwendig ist, werden zusätzliche Eigenschaften der Versuchspläne definiert. Diese Eigenschaften sind die Orthogonalität und die Drehbarkeit. Ein Versuchsplan ist dann orthogonal, wenn alle Faktoren und daraus abgeleitete Wirkungen voneinander unabhängig sind. Und er ist drehbar, wenn die Varianzfunktion nur vom Abstand zum Ursprung abhängig ist. Die faktoriellen und teilfaktoriellen Versuchspläne sind orthogonal und drehbar, wodurch wiederum A-, D-, E- und G-Optimalität erreicht wird. Bei einigen zentral zusammengesetzten Versuchen sind nicht alle diese Eigenschaften vollständig zu erreichen. Bei den nachfolgenden Konstruktionsregeln für die Auswahl und Entwicklung eines zentral zusammengesetzten Versuchsplanes werden aber immer akzeptable Werte für die genannten Optimalitätskriterien erreicht. Man unterscheidet drei wichtige Haupttypen von zentral zusammengesetzten Versuchsplänen:

- Orthogonale zentral zusammengesetzte Versuchspläne
- Drehbare zentral zusammengesetzte Versuchspläne
- Drehbare und pseudo-orthogonale zentral zusammengesetzte Versuchspläne

Orthogonale zentral zusammengesetzte Versuchspläne werden erreicht, wenn das Abstandsmaß α so definiert wird, daß nicht nur die linearen Koeffizienten sondern auch die quadratischen Koeffizienten unabhängig und unverzerrt geschätzt werden können. Um diese Unkorreliertheit der Lösungsmatrix erreichen zu können, muß das Abstandsmaß α nach den folgenden Formeln berechnet werden:

Statistische Versuchsplanung

$$\text{wenn } W_w = W_{st} = W_0 = 1$$
$$\alpha^2 = 0.5[(n_{ges} 2^{k-p})^{0.5} - 2^{k-p}]$$

sonst

$$\alpha^2 = \frac{0.5}{W_{st}}[(n_{ges} W_w 2^{k-p})^{0.5} - W_w 2^{k-p}]$$

Formel 13.3a

W_w .... Anzahl der Wiederholungen in den Würfelpunkten
W_{st} .... Anzahl der Wiederholungen in den Sternpunkten
W_0 .... Anzahl der Wiederholungen im Zentralpunkt
n_{ges} .... Gesamtstichprobenumfang (Summe aller Versuche)
k .... Anzahl der Faktoren oder Einflußgrößen
p .... Anzahl der Generatoren
α .... Abstand der Sternpunkte vom Zentralpunkt

Der orthogonale Versuchsaufbau bewirkt eine unverzerrte Schätzung aller Regressionsparameter, und im Falle der normalverteilter Residuen auch Unabhängigkeit der Variablen X(i). Die wichtigsten Abstandsmaße α sind für orthogonale zentrale zusammengesetzte Versuche in der nachfolgenden Tabelle aufgeführt.

Versuchsplan	2^2	2^3	2^4	2^5	2^{5-1}	2^6	2^{6-1}
n_w	4	8	16	32	16	64	32
n_{st}	4	6	8	10	10	12	12
n_0	1	1	1	1	1	1	1
n_{ges}	9	15	25	43	27	77	45
Redundanzfaktor	1.500	1.500	1.667	2.048	1.286	2.750	1.607
Abstandsmaß α	1.000	1.215	1.414	1.596	1.547	1.761	1.724

Tab. 13.3a - für orthogonale zentrale zusammengesetzte Versuchspläne

Die Tabelle zeigt alle wesentlichen Größen zur Konstruktion von orthogonalen zentralen zusammengesetzten Versuchsplänen. Wichtig ist, daß diese Werte nur dann gelten, wenn alle Versuchspunkte nur einmal realisiert werden.

Jede Regressionsfunktion besteht aus Termen, deren Regressionskoeffizienten nicht exakt sind. Es handelt sich um Schätzwerte, für die ein Vertrauensbereich angegeben werden kann, der durch die Varianz der Regressionskoeffizienten definiert ist. Infolgedessen ergibt sich auch für alle geschätzten Werte der Zielgröße ein Vertrauensbereich. Bei der Interpretation der Versuche muß dies beachtet werden.

Da bei der Planung von Versuchen nicht von vornherein bekannt ist, in welchem Teil des Versuchsraumes das interessanteste Gebiet liegen wird, möchte man in jeder Richtung vom Zentrum aus gleichwertige Informationen erhalten. Die geschätzten Werte der Zielgrößen sollen also für alle Punkte, die gleichweit vom Zentrum entfernt sind, unabhängig von der Richtung mit der gleichen und zugleich minimalen Streuung behaftet sein. Zur Beschreibung dieser besonderen Verhältnisse wurde die Varianzfunktion von G. E. P. Box und anderen eingeführt. Versuchspläne, die diese Forderungen erfüllen, haben eine sphärische Varianzfunktion, d.h. die Varianzkonturen im Versuchsbereich sind Kreise, Kugeln oder Hyperkugeln. Versuchspläne mit

Statistische Versuchsplanung

sphärischen Varianzfunktionen sind drehbare Versuchspläne. Die Drehbarkeit ist neben der Orthogonalität das wichtigste Konstruktionsprinzip. Drehbarkeit wird erreicht, sobald aus den folgenden Formeln das Abstandsmaß α und die Anzahl der Versuche im Zentralpunkt berechnet werden. Im Gegensatz zu den orthogonalen Versuchsplänen muß bei den drehbaren Versuchsplänen zusätzlich die Anzahl der Versuche im Zentralpunkt zu bestimmt werden.

Pseudo-orthogonale, drehbare, und zentrale zusammengesetzte Versuchspläne

$$n_0 = \text{int}\left[4(1+n_w^{0.5}) - n_{st} + 0.5\right]$$

wenn $n_0 < 1$ dann

$$n_{st} = N_{st}\,\text{int}\left[\frac{(3+4n_w^{0.5})}{N_w} + 0.5\right]$$

ist $W_{st} < 1$ dann $W_{st} = 1$

$$\alpha^2 = \left(\frac{n_w}{W_{st}}\right)^{0.5}$$

Drehbare und zentrale zusammengesetzte Versuchspläne

$$\lambda = \frac{k + 3 + (9k^2 + 14k - 7)^{0.5}}{4k + 8}$$

$$n_0 = \text{int}\left[\frac{(N_w + N_{st})(\lambda k + 2\lambda - k)}{k} + 0.5\right]$$

$$\alpha^2 = \left(\frac{n_w}{W_{st}}\right)^{0.5}$$

Formel 13.3b und 13.3c

N_w .... Anzahl der Würfelpunkte (2^{k-p})
N_{st} .... Anzahl der Sternpunkte ($2k$)
W_{st} .... Anzahl der Wiederholungen in den Sternpunkten
n_0 .... Anzahl der Versuche im Zentralpunkt
n_w .... Anzahl der Versuche in den Würfelpunkten ($N_w W_w$)
n_{st} .... Anzahl der Versuche in den Sternpunkten ($N_{st} W_{st}$)
n_{ges} .... Gesamtstichprobenumfang (Summe aller Versuche)
k .... Anzahl der Faktoren oder Einflußgrößen
λ .... Moment des Versuchsplanes (hier Hilfsgröße)
α .... Abstand der Sternpunkte vom Zentralpunkt

Versuchsplan	2^2	2^3	2^4	2^5	2^{5-1}	2^6	2^{6-1}
n_w	4	8	16	32	16	64	32
n_{st}	4	6	8	10	10	12	12
n_0	8	9	12	17	10	24	15
n_{ges}	16	23	36	59	36	100	59
Redundanzfaktor	1.500	1.500	1.667	2.048	1.286	2.750	1.607
Abstandsmaß α	1.414	1.682	2.000	2.378	2.000	2.828	1.724

Tab. 13.3b Pseudo-orthogonale und drehbare Versuchspläne

Die Tabelle zeigt die wichtigsten Versuchspläne für die Kriterien Orthogonalität und Drehbarkeit. Diese Versuchspläne werden oft als Standardversuchspläne bezeichnet.

Sollte auf Orthogonalität in geringem Umfang verzichtet werden können, lassen sich rein drehbare Versuchspläne entwickeln, welche mit einem deutlich geringeren Aufwand an Versuchen auskommen. Die Berechnungsgrundlagen sind in der Formel 13.3c definiert. Diese Versuchspläne werden als zentral zusammengesetzte drehbare Einheitspläne bezeichnet. In der nachfolgenden Tabelle (Tab. 13.3c) sind die wichtigsten Versuchspläne dargestellt.

Statistische Versuchsplanung

Versuchsplan	2^2	2^3	2^4	2^5	2^{5-1}	2^6	2^{6-1}
n_W	4	8	16	32	16	64	32
n_{st}	4	6	8	10	10	12	12
n_0	5	6	7	10	6	15	9
n_{ges}	13	20	31	52	32	91	53
Redundanzfaktor	1.500	1.500	1.667	2.048	1.286	2.750	1.607
Abstandsmaß α	1.414	1.682	2.000	2.378	2.000	2.828	1.724

Tab. 13.3c - für zentrale zusammengesetzte drehbare Versuchspläne

Die Tabelle zeigt alle wesentlichen Größen zur Konstruktion von zentralen zusammengesetzten drehbaren Versuchsplänen. Die Werte der Tabelle gelten nur, wenn alle Versuchspunkte einmal realisiert werden und der Zentralpunkt entsprechend n_0 realisiert worden ist. Für andere Fälle müssen die Werte gemäß Formel 13.3c bestimmt werden.

Der Drehbarkeit wird eine zentrale Stellung eingeräumt, weil die Varianzfunktion der Schätzung nur vom Abstand zum Zentralpunkt abhängt. Wiederholungen werden bei Standardexperimenten nur im Zentralpunkt durchgeführt.

13.4 Voraussetzungen für Modelle zweiter Ordnung

An einen Versuchsplan zweiter Ordnung werden eine Reihe von Forderungen gestellt, die auch ein faktorieller Versuchsplan erfüllen muß, aber in einigen Punkten werden wesentlich höhere Voraussetzungen gefordert. Ein guter Versuchsplan hat die folgenden Eigenschaften:

- ❏ Die Möglichkeit zur Ermittlung eines Polynoms zweiten Grades, das die Zielgröße im interessierenden Bereich mit ausreichender Präzision beschreibt.
- ❏ Die Prüfbarkeit des gewonnenen Polynoms bzgl. seiner Präzision und Adäquatheit.
- ❏ Die Möglichkeit, durch ergänzende Versuche einen Versuchsplan höherer Ordnung aufbauen zu können.
- ❏ Die Möglichkeit zur Blockbildung.
- ❏ Eine minimale Anzahl von Versuchspunkten.
- ❏ Eine gute und übersichtliche Darstellung der Versuchsergebnisse.

Die zentralen zusammengesetzten Versuchspläne kommen diesen Forderungen weitestgehend entgegen. Außerdem sind die Kriterien wie Orthogonalität und Drehbarkeit zu beachten. Neben der Berücksichtigung dieser Kriterien ist die Wahl des Abstandsmaßes α entsprechend den Wiederholungen in den Eckpunkten, den Sternpunkten und des Zentralpunktes ausschlaggebend.

Die Berechnung der Kenngrößen und die Darstellung der Funktion müssen mit Hilfe eines Rechners durchgeführt werden. Die Analysemethode ist mit der multiplen Regression identisch, d.h. die 2-Faktor-Wechselwirkungen und die quadratischen Wirkungen müssen bei der Berechnung als unabhängige Einflußgrößen analysiert werden. Daraus ergibt sich, daß alle Variablen intervall- oder verhältnisskaliert sein müssen. Die Anzahl der echten Faktoren sollte nicht größer als sechs sein, weil die Anzahl der Wirkungen durch die 2-Faktor-Wechselwirkungen und die quadratischen Wirkungen insgesamt 27 beträgt und größere Modelle schwer interpretierbar sind.

Statistische Versuchsplanung

13.5 Lösung von Optimierungsaufgaben

Damit die Anschaulichkeit erhalten bleibt, werden zunächst nur zwei Einflußgrößen, A und B, betrachtet. Die Funktion der Zielgröße stellt sich als Raumfläche dar, die man durch Ebenen (y = konstant) schneidet.

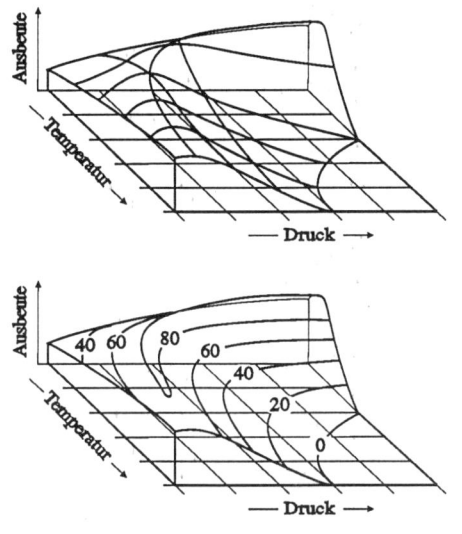

Abb. 13.5a Die Funktion y als Raumfläche.

Das Beispiel zeigt einen Prozeß mit zwei Faktoren (Druck und Temperatur) und einer Zielgröße (Ausbeute). Die erste Abbildung zeigt eine 3-dimensionale Darstellung der drei Variablen mit Schnittlinien für jeweils einen Faktor und die Zielgröße. Die zweite Abbildung stellt dieselbe Funktion - allerdings mit Konturlinien - dar. Die Konturlinien sind wie Höhenlinien auf einer Landkarte zu interpretieren. Diese 3-dimensionalen Grafiken erfreuen sich großer Beliebtheit, sind aber für die Aufgabe der Optimierung völlig ungeeignet, weil es nicht möglich ist, Einstellungen der Faktoren und das Resultat der Zielgrößen einwandfrei abzulesen.

Die so entstehenden Linien gleichen Wertes projiziert man als Höhenlinien in die (A, B)-Ebene. In dieser Ebene gibt es normalerweise einen Versuchsbereich, der allein für die Untersuchung gültig ist. Die günstigste Einstellung der Faktoren A und B muß im Versuchsbereich liegen.

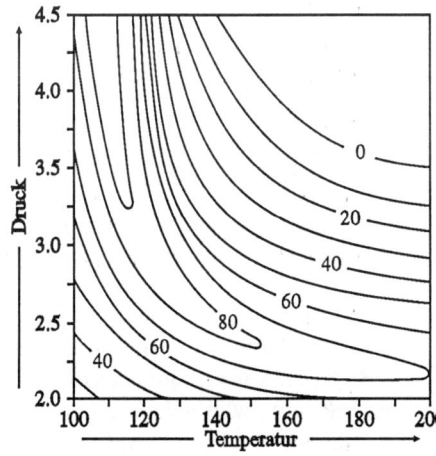

Abb. 13.5b Die Darstellung der Funktion y(A,B) durch Konturlinien.

Die Konturlinien - wie in der Abbildung dargestellt - sind die Grundlage aller grafischen Optimierungen. Man erkennt sofort in welcher Region die höchste Ausbeute zu erzielen ist. Die höchste Ausbeute > 90 wird erreicht mit einem Druck von 4.5 bar und einer Temperatur von 110 Grad Celsius. Man kann außerdem erkennen, daß höhere Ausbeuten nur noch bei wesentlich höheren Drücken erreicht werden können. Funktionen dieser Art können mit zentral zusammengesetzten Versuchsplänen nur näherungsweise nachgebildet werden.

Ausgehend von der Regressionsfunktion, wie in Formel 13.1a angegeben, lassen sich die einzelnen Wirkungen auch grafisch darstellen. Zur Anschauung und zum besseren Verständnis des Regressionsmodells werden in den nachfolgenden Abbildungen 3-dimensionale Grafiken und Konturliniengrafiken gezeigt.

Statistische Versuchsplanung

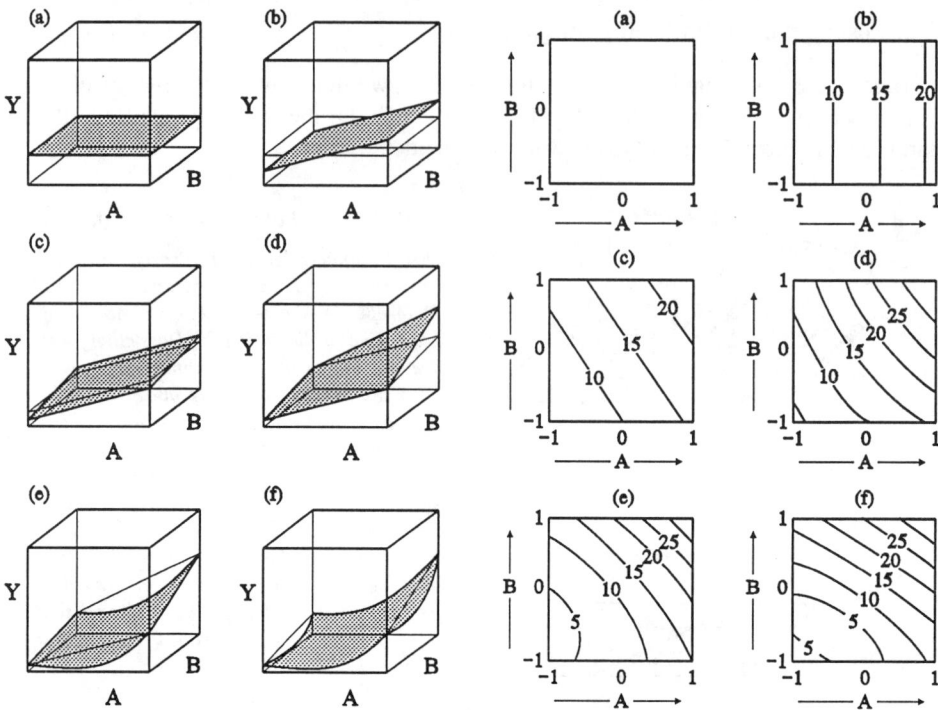

Abb. 13.5c und Abb.13.5d Veränderung der Anwortfläche in Abhängigkeit von der Erweiterung des Regressionspolynoms.

Die Abbildungen zeigen die Veränderung der Anwortflächen bzw. Konturlinien bei der Erweiterung des Regressionspolynoms. Man erkennt bei den 3-dimensionalen Darstellungen, daß das Regressionsmodell einschließlich der 2-Faktor-Wechselwirkung linear ist. Durch die Hinzunahme einer quadratischen

> (a) .... Darstellung der Regressionskonstanten.
> (b) .... Darstellung von (a) und der Hauptwirkung A.
> (c) .... Darstellung von (b) und der Hauptwirkung B.
> (d) .... Darstellung von (c) und der 2-Faktor-Wechselwirkung AB.
> (e) .... Darstellung von (d) und der quadratischen Wirkung AA.
> (f) .... Darstellung von (e) und der quadratischen Wirkung BB.

Wirkung ergibt sich ein ansteigendes Tal (bei negativer Wirkung AA ein ansteigender Grat). Durch die Hinzunahme der zweiten quadratischen Wirkung ergibt sich ein Minimum. Sind die quadratischen Wirkungen AA und BB negativ, ergibt sich ein Maximum.

Für zwei Faktoren bereitet die Darstellung und Interpretation der Konturliniengrafiken keine Probleme, denn drei Dimensionen (A, B, Y) sind noch einfach vorstellbar. Dies ändert sich aber bei der Hinzunahme weiterer Faktoren, weil jeder weitere Faktor die Anzahl der Dimensionen um "Eins" erhöht. In der Konturliniengrafik können nur zwei Faktoren dargestellt werden. Es stellt sich nun die Aufgabe: "Welche Faktoren soll man darstellen bzw. wie soll man die Faktoren darstellen?" Prinzipiell sollte man die darzustellenden Faktoren nach technischen oder fachlichen Gesichtspunkten auswählen. Ist dieses nicht möglich, weil über den Prozeß nur geringe Informationen

Statistische Versuchsplanung

vorliegen, sollte man die Faktoren auswählen, welche starke Wechselwirkungen oder quadratische Wirkungen haben, weil diese am schwierigsten zu interpretieren sind.

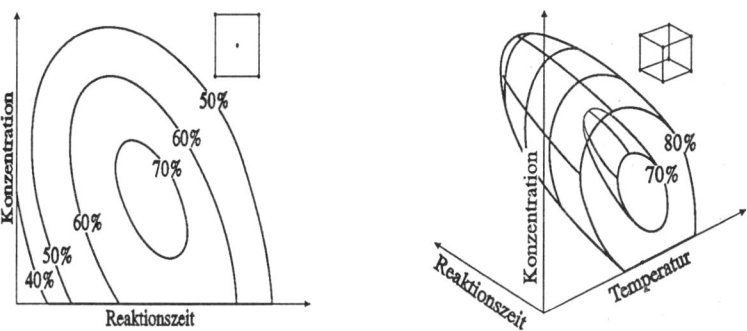

Abb. 13.5e und Abb. 13.5f Konturliniengrafiken für zwei und drei Faktoren.

Die erste Abbildung zeigt eine 3-dimensionale Funktion. Die zweite Abbildung zeigt eine 4-dimensionale Funktion. Die zweite Abbildung ist offensichtlich dadurch entstanden worden, daß mehrere 3-dimensionale Abbildungen (Schnitte durch den Würfel bzgl. der Reaktionszeit oder eines anderen Faktors) dargestellt wurden.

Die Faktoren, welche in der Konturliniengrafik nicht dargestellt werden können, werden auf verschiedene Niveaus festgesetzt. Die Konturliniengrafiken werden für jedes dieser Niveaus berechnet und dargestellt (Schnitte). So ist die Beurteilung aller Faktoren möglich. Diese Vorgehensweise verdeutlichen die nachfolgenden Grafiken, in denen verschiedene Schnitte dargestellt sind.

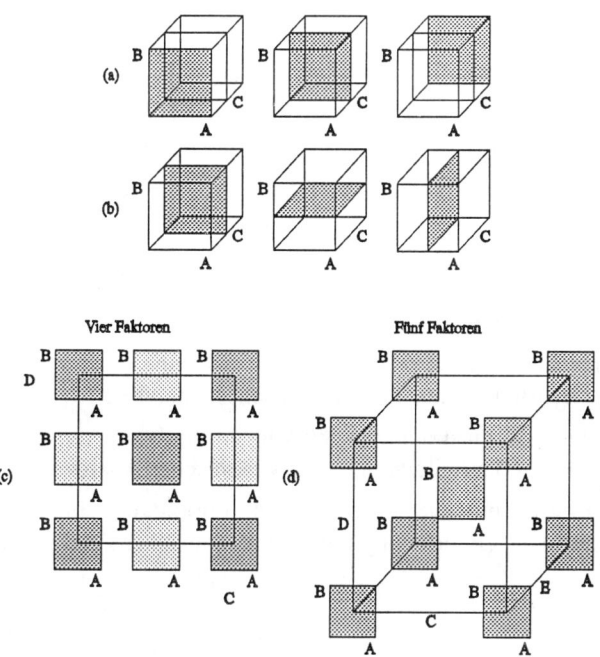

Abb. 13.5g Konturliniengrafiken bei mehr als zwei Faktoren.

Die Abbildungen zeigen verschiedene Schnitte durch den Hyperwürfel. Als wichtigste Faktoren werden bis auf die Abbildung (b) die Faktoren A und B darstellt. Die Abbildung (a) zeigt sinnvolle Konturliniengrafiken für drei Faktoren. Die Konturliniengrafiken in der Abbildung (b) können nicht empfohlen werden, weil sie viel schwieriger zu interpretieren sind. Die Abbildung (c) zeigt die Konturliniengrafiken für vier Faktoren mit möglichen weiteren Schnitten. Die Abbildung (c) zeigt die Konturliniengrafiken für fünf Faktoren. Weitere Schnitte sind möglich. Bei mehr als fünf Faktoren läßt sich die grafische Lösung nur noch sehr unübersichtlich darstellen, sodaß hiervon abgeraten werden muß.

Statistische Versuchsplanung

Die Konturliniengrafiken, mit Überlegung eingesetzt, sind ein hervorragendes Werkzeug zur Optimierung. Leider ist das Minimum (bei Verlust) oder das Maximum (bei Gewinn) oft nicht erkennbar, weil nur ein Teilbereich analysiert wurde, in dem der optimale Bereich nicht liegt. In diesem Fall sind weitere Versuche in Richtung des steilsten Anstiegs oder Abstiegs erforderlich. Dies setzt allerdings voraus, daß der Versuchsbereich ausgedehnt werden kann. Ist dies nicht der Fall, muß die günstigste Einstellung im untersuchten Bereich ausgewählt werden. Der günstigste Bereich ist, wenn andere übergeordnete Kriterien nicht beachtet werden müssen, der Bereich mit dem flachsten Anstieg. Diese Art der Optimierung ist auch notwendig, wenn man nicht an einem Maximum oder Minimum interessiert ist, sondern die Zielgröße Unter- und Obergrenzen erfordert.

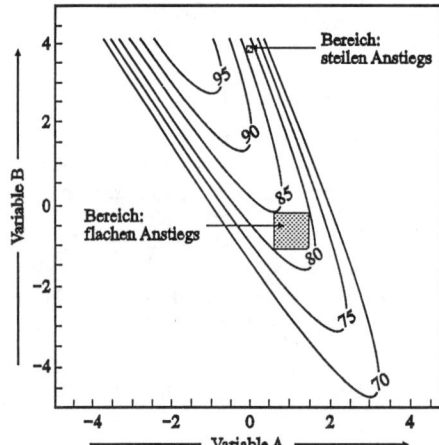

Abb. 13.5h Optimierung mit Unter- und Obergrenzen.

Wenn die Zielgröße auf einen Wert zwischen 80 und 85 eingestellt werden soll, so gibt es in der Grafik unendlich viele Lösungen. Einschränkungen der Faktoren bzgl. Kosten, technischer Anforderungen usw. sind nicht definiert oder gibt es nicht. Dann ist die optimale Lösung ein Bereich flachen Anstiegs. Ein flacher Anstieg bedeutet eine relative Unempfindlichkeit der Zielgröße von den Faktoren.

Weitere Probleme bei der Optimierung entstehen, wenn kein Minimum oder Maximum vorhanden ist. Diese Verhältnisse sind häufig anzutreffen. Wir können für zwei Faktoren die folgenden Grundtypen von Regressionsmodellen definieren:

- **Lineares Modell:** nur die Hauptwirkungen sind signifikant (faktorielle Versuchspläne wären ausreichend für die Analyse).

- **Einfaches Minmax:** nur die Hauptwirkungen und die 2-Faktor-Wechselwirkung sind signifikant (faktorielle Versuchspläne wären ausreichend für die Analyse).

- **Einfacher Grat oder Tal:** nur eine quadratische Wirkung ist signifikant (Beurteilung nur nach kanonischer Analyse).

- **Ansteigender Grat oder Tal:** nur eine Hauptwirkung und eine quadratische Wirkung ist signifikant (Beurteilung nur nach kanonischer Analyse).

- **Komplexes Minmax:** nur die quadratischen Wirkungen sind mit verschiedenen Vorzeichen signifikant (Beurteilung nur nach kanonischer Analyse).

- **Minimum oder Maximum:** nur die quadratischen Wirkungen sind mit gleichen Vorzeichen signifikant (Beurteilung nur nach kanonischer Analyse).

Das Problem dieser unterschiedlichen Modelltypen ist, daß sie nur in dem untersuchten Bereich gelten. Sie können durch eine unzureichende Approximation der wirklichen Funktion entstanden sein. Dies betrifft vor allen Dingen das Minmax (Hyperbel) und Maximum oder Minimum (Ellipse), wie die nachfolgende Grafik zeigt. Diese Probleme sind aber vernachlässigbar, wenn nur der Versuchsbereich interpretiert wird. Bei der Methode des steilsten Anstiegs muß man bei Vorliegen eines Minmax den nächsten Versuchsplan um den Stationärpunkt (Abschnitt 13.6) herum planen.

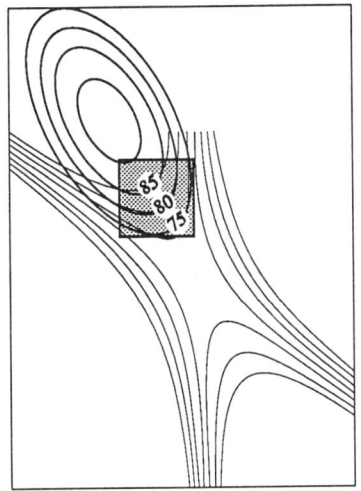

Abb. 13.5i Hyperbel und Ellipse.

Die Abbildung zeigt, zu welchen Fehlinterpretationen man gelangen kann, wenn nicht nur den Versuchsbereich interpretiert sondern extrapoliert wird. In dem dunkel eingefärbten Bereich wurde ein Experiment durchgeführt und analysiert. Die Konturlinien überlagern sich weitestgehend, wodurch kleine Zufallsschwankungen mal zu einem Minmax und mal zu einem Maximum führen. Ein neuer Versuch im Stationärpunkt der ermittelten Funktion würde darüber Aufschluß geben, welche Funktion die realen Verhältnisse beschreibt.

Neben diesen grafischen Lösungsverfahren gibt es auch einige rechnerische Methoden. Diese sind optimal, wenn es um die Suche nach einem Minimum oder Maximum geht. Die rechnerischen Methoden berechnen für ein enges Gitterliniennetz alle Ergebnisse und bestimmen die Lösung. Diese Lösung wird präziser, je enger der Gitterlinienabstand gewählt wird, was aber höheren Rechenaufwand bedeutet. Einfach wird die rechnerische Lösung bei einem Ellipsoid, da hier mit Hilfe der partiellen Ableitungen der Funktion das Maximum oder Minimum bestimmt werden kann. Eine andere rechnerische Methode geht von einem restriktiven Modell aus. Hiermit sind auch bestimmte Werte der Zielgröße optimierbar, vorausgesetzt, die Funktion beinhaltet eine Lösung. Ohne die Mathematik näher zu erläutern, soll hier nur die Vorgehensweise beschrieben werden. Man definiert aufgrund technischer Gegebenheiten oder Kosten eine Wunscheinstellung der Faktoren. Dann ermittelt man den steilsten An- oder Abstieg in Richtung des Zielwertes und erhält somit die gewünschte Einstellung. Leider sind solche Verfahren nur numerisch lösbar und oft auch instabil. Sie helfen aber bei der grafischen Analyse, wenn es darum geht, den Lösungsbereich schnell zu finden. Ein Nachteil der rechnerischen Verfahren ist, daß man nur einen Zahlenwert erhält, der zwar eine Lösung darstellt, man aber die Güte der Lösung nur schlecht oder überhaupt nicht beurteilen kann. Software-Programme die dieses Problem in angemessener Art und Weise behandeln sind immer noch eine Marktlücke. Aus diesem Grund sollte auf die grafische Analyse und Optimierung nicht verzichtet werden, zumal mehr als fünf Faktoren nur äußert selten mit zentral zusammengesetzten Versuchsplänen analysiert werden. Die Beschränkung auf fünf Faktoren stellt somit nur ein geringes Problem dar, und man gewinnt dadurch die Möglichkeit einer grafischen Darstellung und Analyse. Zusammenfassend läßt sich feststellen: wird aus der Regressionsgleichung zweiten Grades eine Konturliniengrafik darstellt, dann bereitet die Festlegung des Optimums für zwei Einflußgrößen keine Schwierigkeiten. Es können für die Einflußgrößen Einstellungen für bestimmte Konturlinien der Zielgröße angegeben werden. Bei mehr als zwei Einflußgrößen ist dies weitaus schwieriger, weil die Abbildungen Schnitte eines Raumkörpers darstellen, und der richtige Schnitt eventuell erst gefunden werden muß. Im Normalfall ist der richtige Schnitt immer die Einstellung für den Stationärpunkt. Gibt es keinen Stationärpunkt, oder liegt der Stationärpunkt außerhalb des Versuchsbereiches, dann ist der richtige Schnitt iterativ zu ermitteln.

13.6 Kanonische Analyse

Das Regressionspolynom 2. Grades ist die Gleichung für eine mehr oder weniger gekrümmte Anwortfläche. Welche Grundform die Anwortfläche hat, ist ihr nicht direkt anzusehen. Eine Transformation des Regressionspolynoms in die kanonische Form erlaubt die Bestimmung der Grundform der Anwortfläche. Die kanonische Analyse wird mit Hilfe des stationären Punktes sowie der zur Funktionaldeterminanten gehörigen Eigenvektoren durchgeführt. Durch die Verschiebung des Koordinatenursprungs in den stationären Punkt und durch die Drehung der Achsen wird die Regressionsgleichung zweiten Grades als quadratische Normalform dargestellt. Die Berechnung der Normalform wird mit Hilfe des stationären Punktes sowie der zur Funktionaldeterminanten gehörigen Eigenvektoren durchgeführt.

Durch die partiellen Ableitungen der Regressionsgleichung läßt sich das relative Minimum oder Maximum der Funktion bestimmen. Sie werden auch als Stationärpunkte der Funktion bezeichnet. Hat die Funktion keinen Stationärpunkt, ist die Jacobi-Matrix singulär (immer, wenn nur die Hauptwirkungen signifikant sind). Die detaillierten Berechnungen für die kanonische Normalform des Regressionspolynoms und des Stationärpunktes (S) findet man bei 0. L. Davies 1978.

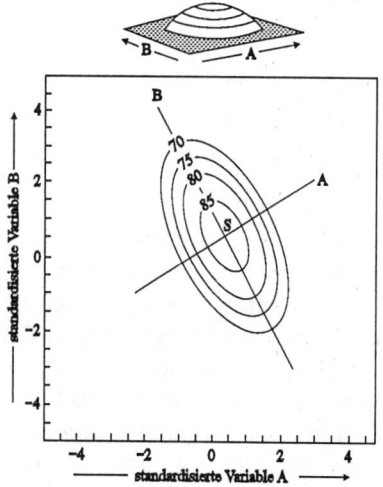

Abb. 13.6a Maximum der Antwortfläche.

Aus der Regressionsfunktion
Y=............83.57+9.39A+7.12B-5.80AB
-7.44AA-3.71BB

ergibt sich die kanonische Normalform
Y=............87.69-9.02AA-2.13BB

Weil beide quadratischen Glieder der kanonischen Normalform negativ sind, ergibt sich ein Ellipsoid mit einem Maximum. Wären die quadratischen Glieder beide positiv, würde sich ein Ellipsoid mit einem Minimum ergeben.

Statistische Versuchsplanung

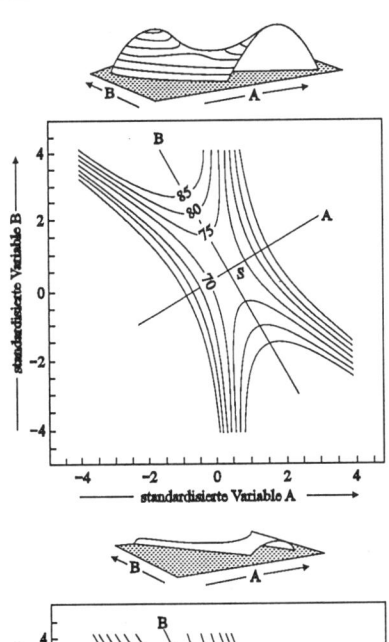

Abb. 13.6b Minmax der Antwortfläche.

Aus der Regressionsfunktion
$Y = \ldots 84.29 + 11.06 + 4.05B - 9.38AB - 6.46AA - 0.43BB$

ergibt sich die kanonische Normalform
$Y = \ldots 87.69 - 9.02AA + 2.13BB$

Weil eines der beiden quadratischen Glieder der kanonischen Normalform negativ ist, und das andere positiv, ergibt sich eine Hyperbel (Sattel oder Minmax). Wären die Vorzeichen der quadratischen Glieder vertauscht, würde sich die Richtung der Hyperbel um 90 Grad drehen.

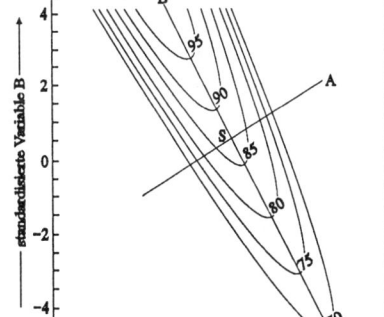

Abb. 13.6c Ansteigender Grat der Antwortfläche.

Aus der Regressionsfunktion
$Y = \ldots 82.71 + 8.80A + 8.12B - 7.59AB - 6.95AA - 2.07BB$

ergibt sich die kanonische Normalform
$Y = \ldots 87.69 - 9.02AA + 2.97B$

Weil eines der Glieder der kanonischen Normalform quadratisch, und das andere linear ist, ergibt sich ein ansteigender Grat. Wäre das quadratische Glied positiv, würde sich ein ansteigendes Tal ergeben.

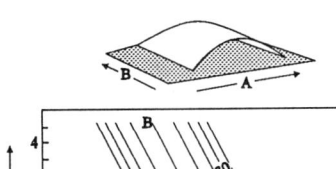
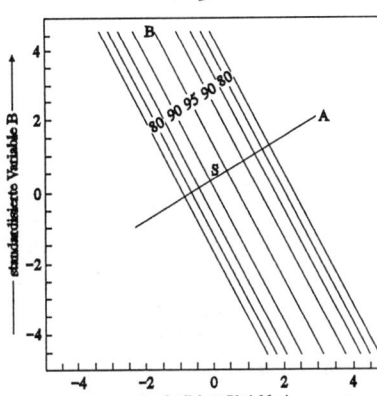

Abb. 13.6a Stationärer Grat der Antwortfläche.

Aus der Regressionsfunktion
$Y = \ldots 83.93 + 10.2A + 5.59B - 7.59AB - 6.95AA - 2.07BB$

ergibt sich die kanonische Normalform
$Y = \ldots -87.69 - 9.02AA - 0.003BB$

Weil eines der Glieder der kanonischen Normalform quadratisch, und das andere Null ist, ergibt sich ein stationärer Grat. Wäre das quadratische Glied positiv, würde sich ein stationäres Tal ergeben.

Statistische Versuchsplanung

Wie vielfältig die Lösungen des Regressionspolynoms sein können, demonstriert die nachfolgende Grafik für drei Faktoren. Die Interpretation der Darstellungen soll dem Leser helfen, auch andere Darstellungen zu analysieren.

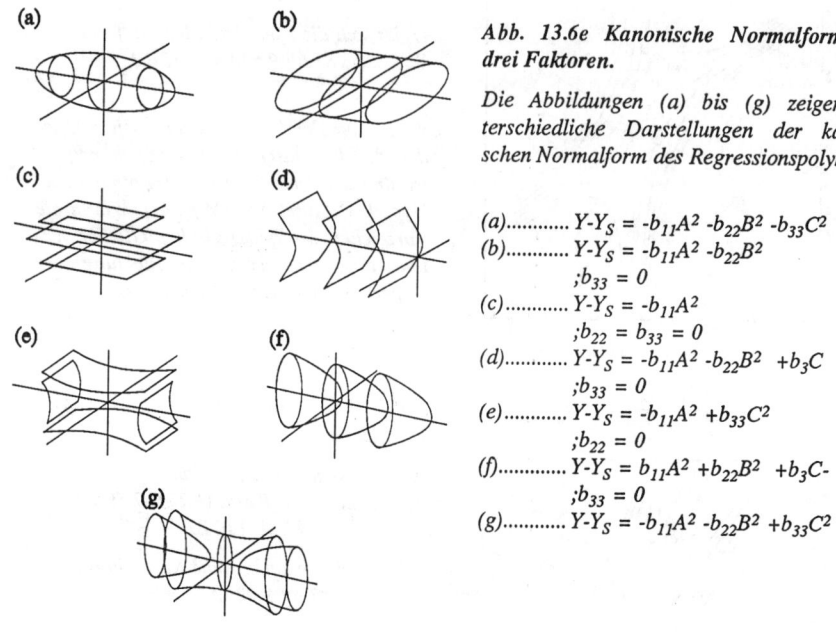

Abb. 13.6e Kanonische Normalform mit drei Faktoren.

Die Abbildungen (a) bis (g) zeigen unterschiedliche Darstellungen der kanonischen Normalform des Regressionspolynoms.

(a)............ $Y-Y_S = -b_{11}A^2 - b_{22}B^2 - b_{33}C^2$
(b)............ $Y-Y_S = -b_{11}A^2 - b_{22}B^2$
  ; $b_{33} = 0$
(c)............ $Y-Y_S = -b_{11}A^2$
  ; $b_{22} = b_{33} = 0$
(d)............ $Y-Y_S = -b_{11}A^2 - b_{22}B^2 + b_3C$
  ; $b_{33} = 0$
(e)............ $Y-Y_S = -b_{11}A^2 + b_{33}C^2$
  ; $b_{22} = 0$
(f)............ $Y-Y_S = b_{11}A^2 + b_{22}B^2 + b_3C$-
  ; $b_{33} = 0$
(g)............ $Y-Y_S = -b_{11}A^2 - b_{22}B^2 + b_{33}C^2$

Vorzeichen und Größe der Koeffizienten der kanonischen Normalform lassen sofort erkennen, welcher Art die Anwortfläche ist. Die Koeffizienten können positiv, negativ oder annähernd Null sein. Entsprechend den Koeffizienten lassen sich Konturliniengrafiken mit ausgewählter Darstellung erzeugen.

X_1^2	X_2^2	X_2	Form der Antwortfläche	Form der Konturlinien
−	−	0	Berg	Ellipsen
+	+	0	Tal	Ellipsen
+	−	0	Sattel	Hyperbeln
−	0	0	stat. Grat	Linien
+	0	0	stat. Tal	Linien
−	0	+	anst. Grat	Parabeln
+	0	+	anst. Tal	Parabeln

Tab. 13.6a Darstellungsformen von Konturlinien.

Die Tabelle zeigt, welche Konturlinien bei unterschiedlichen Vorzeichen der in die kanonische Normalform transformierten Koeffizienten dargestellt werden können.

Die Transformation des Regressionspolynoms in die kanonische Normalform erfordert hohen Rechenaufwand und ist nur mit entsprechenden Rechnerprogrammen zu bewältigen. Allerdings ist dieser zusätzliche Aufwand mit einem Informationsgewinn verbunden, der die Optimierung deutlich vereinfachen kann. Sollte z.B. die Lösung ein Hyperellipsoid sein, kann die optimale Einstellung der Einflußgrößen rechnerisch direkt ermittelt werden: Dies ist unabhängig von der Anzahl der Faktoren.

Statistische Versuchsplanung

14. Mischungsanalysen

In der Industrie werden unterschiedliche Typen von Versuchsplänen benötigt. Die wichtigsten Typen wurden in den Kapiteln 11, 12 und 13 vorgestellt. Mit diesen Verfahren können Einflußgrößen (Faktoren) wie Temperaturen, Prozeßzeiten, Drücke, usw. analysiert werden. Ein anderer Typ von Versuchsplänen befaßt sich mit der Analyse von Anteilen mehrerer Komponenten, die zusammen eine Mischung ergeben. Wenn z.B. ein Cocktail aus drei Getränken (Gin, Whisky und Angustora) gemixt werden soll, dann ergibt sich der Geschmack des Cocktails im wesentlichen aus den Anteilen der Komponenten.

Scheffe hat 1958 die grundlegende Arbeit *"Experiments with mixtures"* veröffentlicht. Seit dieser Zeit ist viel über Versuchspläne von Mischungsanalysen geschrieben worden. Diese Versuchspläne müssen immer dann eingesetzt werden, wenn die in einem Mehrkomponentensystem interessierenden Eigenschaften nur von der Zusammensetzung und nicht von der Menge der Mischung abhängen. Typische Anwendungsfälle sind z.B.:

- Die Adhäsion eines Klebstoffes.
- Die Wirksamkeit von Arzneien
- Die Eigenschaften von Lebensmitteln (Suppen, Soßen, Teigwaren usw.)
- Die Reißfestigkeit von Mischgeweben
- Die Festigkeit von Beton
- Die Eigenschaften von Legierungen (Schmelztemperatur, Festigkeit usw.)
- Die Oktanzahl von Benzin usw.

Unabhängig von dem jeweiligen Anwendungsfall ist das Ziel immer die Bestimmung einer Funktion für die Eigenschaften der Mischung. Besonders das Aufspüren synergistischer oder antagonistischer Eigenschaften ist für die Optimierung der Mischung bedeutungsvoll. Werden die Anteile der Komponenten im Bereich von 0% bis 100% variiert, so erhält man als Versuchsplan ein "Simplex". Anderenfalls können auch andere Versuchspläne notwendig werden. Man unterscheidet deshalb die Versuchspläne nach ihren Konstruktionsregeln.

- A. Simplex-Konstruktion
- B. Ratio-Konstruktion
- C. Vertrix-Konstruktion
- D. Simplex-Konstruktion mit konstanter Trägerkomponente
- E. Faktorielle Konstruktion mit Hauptkomponente

In den nachfolgenden Abschnitten wird jedes dieser Verfahren im Detail dargestellt und erklärt. Neben der Planung von Versuchsplänen zur Mischungsanalyse wird auch die grafische Analyse im Dreieckskoordinatenpapier (Vertrix-Grafik) behandelt. Eine sinnvolle Versuchsplanung bei Mischungen beschränkt sich wie bei den zentral zusammengesetzten Versuchsplänen auf maximal sechs Komponenten, weil sonst die Übersichtlichkeit bei der Interpretation verloren geht.

Statistische Versuchsplanung

14.1 Basis von Mischungsversuchen.

Nehmen wir an, wir planen einen faktoriellen Versuch, um ein Fruchtsaftmixgetränk bzgl. seiner Geschmackseigenschaften verbessern zu wollen. Für diesen Versuch stehen drei Komponenten (Orangensaft [A], Nektarinensaft [B] und Aprikosensaft [C]) zur Verfügung. Das Minus-Niveau der drei Komponenten soll 20 Gewichtsanteile und das Plus-Niveau soll 60 Gewichtsanteile betragen. Man erhält den Versuchsplan der nachfolgenden Tabelle.

Normierte Komponenten			Natürliche Komponenten			Relative Komponenten		
A	B	C	A	B	C	A	B	C
-1	-1	-1	20	20	20	33	33	33
+1	-1	-1	60	20	20	60	20	20
-1	+1	-1	20	60	20	20	60	20
+1	+1	-1	60	60	20	43	43	14
-1	-1	+1	20	20	60	20	20	60
+1	-1	+1	60	20	60	43	14	43
-1	+1	+1	20	60	60	14	43	43
+1	+1	+1	60	60	60	33	33	33
0	0	0	40	40	40	33	33	33

Abb. 14.1a Beispiel eines faktoriellen Versuchs für eine Mischung.

Die Tabellen zeigen als erstes den normierten Versuchsplan, dann den Versuchsplan mit den natürlichen Werten und als letzte Tabelle die prozentualen Anteile der Mischungen. Dabei stellt man fest, daß drei Versuchspunkte eine gleiche Mischung haben.

Weil drei der Versuchspunkte eine gleiche Mischung aufweisen, kann der Versuch nicht korrekt durchgeführt werden. Das bedeutet, daß faktorielle oder zentral zusammengesetzte Versuche in der bisher dargestellten Form nicht anwendbar sind. Der Grund ist der restriktive Versuchsraum, da die Summe aller Komponenten 1 bzw. 100% beträgt.

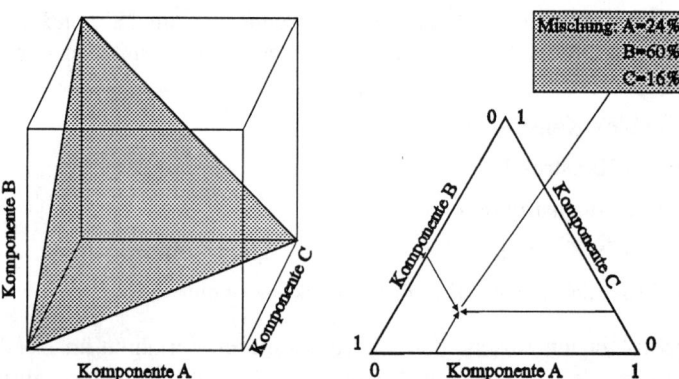

Abb. 14.1a Darstellung des Simplexes.

Die Abbildung zeigt den restriktiven Versuchsraum und die Darstellung des Versuchsraumes in einem Dreieckskoordinatenpapier. Aufgrund der Restriktion können drei Komponenten und eine Zielgröße grafisch in einem Simplex dargestellt werden.

Statistische Versuchsplanung

Die Erfahrung zeigt, daß Mischungsanalysen sehr komplexer Art sein können. Aus diesem Grund wird das mathematische Modell zur Lösung von Mischungsanalysen nicht wie bei den zentral zusammengesetzten Versuchen auf den 2. Grad beschränkt, sondern es sind Modelle bis 4. Grades üblich. Die nachfolgenden Formeln zeigen das mathematische Modell für drei Komponenten. Für mehr als drei Komponenten müssen die mathematischen Modelle entsprechend Formel 14.1d abgeleitet werden.

1. Grad (linear)
$Y = b_1A + b_2B + b_3C$

2. Grad (quadratisch)
$Y = b_1A + b_2B + b_3C + b_4AB + b_5AC + b_6BC$

3. Grad reduziert (kubisch)
$Y = b_1A + b_2B + b_3C + b_4AB + b_5AC + b_6BC + b_7ABC$

3. Grad (kubisch)
$Y = b_1A + b_2B + b_3C + b_4AB + b_5AC + b_6BC + b_7AB(A-B) + b_8AC(A-C) + b_9BC(B-C) + b_{10}ABC$

4. Grad reduziert
$Y = b_1A + b_2B + b_3C + b_4AB + b_5AC + b_6BC + b_7AABC + b_8ABBC + b_9ABCC$

4. Grad
$Y = b_1A + b_2B + b_3C + b_4AB + b_5AC + b_6BC + b_7AB(A-B) + b_8AC(A-C) + b_9BC(B-C)$
$+ b_{10}AB(A-B)^2 + b_{11}AC(A-C)^2 + b_{12}BC(B-C)^2 + b_{13}AABC + b_{14}ABBC + b_{15}ABCC$

Formel 14.1a
Y .... Zielgröße des Experiments.
b_i .... Regressionskoeffizienten der Mischungsanalyse.
A, B, C ... Komponenten der Mischungsanalyse.

Auffällig an den mathematischen Modellen ist, daß es keine Regressionskonstante und keine einfachen quadratischen Glieder gibt. Der Grund ist die Restriktion. Dies soll mit dem Modell 2. Grades durch Ableitung bewiesen werden.

Modell 2. Grades ohne Restriktion
$Y = b_0 + b_1A + b_2B + b_3C + b_4AB + b_5AC + b_6BC + b_7A^2 + b_8B^2 + b_9C^2$

Restriktionen der Mischungsanalyse
$A + B + C = 1$
$A^2 = AA = A(1 - B - C) = A - AB - AC$
$B^2 = BB = B(1 - A - C) = B - AB - BC$
$C^2 = CC = C(1 - A - B) = C - AC - BC$

Einsetzen der Restriktionen in das Modell
$Y = b_0(A + B + C) + b_1A + b_2B + b_3C + b_4AB + b_5AC + b_6BC$
$+ b_7(A - AB - AC) + b_8(B - AB - BC) + b_9(C - AC - BC)$

Statistische Versuchsplanung

> **Umgruppierung des Modells**
> $$Y = (b_0 + b_1 + b_7)A + (b_0 + b_2 + b_8)B + (b_0 + b_3 + b_9)C$$
> $$+ (b_4 - b_7 - b_8)AB + (b_5 - b_7 - b_9)AC + (b_6 - b_8 - b_9)BC$$
>
> **Abgeleitetes Modell für Mischungsanalysen**
> $$Y = \hat{b}_1 A + \hat{b}_2 B + \hat{b}_3 C + \hat{b}_4 AB + \hat{b}_5 AC + \hat{b}_6 BC$$

Formel 14.1b

Y .... Zielgröße des Experiments.
b_i .... Regressionskoeffizienten der Mischungsanalyse.
A, B, C ... Komponenten der Mischungsanalyse.

Das Beispiel des abgeleiteten Modells 2. Grades für Mischungsanalysen zeigt, daß weder eine Regressionskonstante noch einfache quadratische Glieder in der Regressionsfunktion vorkommen. Dies gilt auch für alle anderen Modelle. Somit ist eine Regressionsanalyse von Mischungsexperimenten immer durch den Nullpunkt zu zwingen. Dadurch gewinnt man einen Freiheitsgrad. Außerdem sind die Wirkungen AB, AC, BC usw. nicht mehr als Wechselwirkungen, sondern als nichtlineare Wirkungen zu interpretieren. Prinzipiell gibt es zwei Arten nichtlinearer quadratischer Wirkungen, es sind:

❑ synergistische Wirkungen (verstärkende Effekte),

❑ antagonistische Wirkungen (abschwächende Effekte).

Kubische nichtlineare Wirkungen sind sowohl synergistisch als auch antagonistisch. Um diese Wirkungen zu veranschaulichen, stellen wir uns vor, wir hätten zwei Benzintypen mit unterschiedlicher Oktanzahl und unterschiedlichem Preis. Das Benzin mit der geringeren Oktanzahl (B) soll bedeutend preiswerter sein. Es stellt sich nun die Frage, ob mit einer Mischung der beiden Benzintypen nicht die gleiche oder eine höhere Oktanzahl (A) erreicht werden kann als bei der teueren Sorte Benzin. Die nachfolgende Abbildung soll mögliche Versuchsergebnisse darstellen.

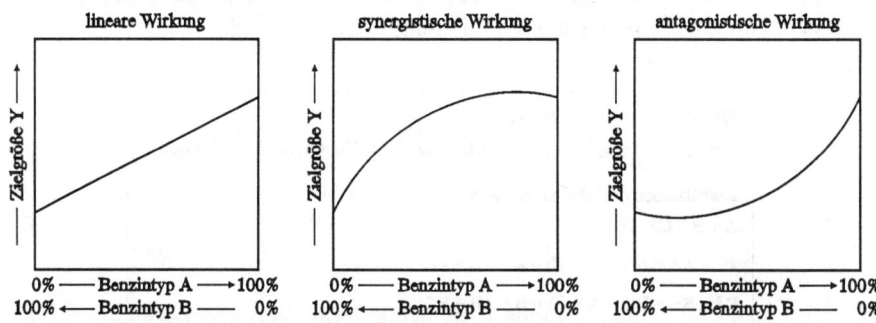

Abb. 14.1b Darstellung von Wirkungen im Zweikomponentensystem.

Die Abbildungen zeigen eine lineare, synergistische und antagonistische Wirkung. Wenn die Zielgröße Y die Oktanzahl ist, dann zeigt die erste Grafik eine proportionale Zunahme der Oktanzahl bei größerem Anteil des Benzintyps A. Bei der zweiten Grafik ist durch die Mischung ein verstärkender Effekt und bei der dritten Grafik ein abschwächender Effekt bzgl. der Oktanzahl zu sehen. Damit wäre für die Problemstellung ein synergistischer Effekt vorteilhaft.

Statistische Versuchsplanung

Allgemeine Darstellung der Regressionspolynome für Mischungsanalysen

1. Grades
$$Y = \sum_{1 \leq i \leq k} b_i X_i$$

2. Grades
$$Y = \sum_{1 \leq i \leq k} b_i X_i + \sum_{1 \leq i < j \leq k} b_{ij} X_i X_j$$

3. Grades
$$Y = \sum_{1 \leq i \leq k} b_i X_i + \sum_{1 \leq i < j \leq k} b_{ij} X_i X_j + \sum_{1 \leq i < j \leq k} b_{ij} X_i X_j (X_i - X_j) + \sum_{1 \leq i < j < h \leq k} b_{ijh} X_i X_j X_h$$

4. Grades
$$Y = \sum_{1 \leq i \leq k} b_i X_i + \sum_{1 \leq i < j \leq k} b_{ij} X_i X_j + \sum_{1 \leq i < j \leq k} b_{ij} X_i X_j (X_i - X_j) + \sum_{1 \leq i < j < h \leq k} b_{ijh} X_i X_j X_h$$
$$+ \sum_{1 \leq i < j < h \leq k} b_{ijh} X_i^2 X_j X_h + \sum_{1 \leq i < j < h \leq k} b_{ijh} X_i X_j^2 X_h + \sum_{1 \leq i < j < h \leq k} b_{ijh} X_i X_j X_h^2 + \sum_{1 \leq i < j < h < l \leq k} b_{ijhl} X_i X_j X_h X_l$$

Formel 14.1d

Y .... Zielgröße
X_i .... Komponenten der Mischungsanalyse
i, j, h, l .... Indizes der Komponenten
k .... Anzahl der Komponenten
b_i .... Regressionskoeffizienten

Die Mischungsanalysen unterliegen den gleichen Voraussetzungen wie die faktoriellen oder zentral zusammengesetzten Analysen. Zusätzlich muß beachtet werden, daß die Berechnung der Funktion mit Hilfe der multiplen Regression durchgeführt wird, und die Regression durch den Nullpunkt gehen muß. Die aus den Hauptkomponenten zu bildenden nichtlinearen Wirkungen werden bei der Regressionsanalyse wie echte Komponenten behandelt.

14.2 Planung von Mischungsanalysen

Die Planung von Mischungsanalysen wird in mehrere Abschnitte unterteilt, um die verschiedenen Verfahren darzustellen. Als erstes werden die Versuchsplanungen für den gesamten Versuchsbereich (Komponentenanteile von 0 bis 1) behandelt, gefolgt von den restriktiven Versuchsbereichen mit Pseudokomponenten. Danach werden das Vertrix-Verfahren und das Ratio-Verfahren, sowie weitere Besonderheiten der Mischungsanalyse dargestellt.

14.2.1 Simplex-Versuchsplan ohne Restriktionen des Versuchsbereiches.

Der Versuchsraum bei Mischungsanalysen ist durch die Restriktion, daß die Summe aller Komponenten 1 ergeben muß, für drei Komponenten auf ein Simplex, für vier Komponenten auf einen Tetraeder und für mehr als vier Komponenten auf einen Hypertetraeder beschränkt. Der Darstellbarkeit wegen beschränken wir uns auf die ausführliche Behandlung von drei Komponenten.

Statistische Versuchsplanung

Ein guter Versuchsplan muß für drei Komponenten die Versuchspunkte in dem Simplex so vorgeben, daß die Ermittlung der interessierenden Regressionsfunktion möglichst effizient ist. Effizienz bedeutet hier, die Anzahl der Versuchspunkte auf ein Minimum zu beschränken, und die Versuchspunkte systematisch über den Komponentenraum zu verteilen. Das Gitter der Versuchspunkte im Simplex hängt von der Anzahl der Komponenten und dem Grad des gewählten Regressionspolynoms ab. Das gesamte Experiment enthält mindestens N Gitterpunkte.

Formel 14.2.1a

$$M = \binom{g + k - 1}{g}$$

$$N = M + KP$$

$$KP \geq 1$$

M .... Anzahl der Regressionskoeffizienten
g .... Grad des Regressionspolynoms
k .... Anzahl der Komponenten
N .... notwendige Anzahl von Versuchspunkten
KP .... zusätzliche Kontrollpunkte (min. 1)

Die Anzahl der Regressionskoeffizienten M ist gleich den Knotenpunkten des Gitters, d.h. der Versuchsplan ist vollständig gesättigt und besitzt keinerlei Redundanz. Ein guter Versuchsplan erlaubt aber die Prüfung des geplanten Modells. Hierzu werden weitere Versuchspunkte, die Kontrollpunkte KP, benötigt. Diese Kontrollpunkte sollten so gewählt werden, daß

- ❑ sie in dem interessierenden Bereich der Mischung liegen.
- ❑ sie im Schwerpunkt des Versuchsplanes liegen.
- ❑ sie einen Versuchsplan höheren Grades ermöglichen.

Die Anzahl der Kontrollpunkte muß mindestens 1 betragen, damit der Redundanzfaktor in jedem Fall größer 1 ist. Nur so ist das geplante Modell zu überprüfen und gegebenenfalls zu ändern.

Gitter	Gitterpunktabstände	empfohlene Einstellungen für die Kontrollpunkte	
1. Grades	0, 1	1/k	
2. Grades	0, 1/2, 1	1/k	
3. Grades unvollständig	0, 1/3, 1/2, 1	1/k	Wenn g = k gilt, dann sind
3. Grades	0, 1/3, 2/3, 1	1/k	die Kontrollpunkte aus
4. Grades unvollständig	0, 1/4, 1/2, 1	1/k	dem Versuchsplan höheren
4. Grades	0, 1/4, 1/2, 3/4, 1	1/k	Grades auszuwählen.
Gitterabstand g. Grades: 0, 1/g, 2/g, ..., (g-1)/g, 1			

Tab. 14.2.1a Abstände der Gitterlinien.

Die Tabelle zeigt für die Konstruktion eines Versuchsplanes die benötigten Gitterlinienabstände in Abhängigkeit von dem gewünschten Grad des Regressionspolynoms. Die empfohlenen Kontrollpunkte sind die Schwerpunkte des Versuchsraumes.

Mit den Gitterlinienabständen ist es leicht, einen Versuchsplan für beliebige Grade des Regressionspolynoms zu konstruieren. Dabei kann man feststellen, daß deutlich weniger Versuche als bei den zentral zusammengesetzten Versuchen notwendig sind. Diese Einsparung ist auf die Restriktion der Mischungsanalyse zurückzuführen. Die Einsparung wird bei höherem Grad und mehr Komponenten größer.

Statistische Versuchsplanung

Anzahl der Komponenten	1. Grad	2. Grad	3. Grad unvollst.	3. Grad	4. Grad unvollst.	4. Grad
2	2	3	-	4	-	5
3	3	6	7	10	9	15
4	4	10	14	20	22	35
5	5	15	25	35	45	70
6	6	21	41	56	81	126
7	7	28	63	84	133	210
8	8	36	92	120	204	330
9	9	45	129	165	297	495
10	10	55	175	220	415	715

Tab. 14.2.1b Anzahlen der Regressionskoeffizienten.

Die Tabelle zeigt alle Anzahlen von Regressionskoeffizienten bzw. alle Knotenpunkte der Gitterlinien für zehn Komponenten bis zum 4. Grad des Regressionspolynoms. Damit wurde im wesentlichen der Versuchsaufwand definiert, hinzu kommen nur noch die Kontrollpunkte. Empfohlen werden die grau unterlegten Versuchspläne.

Der Experimentator wählt aus der Fülle der möglichen Versuchspläne für Mischungen den richtigen aus, dabei muß er wie bei den Faktorenplänen die Anzahl der Komponenten und den Grad des Polynoms überlegt definieren. Es sollte, damit der Versuchsaufwand gering bleibt, mit einem niedrigen Grad des Polynoms begonnen werden, weil durch einfache Ergänzung des Versuchsplanes ein höherer Grad analysiert werden kann (sequentielle Versuchsdurchführung). Dadurch wird auch ein kostengünstiger Versuchplan mit geringstem Versuchsaufwand erzielt. Versuchspläne ohne Restriktionen der Komponenten sind selten und beschränken sich auf die Fälle, in denen auch jede einzelne Komponente die gewünschten Eigenschaften hat. Beispiele sind:

- ☐ das Mischen verschiedener Schmerzmittel
- ☐ das Mischen von Fruchtsäften,
- ☐ das Mischen von Textilfasern usw.

Für drei Komponenten werden nun nachfolgend die wichtigsten Versuchspläne dargestellt. Die sequentielle Darstellung der Versuchspläne zeigt, wie man von einen niedrigen Grad zu einem höheren Grad kommt.

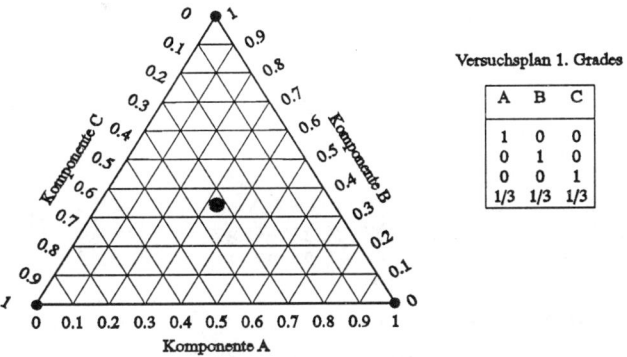

Abb. 14.2.1a Versuchsplan 1. Grades

Die Abbildung zeigt einen Versuchsplan 1. Grades für Mischungsanalysen mit drei Komponenten inklusive eines Kontrollpunktes.

Statistische Versuchsplanung

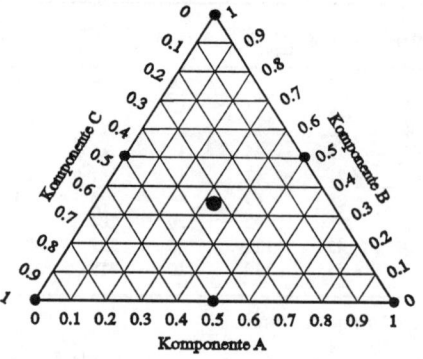

Abb. 14.2.1b Versuchsplan 2. Grades

Die Abbildung zeigt einen Versuchsplan 2. Grades für Mischungsanalysen mit drei Komponenten inklusive eines Kontrollpunktes.

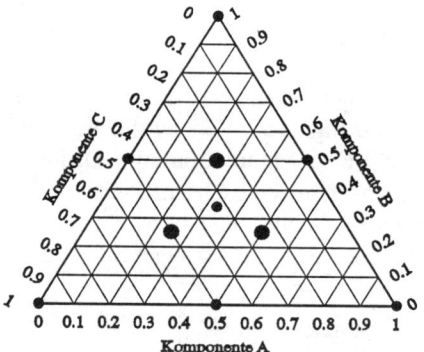

Abb. 14.2.1c Versuchsplan 3. Grades unvollständig

Die Abbildung zeigt einen Versuchsplan 3. Grades unvollständig für Mischungsanalysen mit drei Komponenten inklusive dreier Kontrollpunkte.

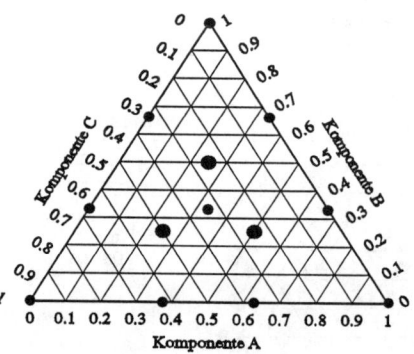

Abb. 14.2.1d Versuchsplan 3. Grades

Die Abbildung zeigt einen Versuchsplan 3. Grades für Mischungsanalysen mit drei Komponenten inklusive dreier Kontrollpunkte.

Statistische Versuchsplanung

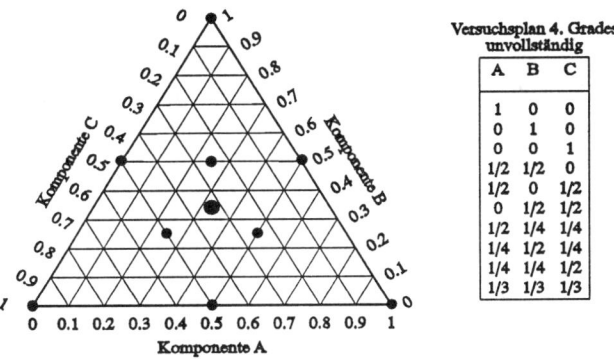

Abb. 14.2.1e Versuchsplan 4. Grades unvollständig

Die Abbildung zeigt einen Versuchsplan 4. Grades unvollständig für Mischungsanalysen mit drei Komponenten inklusive eines Kontrollpunktes.

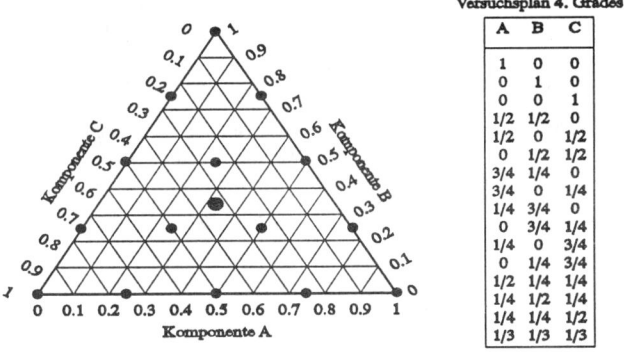

Abb. 14.2.1f Versuchsplan 4. Grades

Die Abbildung zeigt einen Versuchsplan 4. Grades für Mischungsanalysen mit drei Komponenten inklusive eines Kontrollpunktes.

14.2.2 Simplex mit Pseudokomponenten.

Bisher wurden nur Versuchspläne behandelt, welche den gesamten Versuchsraum ausnutzen. Es kann aber sein, daß man nur Informationen über einen Teilbereich benötigt oder aber die Komponenten selbst nur in bestimmten Bereichen variiert werden dürfen, dies trifft normalerweise zu.

Man muß den Versuchsraum nun so transformieren, daß der Versuchsraum wieder in dem Bereich von 0 bis 1 für jede Komponente liegt. Die so transformierten Komponenten werden Pseudokomponenten genannt. Die Transformation in Pseudokomponenten hat große Vorteile bei der Analyse und Interpretation der Versuchsergebnisse. Die Vorteile sind vor allen Dingen:

- ❏ Die höhere numerische Genauigkeit bei der Analyse.
- ❏ Die grafische Darstellung des wirklich untersuchten Bereichs.

Damit die Transformation den gesamten interessierenden Bereich abdecken kann, sollten die Komponenten entweder nur untere Grenzen oder zumindest obere

Statistische Versuchsplanung

unwirksame Grenzen haben. Ist dies nicht der Fall, dann kann nur ein nochmals eingeschränkter Versuchsraum untersucht werden. Es ist nämlich zwingend erforderlich, daß bei der Analyse mit Pseudokomponenten der Versuchsraum wieder ein Simplex, ein Tetraeder oder ein Hypertetraeder ist. Diese Problematik wird durch die nachfolgenden Grafiken verdeutlicht:

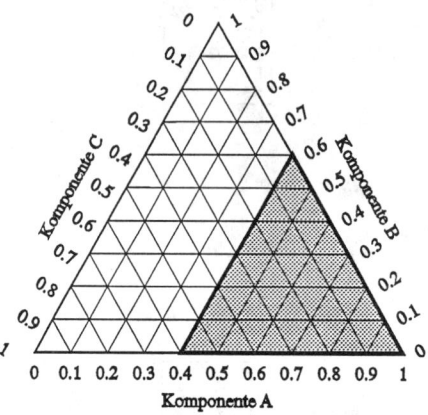
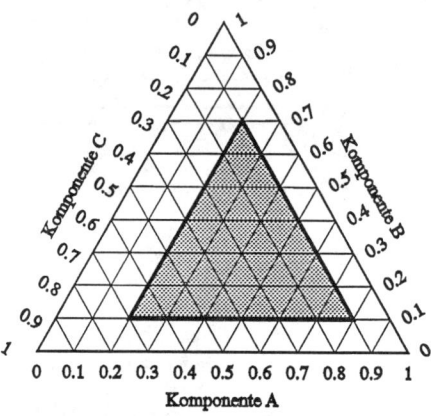

Abb. 14.2.2a Eingeschränkter Versuchsbereich (Komponente A).

Abb. 14.2.2b Eingeschränkter Versuchsbereich (alle Komponenten).

Die Komponente A hat eine Untergrenze a_{un} von 0.4 oder 40%. Der markierte Bereich ist das neue transformierte Simplex.

Die Komponente A hat eine Untergrenze a_{un} von 0.2 oder 20%. Die Komponente B hat eine Untergrenze b_{un} von 0.1 oder 10%. Die Komponente C hat eine Untergrenze c_{un} von 0.1 oder 10%. Der markierte Bereich ist das neue transformierte Simplex.

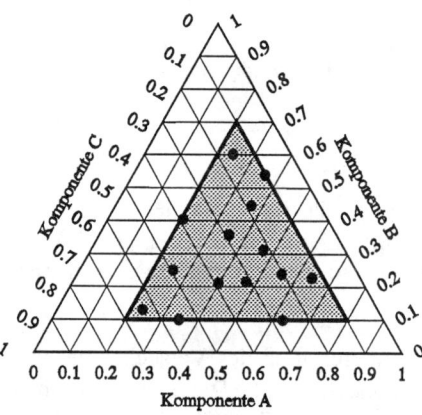
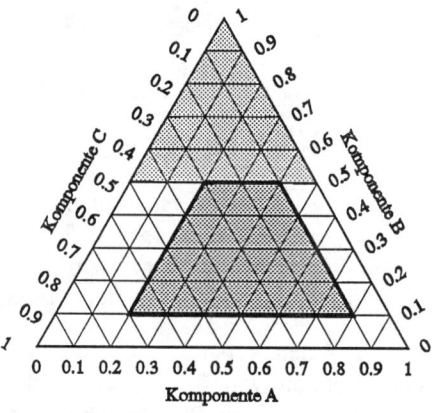

Abb. 14.2.2c Eingeschränkter Versuchsbereich (ungeplanter Versuch).

Abb. 14.2.2d Eingeschränkter Versuchsbereich mit wirksamer Obergrenze.

Wenn Versuchsdaten vorliegen, kann man mit Hilfe der Pseudokomponenten den passiven Versuch analysieren. Die niedrigste Einstellung jeder Komponente bildet die Untergrenze. Der markierte Bereich ist das neue transformierte Simplex.

Die Komponente A hat eine Untergrenze a_{un} von 0.2 oder 20%. Die Komponente B hat eine Untergrenze b_{un} von 0.1 oder 10% und eine Obergrenze b_{ob} von 0.5 oder 50%. Die Komponente C hat eine Untergrenze c_{un} von 0.1 oder 10%.

Statistische Versuchsplanung

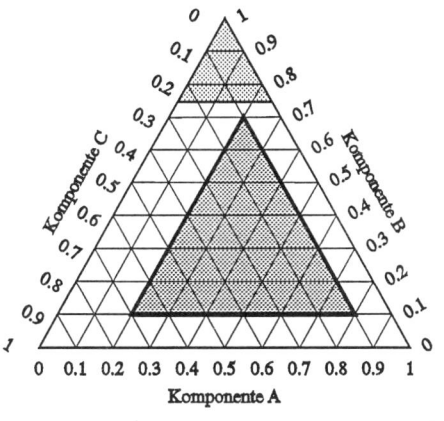

Abb. 14.2.2e Eingeschränkter Versuchsbereich mit unwirksamer Obergrenze.

Die Komponente A hat eine Untergrenze a_{un} von 0.2 oder 20%. Die Komponente B hat eine Untergrenze b_{un} von 0.1 oder 10% und eine Obergrenze b_{ob} von 0.75 oder 75%. Die Komponente C hat eine Untergrenze c_{un} von 0.1 oder 10%. Der markierte Bereich ist das neue transformierte Simplex.

Abb. 14.2.2f Eingeschränkter Versuchsbereich mit wirksamen Obergrenzen.

Die Komponente A hat eine Untergrenze a_{un} von 0.1 oder 10%. Die Komponente B hat eine Untergrenze b_{un} von 0.2 oder 20% und eine Obergrenze b_{ob} von 0.6 oder 60%. Die Komponente C hat eine Untergrenze c_{un} von 0.2 oder 20% und eine Obergrenze c_{ob} von 0.6 oder 60%. Der markierte Bereich ist das größtmögliche transformierte Simplex.

Von einem Simplex der Komponenten A, B und C gelangt man immer zu dem transformierten Simplex der Pseudokomponenten A_p, B_p und C_p. Dabei müssen die folgenden Bedingungen erfüllt sein:

Formel 14.2.2a

$$0 < a_{un} \leq a_i$$
$$0 < b_{un} \leq b_i$$
$$0 < c_{un} \leq c_i$$
$$\sum_{i=1}^{k} \text{Untergrenze}_i < 1$$

a_{un} .... Untergrenze der Komponente A
b_{un} .... Untergrenze der Komponente B
c_{un} .... Untergrenze der Komponente C
a_i .... Einstellungen der Komponente A
b_i .... Einstellungen der Komponente B
c_i .... Einstellungen der Komponente C
k .... Anzahl der Komponenten
i .... Index

Die Pseudokomponenten sind abhängig von den Untergrenzen der Komponenten und können durch die Transformationsmatrix T bestimmt werden. Für drei Komponenten lautet sie wie in Formel 14.2.2b dargestellt:

Formel 14.2.2a

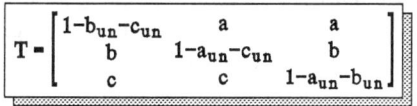

T .... Transformationsmatrix
a_{un} .... Untergrenze der Komponente A
b_{un} .... Untergrenze der Komponente B
c_{un} .... Untergrenze der Komponente C

Jede Pseudokomponente ist eine Linearkombination der Originalkomponenten, und so ergibt sich zur Ermittlung der Pseudokomponenten oder deren Rücktransformation die Formel 14.2.2c:

> **Transformation in Pseudokomponenten**
> $$X^* = T^{-1} X$$
>
> **Transformation in Originalkomponenten**
> $$X = T X^*$$

Formel 14.2.2c
X .... Matrix der Originalkomponenten
T^{-1} .... inverse Transformationsmatrix
T .... Transformationsmatrix
X^* .... Matrix der Pseudokomponenten

Die Pseudokomponenten können für die weitere Planung und Analyse wie die Originalkomponenten benutzt werden. Zur Interpretation und zur Durchführung der Versuche ist immer auch die Rücktransformation erforderlich.

14.2.3 Planung von Mischungsversuchen mit einer Hauptkomponente.

Wenn in einer Mischung eine Komponente einen Anteil größer als 90% hat, dann ist zu unterscheiden, ob diese Komponente einen Wirkstoff darstellt oder nicht. Ist die Komponente ein Füll- oder Trägermaterial wie es in Salben die Salbengrundlage oder bei Imprägnierungsmitteln destilliertes Wasser darstellt, dann werden nur die restlichen Komponenten als Mischung betrachtet. Anders ausgedrückt, es werden nur die Wirkstoffe in der Mischung analysiert und optimiert, weil der Anteil des Trägermaterials die Wirkung nur in Abhängigkeit von der Menge beeinflußt.

Beispiel:

In einem Imprägnierungsmittel besteht die Wirkstoffkomponente aus drei chemischen Stoffen und der Rest aus destilliertem Wasser. Nehmen wir an, der Anteil des destillierten Wassers betrage 99.7%, und man benötige zur Imprägnierung eines Teppichs zwei abgefüllte Spraydosen, um eine gewünschte Wirkung zu erzielen. Wenn man den Anteil der Wirkstoffkomponente auf 0.6% verdoppeln würde, dann reichte zur Behandlung des Teppichs eine Spraydose.

Sollte dieser Fall vorliegen, wird die Summe aller reinen Wirkstoff-Komponenten gleich 1 gesetzt und die Planung, Durchführung und Analyse werden wie bei sonstigen Mischungsanalysen behandelt. Die günstigste Menge (Dosierung) des Trägermaterials kann nachträglich definiert werden.

Der andere Fall, daß die Hauptkomponente kein Trägermaterial sondern ein Wirkstoff ist, bedeutet eine Anwendung von faktoriellen oder zentral zusammengesetzten Versuchen bei der Analyse. Für solche Systeme sind Mischungsanalysen nicht geeignet, besser sind die teilfaktoriellen, faktoriellen oder zentral zusammengesetzten Versuche geeignet. In der Praxis sind solche Fälle bei Eigenschaften von verdünnten Lösungen oder bei der Verunreinigung von Metallen vorzufinden.

Die Planung und die Analyse werden ohne die Hauptkomponente durchgeführt, so daß in den Versuchen nur die Komponenten mit den kleinen Anteilen bewußt variiert werden. Selbstverständlich variiert auch die Hauptkomponente, nur wird dieses bei der

Statistische Versuchsplanung

Planung und Analyse nicht beachtet. Wird für Komponenten ein Optimum gesucht, wird auch der Anteil der Hauptkomponente geringfügig verändert.

Sollten gegen diese in der Praxis häufig auftretenden Fälle Bedenken bestehen, weil man nicht genügend Kenntnisse über das System hat, dann können auch die in den nachfolgenden Abschnitten erklärten Verfahren benutzt werden.

14.2.4 Analyse von Verhältnissen.

In vielen Fällen interessiert das Mengenverhältnis zweier oder mehrerer Komponenten mehr als ihre Mischung. Beispiele hierzu findet man bei der Klebstoffherstellung (Verhältnisse von Polymeren) oder bei der Glasherstellung (Verhältnisse zwischen Sand und Kalk) usw.. In diesem Fall können wieder teilfaktorielle, faktorielle oder zentral zusammengesetzte Versuche zur Analyse verwendet werden. Die Faktoren sind in diesem Fall die Verhältnisse der Komponenten. Auch, wenn von vornherein keine Verhältnisse interessieren, kann durch die Bildung von Verhältnissen eine Mischung mit restriktiven Komponenten durchgeführt werden. Dies ist der Regelfall für die meisten Mischungsanalysen.

Bei Systemen mit k Komponenten lassen sich k-1 Verhältnisse analysieren. Diese Verhältnisse sollten möglichst nach sachlichen Erwägungen gebildet werden, prinzipiell ist aber jedes Verhältnis zu analysieren. Eine Bedingung für die Anwendung von Verhältnissen ist, daß alle Komponenten in allen Gemischen enthalten sind; untere und obere Grenzen der Komponenten sind erlaubt. Alle Punkte, die auf einem von einer Simplexecke ausgehenden Strahl liegen, haben das gleiche Mischungsverhältnis der anderen Komponenten.

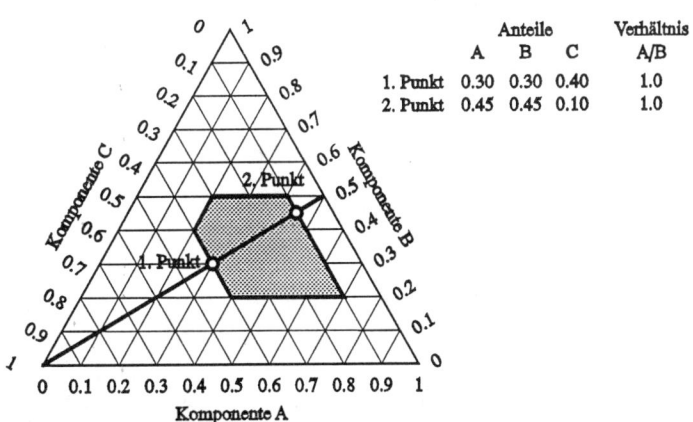

Abb. 14.2.4a Verhältnisse von Komponenten.
Die Abbildung und die Tabelle zeigen, daß ein Strahl ausgehend von der Ecke der Komponente C immer gleiche Verhältnisse der Komponenten A und B darstellt.

Durch zwei von einer Ecke ausgehenden Strahlen wird ein oberes (V_+) und ein unteres Verhältnis (V_-) festgelegt, dies entspricht der (-1) und der (+1) in faktoriellen Versuchen. Das Verhältnis (V_0) wird für die Festlegung des Zentralpunktes benötigt

Statistische Versuchsplanung

und ist das mittlere Verhältnis von (V_-) und (V_+). Bei Verhältnissen der Komponenten, bei denen der Strahl von einem anderen Eckpunkt ausgeht, bilden sich Schnittpunkte der verschiedenen Strahlen, die die Versuchspunkte eines faktoriellen Versuchs darstellen. An einem Beispiel soll die Vorgehensweise erläutert werden. Für drei Komponenten mit den nachfolgend angegebenen Grenzwerten lassen sich zwei Verhältnisse V1 und V2 bilden.

Komponente	Untergrenze	Obergrenze
A	0.2	0.6
B	0.1	0.4
C	0.2	0.6

Als Verhältnisse sollen V1= C/A und V2= C/B gewählt werden. Dann ergeben sich die Tabelle 14.2.4a und die Abb. 14.2.4b mit allen notwendigen Berechnungen.

V1 = C/A
V2 = C/B

$V2_- = c_{un}/b_m = 0.2/0.2 = 1.0$
$V2_+ = c_{ob}/b_m = 0.6/0.2 = 3.0$
$V2_0 = c_m/b_m = 0.4/0.2 = 2.0$
$V1_- = c_{un}/a_m = 0.2/0.4 = 0.5$
$V1_+ = c_{ob}/a_m = 0.6/0.4 = 1.5$
$V1_0 = c_m/a_m = 0.4/0.4 = 1.0$

Tab. 14.2.4a und Abb. 14.2.4b Beispiel eines Versuchsplans mit Verhältnissen.

Die Werte a_m, b_m und c_m müssen in ihrer Summe 1 ergeben und stellen das Zentrum des Versuchs dar. Für a_m und c_m wurde 0.4 der jeweils mittlere Anteil gewählt, dadurch mußte für b_m 0.2 definiert werden. Nach den Formeln für die Verhältnisse wurden die Minus-Niveaus und die Plus-Niveaus berechnet. Die arithmetischen Mittel der Verhältnisse $V1_-$ und $V1_+$ sowie $V2_-$ und $V2_+$ ergeben den Zentralpunkt. Danach kann ein faktorieller Versuchsplan mit Zentralpunkt entwickelt werden. Dieser wird, wie schon beschrieben, analysiert. Eine besondere Schwierigkeit ergibt sich bei der Umrechnung von Verhältnissen in die Mischungsanteile der Komponenten. Dieser Problembereich wird noch ausführlich diskutiert und setzt gewisse algebraische Kenntnisse voraus.

	normierte Verhältnisse		natürliche Verhältnisse		Anteile der Komponenten		
	V1	V2	V1	V2	A	B	C
1	-1	-1	0.5	1.0	0.50	0.25	0.25
2	1	-1	1.5	1.0	0.25	0.37	0.37
3	-1	1	0.5	3.0	0.60	0.10	0.30
4	1	1	1.5	3.0	0.33	0.17	0.50
5	0	0	1.0	2.0	0.40	0.20	0.40

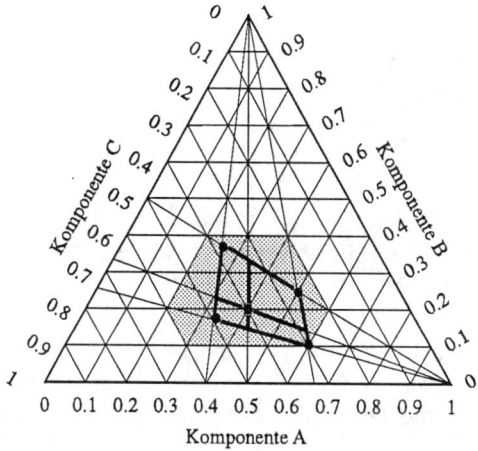
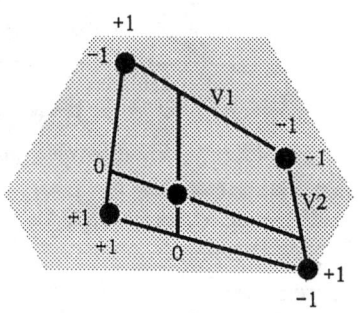

Statistische Versuchsplanung

Es gibt verschiedene Möglichkeiten, Verhältnisse zu bilden. Für drei Komponenten ergeben sich drei Grundtypen. Wenn in einem System mit drei Komponenten zuerst die Komponente A mit der Komponente B vermischt und dann die Komponente C hinzugefügt wird, kann man folgendes Verhältnis wählen.

$$V1 = A/B$$
$$V2 = B/C$$

1) $A = V1 \cdot B$
2) $B = V2 \cdot C$
3) $A = V1 \cdot V2 \cdot C$
4) $A = 1 - B - C$
5) $1 - B - C = V1 \cdot V2 \cdot C$
6) $1 - C \cdot V2 - C = V1 \cdot V2 \cdot C$
7) $1 = C \cdot (1 + V2 + V1 \cdot V2)$
8) $C = 1/(1 + V2 + V1 \cdot V2)$
9) $B = V2/(1 + V2 + V1 \cdot V2)$
10) $A = V1 \cdot V2/(1 + V2 + V1 \cdot V2)$

Formel 14.24.a
V1............ erstes Verhältnis
V2............ zweites Verhältnis
A............. Anteil der Komponente A
B............. Anteil der Komponente B
C............. Anteil der Komponente C

Aus den Verhältnissen V1 und V2 wurde die Rücktransformation in die Komponenten A, B und C abgeleitet. Für andere Verhältnisse muß der Leser diese Ableitungen durchführen.

Wenn die drei Komponenten zuerst in zwei Mischungen A und C sowie B und C hergestellt werden, und dann zusammengefügt werden, empfehlen sich die folgenden Verhältnisse:

$$V1 = A/C$$
$$V2 = B/C$$
$$A = V1/(1 + V1 + V2)$$
$$B = V2/(1 + V1 + V2)$$
$$C = 1/(1 + V1 + V2)$$

Formel 14.24.b
V1............ erstes Verhältnis
V2............ zweites Verhältnis
A............. Anteil der Komponente A
B............. Anteil der Komponente B
C............. Anteil der Komponente C

Eine weitere Möglichkeit besteht darin, daß alle Komponenten zur gleichen Zeit gemischt werden. Dann kann ein Verhältnis aus der Summe der restlichen Komponenten gebildet werden.

$$V1 = A/(B+C)$$
$$V2 = B/(A+C)$$
$$A = V1/(1+V1)$$
$$B = V2/(1+V2)$$
$$C = 1 - V1/(1+V1) - V2/(1+V2)$$

Formel 14.24.c
V1............ erstes Verhältnis
V2............ zweites Verhältnis
A............. Anteil der Komponente A
B............. Anteil der Komponente B
C............. Anteil der Komponente C

Prinzipiell können alle möglichen Verhältnisse gebildet und benutzt werden. In vielen Experimenten ist es wünschenswert, gleiche Abstände zwischen V_- und V_0 sowie V_+ und V_0 zu haben. Dies ist, wenn Null im Intervall V_- bis V_+ liegt, mit den einfachen Verhältnissen nicht gegeben. In diesen Fällen kann das Verhältnis noch logarithmiert werden. Erhalten wir $V_- = 1/2$, $V_0 = 1$ und $V_+ = 2$ als einfache Verhältnisse, so sind sie nicht gleichabständig. Die logarithmierten Verhältnisse sind dem gegenüber aber äquidistant, sie betragen $\ln(V_-) = -0.693$, $\ln(V_0) = 0$ und $\ln(V_+) = 0.693$. Dadurch wird das Modell besser angepaßt.

Statistische Versuchsplanung

14.2.5 Versuchspläne mit unterer und oberer Grenze.

Wie schon bemerkt, sind die Komponenten häufig beidseitig begrenzt. Mit den vorangegangenen Verfahren lassen sich aber immer nur Teilbereiche analysieren. Das nun dargestellte Verfahren berücksichtigt den gesamten Versuchsraum, und es ist deshalb besonders zu empfehlen. Bei drei wirksamen oberen Grenzen von drei Komponenten entsteht ein Sechseck, bei mehreren Komponenten entstehen Polyeder und Hyperpolyeder. Als Versuchspunkte müssen die Eckpunkte, die Linienschwerpunkte, die Flächenschwerpunkte und der Gesamtschwerpunkt ausgewählt werden. Dabei müssen mehr Versuchspunkte existieren, als Koeffizienten berechnet werden sollen. Wir wollen die Vorgehensweise an einem Dreikomponentengemisch mit den nachfolgenden Begrenzungen erläutern.

$$0.10 < A < 0.40$$

$$0.20 < B < 0.70$$

$$0.05 < C < 0.60$$

Für k-1 Komponenten werden die untere und die obere Grenze wie Stufen eines Faktorenplanes behandelt. Die restliche Komponente wird dann für die Ergänzung auf 1 benötigt. Versuche, die nicht zu 1 ergänzt werden können, werden nicht weiter benötigt. Die anderen Versuche stellen die Eckpunkte des Versuchsraumes dar.

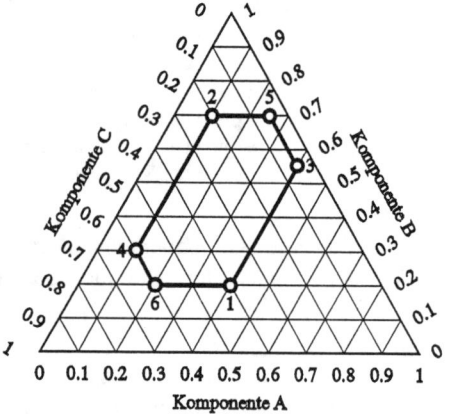

Versuchs-nummer	A	B	C
--	0.10	0.20	--
1	0.40	0.20	0.40
2	0.10	0.70	0.20
--	0.40	0.70	--
--	0.10	--	0.05
3	0.40	0.55	0.05
4	0.10	0.30	0.60
--	0.40	--	0.60
--	--	0.20	0.05
5	0.25	0.70	0.05
6	0.20	0.20	0.60
--	--	0.70	0.60

Abb. 14.2.5a Eckpunkte im restriktiven Dreikomponentensystem.

Der erste faktorielle Versuchsplan (A, B) wird durch die ersten vier Versuche dargestellt, danach folgen die faktoriellen Versuchspläne (A, C) und (B, C). Der erste Versuch kann nicht auf 1 ergänzt werden, und der vierte Versuch ist größer als 1, diese Versuche sind unbrauchbar. Übrig bleiben der zweite und dritte Versuch,. Damit sind zwei Eckpunkte gefunden worden. Mit den weiteren Blöcken wird in gleicher Art und Weise verfahren.

Der nächste zu berechnende Versuchspunkt ist der Schwerpunkt des Versuchsgebietes, er ist das arithmetische Mittel aller Eckpunkte. Nun müssen die Linienschwerpunkte berechnet werden. Aus der Grafik ist leicht erkennbar, daß jeweils wieder das arithmetische Mittel zweier Eckpunkte einen Linienschwerpunkt ergeben wird. Diese zwei Eckpunkte müssen so auszuwählt werden, daß die Eckpunkte für k-2

Komponenten identische Stufenhöhen haben. So findet man beispielsweise die Eckpunkte 1 und 3 mit der Stufenhöhe A=0.4 oder die Eckpunkte 4 und 6 mit der Stufenhöhe C=0.6. Dadurch lassen sich weitere Versuchspunkte definieren.

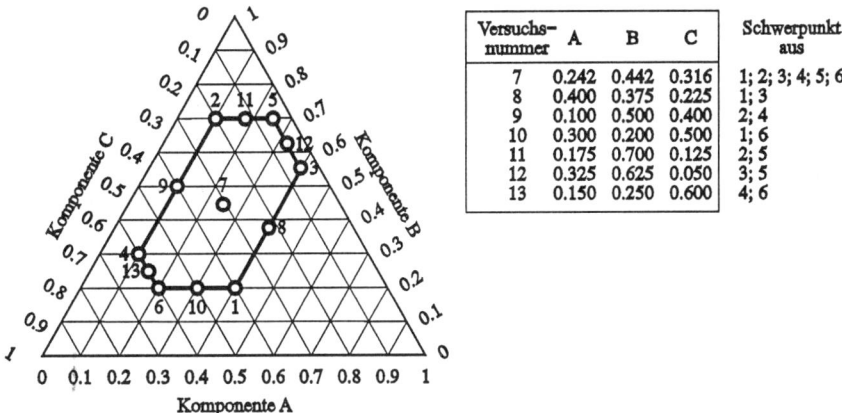

Versuchs-nummer	A	B	C	Schwerpunkt aus
7	0.242	0.442	0.316	1; 2; 3; 4; 5; 6
8	0.400	0.375	0.225	1; 3
9	0.100	0.500	0.400	2; 4
10	0.300	0.200	0.500	1; 6
11	0.175	0.700	0.125	2; 5
12	0.325	0.625	0.050	3; 5
13	0.150	0.250	0.600	4; 6

Abb. 14.2.5b Linienschwerpunkte im restriktiven Dreikomponentensystem.

Der erste Versuchspunkt (7) ist der Gesamtschwerpunkt, danach folgen die Linienschwerpunkte (8 bis 13). Sollten weitere Versuchspunkte notwendig werden, weil ein hoher Grad des Regressionspolynoms analysiert werden soll, so können mit dem gleichen Verfahren halbierende Abstände zwischen den Versuchspunkten berechnen werden, und so weitere Versuchspunkte definiert werden.

In einem Vierkomponentensystem gibt es Grenzflächen, welche k-2 gleiche Stufenhöhen haben, die Grenzlinien haben k-3 gleiche Stufenhöhen. Für ein Fünfkomponentensystem hat das Grenzpolyeder k-2 gleiche Stufenhöhen, die Grenzflächen k-3 gleiche Stufenhöhen und die Grenzlinien k-4 gleiche Stufenhöhen. Der dargestellte Versuchsplan hat 13 Versuchspunkte. Für ein Modell 2. Grades benötigt man aber nur 7 Versuche, der Überschuß an Versuchspunkten ist erheblich. Man wird soviele Versuchspunkte streichen, bis eine geeignete Versuchsanzahl erreicht wird. Zuerst werden die Punkte gestrichen, die nahe beieinander liegen. Dies ist bei einem Dreikomponentensystem aufgrund der grafischen Darstellbarkeit kein Problem. Schwierig wird die Entscheidung jedoch bei Vier- und Mehrkomponentensystemen. Eine Hilfe für die Lösung dieses Problems ist auf zwei Arten möglich. Die erste Art berechnet die Differenzen der Versuchspunkte, und es werden dann jene

Formel 14.2.5a

$$d_{ij} = \left[\sum_{l=1}^{k} \frac{(X_{il} - X_{jl})^2}{(x_{l\,ob} - x_{l\,un})^2} \right]^{0.5}$$

d_{ij} .... Distanz zwischen Punkt i und Punkt j
X_{il} .... Anteil der Komponente l im i-ten Punkt
X_{jl} .... Anteil der Komponente l im j-ten Punkt
$x_{l\,un}$ .... unterer Grenzwert der Komponente l
$x_{l\,ob}$ .... oberer Grenzwert der Komponente l
k .... Anzahl der Komponenten
i, j, l .... Indizes

Versuchspunkte eliminiert, die die kleinsten Differenzen ausweisen. Dies ist sehr rechenintensiv und erfordert den Einsatz eines Rechners. Dies gilt in noch stärkerem

Statistische Versuchsplanung

Maße für das zweite Verfahren. Das zweite Verfahren besteht in der Entwicklung der "Hat-Matrix" und der Beurteilung berechneter Hebelwirkungen jedes Versuchspunktes. Die Hebelwirkungen aller Versuchspunkte sollten nahezu gleich groß sein. Kleine Hebelwirkungen repräsentieren relativ bedeutungslose Versuchspunkte, die aus dem Versuchsplan entfernt werden sollten. Eine kurze Darstellung der Hat-Matrix und anderer Verfahren wird im Kapitel 17 und folgende gegeben.

Das Verfahren der extremen Eckpunkte kann mit Hilfe einer multiplen Regressionsanalyse berechnet und interpretiert werden. Bei der grafischen Analyse darf nur der untersuchte Bereich bewertet werden, d.h. Extrapolationen sind auch in diesem Fall nicht gestattet. Die für eine gute Analyse unverzichtbaren Optimalitätskriterien werden bei diesem Verfahren ausreichend erfüllt.

14.3 Grafische Analyse

Die grafische Analyse setzt eine rechnerunterstützte Erstellung der Grafiken voraus. Dies gilt insbesondere für die Modelle 3. und 4. Grades. Diese Modelle sind nicht mehr explizit zu berechnen und erfordern einen hohen Rechenaufwand, der für die Interpretation von Mischungsanalysen und für die Optimierung von Komponentenkonzentrationen unverzichtbar ist.

Für ein Zweikomponentensystem wurden die Konturlinien in Abschnitt 14.1 dargestellt. Dieses Kapitel ist der Darstellung von ternären Systemen gewidmet. Die Konturlinien von drei Komponenten lassen sich in einem Dreieckskoordinatenpapier grafisch darstellen. Die Konturlinien sind Isolinien und wie die Höhenlinien einer Landkarte zu interpretieren, d.h. es sind Linien mit gleichem Wert für die Zielgröße.

Wie sich die Konturlinien in einem Dreikomponentensystem in Abhängigkeit der quadratischen Regressionskoeffizienten ändern, wird in den nachfolgenden Abbildungen veranschaulicht.

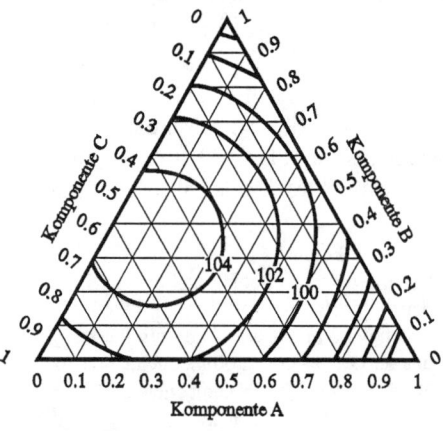

Abb. 14.3a Synergistische Effekte.

Die Abbildung zeigt drei positive quadratische Wirkungen mit einem eindeutigen Maximum.

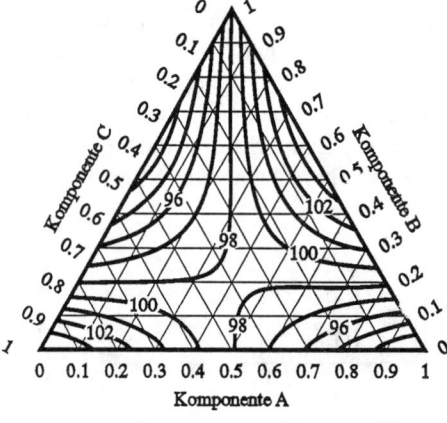

Abb. 14.3b Antagonistische Effekte zweier Komponenten.

Die Abbildung zeigt eine positive und negative quadratische Wirkung.

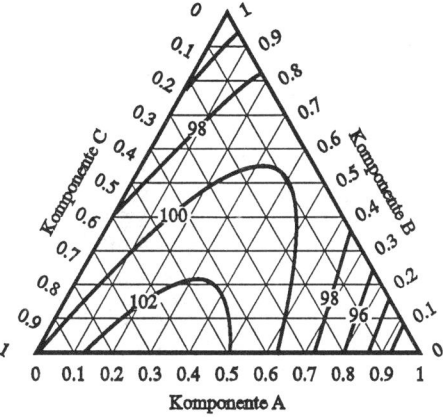

Abb. 14.3c Synergistische Effekte.

Die Abbildung zeigt zwei positive quadratische Wirkungen mit einem ansteigendem Grat. Das Maximum der Funktion erreicht man ohne Komponente B.

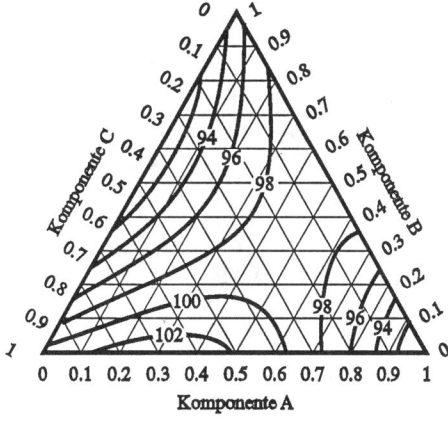

Abb. 14.3d Antagonistische Effekte.

Die Abbildung zeigt eine negative und zwei positive quadratische Wirkungen mit einem Min-max.

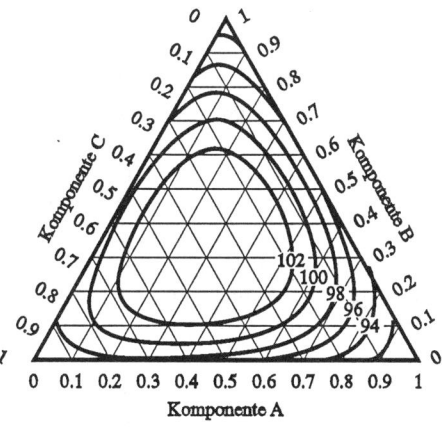

Abb. 14.3e Synergistische Effekte mit ternärem Glied.

Die Abbildung zeigt drei positive quadratische Wirkungen und einen positiven ternären Effekt.

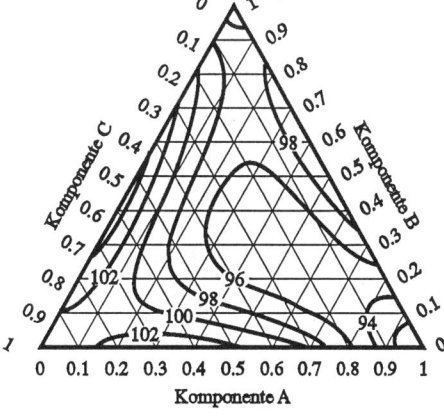

Abb. 14.3f Antagonistische Effekte mit ternärem Glied.

Die Abbildung zeigt drei positive quadratische Wirkungen und einen negativen ternären Effekt.

Die Grafiken in den Abbildungen Abb. 14.3a bis 4.3d stellen Regressionsfunktionen 2. Grades dar. Sie zeigen die wichtigsten Darstellungstypen. Komplexer werden die Darstellungsformen von Mischungsanalysen, wenn Modelle 3. Grades unvollständig benutzt wurden. Damit der Einfluß des ternären Gliedes besser studiert werden kann, wurden alle quadratischen Glieder gleich groß und mit gleichen Vorzeichen gesetzt. Das ternäre Glied in den Abbildungen Abb. 14.3e und Abb. 14.3f unterscheidet sich nur durch das Vorzeichen. Die unsymmetrische Anordnung der Konturlinien ist auf unterschiedlich große Hauptwirkungen zurückzuführen. Die Abbildung Abb. 14.3g zeigt eine Darstellung des Modells 3. Grades und die Abbildung Abb. 14.3h zeigt die Darstellung für ein Modell 4. Grades unvollständig.

Statistische Versuchsplanung

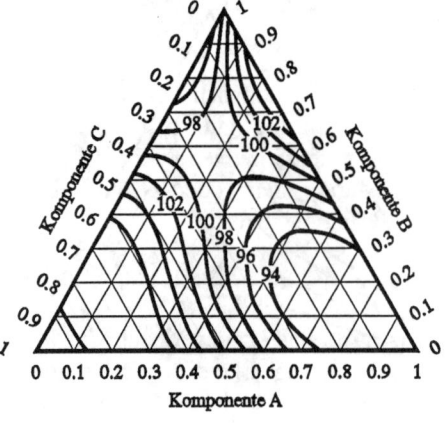

Abb. 14.3g Funktion 3. Grades.

Die Abbildung zeigt ein Minmax und einen Grat. Diese Funktion ist sehr flexibel und reicht in den meisten Fällen bei der Lösung komplizierter Zusammenhänge aus.

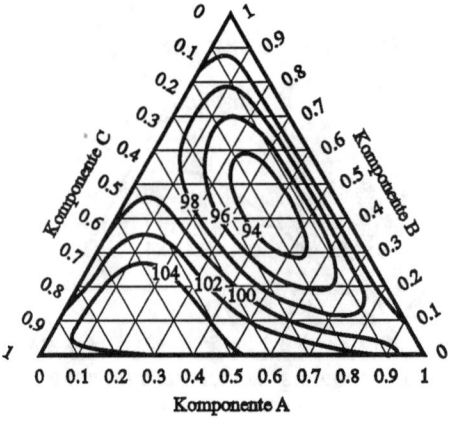

Abb. 14.3f Funktion 4. Grades unvollständig.

Die Abbildung zeigt eine sehr komplexe Struktur der Konturlinien.

Wie die Abbildungen zeigen, sind die Regressionspolynome sehr flexibel und somit in der Lage, auch sehr komplexe Funktionen zu approximieren. Außerdem zeigen die Grafiken, daß für Teilbereiche eine Approximation mit einem niedrigeren Grad des Regressionspolynoms durchgeführt werden kann, d.h. für das Verhältnismodell wird in der Regel maximal ein Grad 2. Ordnung notwendig sein. Ein weiterer Vorteil des Verhältnismodelles ist, daß die Rezeptur und Prozeßparameter gemeinsam analysiert werden können. Werden mehr als drei Komponenten analysiert, müssen bei der grafischen Analyse wieder Schnitte wie bei den zentral zusammengesetzten Versuchsplänen angefertigt werden. Es müssen also überzählige Komponenten auf einen Wert festgesetzt werden. Dabei muß die Summe der Anteile dieser Komponenten kleiner "1" sein.

Statistische Versuchsplanung

15. Weitere Versuchspläne der SVP

Neben den klassischen statistischen Versuchsplänen, die in den vorangegangenen Kapiteln behandelt wurden, gibt es eine bedeutende Anzahl weiterer Versuchspläne. Diese Versuchspläne haben das Ziel, mit einem möglichst kleinen Redundanzfaktor Versuche durchzuführen. "Erkauft" wird dieses durch mehr oder weniger starke Restriktionen oder einem häufig unterschätzten Informationsverlust.

15.1 Versuchspläne nach Plackett und Burman

Die Versuchspläne nach **Plackett** und **Burman** sind hochvermengt und aus unvollständigen balancierten Plänen abgeleitet worden. Die Stärke dieser Pläne liegt in der Möglichkeit, wesentliche Faktoren auszusieben. Zum Aufbau eines Versuchsplanes wird die erste Spalte als Vorzeichenvektor benötigt. Durch zyklisches Verschieben können dann die weiteren Spalten gebildet werden. Jede Spalte ist gleichbedeutend mit einem Faktor, und die Vorzeichenfolge legt fest, auf welchem Niveau der Faktor getestet werden soll. Der Versuchsplan muß noch durch eine zusätzliche, letzte Zeile ergänzt werden, wobei alle Vorzeichen negativ gesetzt sein müssen. Die Zeilen repräsentieren - wie bei allen anderen Versuchsplänen auch - die Versuche für das geplante Experiment. Die Pläne nach Plackett und Burman sind orthogonal und können deshalb wie faktorielle Versuchspläne ausgewertet werden. Als Vorteile für diese Pläne gilt:

- Es können in jedem Plan bis zu N-1 Faktoren untersucht werden. Dabei werden die Haupteffekte untereinander unvermengt erhalten.
- Die Anzahl der Versuche ist feiner als bei den teilfaktoriellen Versuchsplänen abgestuft.
- Aus nicht benutzten Spalten (Scheinvariable) läßt sich der Versuchsfehler bestimmen.

Anzahl der Versuche	Anzahl der Faktoren	Vorzeichenfolgen
N= 8	k= 7	+ + + - + - -
N=12	k=11	+ + - + + + - - - + -
N=16	k=15	+ + + + - + - + + - - + - - -
N=20	k=19	+ + - - + + + + - + - + - - - - + + -
N=24	k=23	+ + + + + - + - + + - - + + - - + - + - - - -

Tab. 15.1a Vorzeichenfolgen für Placketts und Burmans Versuchspläne.

Die Tabelle zeigt eine beschränkte Auswahl von Vorzeichenfolgen für Placketts und Burmans Versuchspläne. Der Originalliteratur sind weitere Vorzeichenfolgen zu entnehmen.

Aus diesen Vorzeichenfolgen kann man - wie bereits beschrieben - einen Versuchsplan aufbauen. Zum besseren Verständnis wird in der nächsten Tabelle (Tab. 15.1b) ein Plackett und Burman Versuchsplan für sieben Faktoren aufgebaut. Die Versuchspläne von Plackett und Burman gehören zu Lösungstyp III, d.h. es sind vollkommen gesättigte Faktorenpläne. Dies wiederum schränkt den Gültigkeitsbereich

Statistische Versuchsplanung

Versuchs-Nr.	A	B	C	D	E	F	G
1	+	–	–	+	–	+	+
2	+	+	–	–	+	–	+
3	+	+	+	–	–	+	–
4	–	+	+	+	–	–	+
5	+	–	+	+	+	–	–
6	–	+	–	+	+	+	–
7	–	–	+	–	+	+	+
8	–	–	–	–	–	–	–

Tab. 15.1b Versuchsplan für 7 Faktoren nach Plackett und Burman.

Die Vorzeichenfolgen wurden für jede Spalte in Klammern dargestellt, und man sieht, daß das erste Vorzeichen in jeder neuen Spalte um eine Zeile tiefer beginnt. Die achte Zeile wird zum Schluß angefügt.

dieser Pläne auf rein lineare Modelle ein. Die Vorteile der Versuchspläne werden also nur dann wirksam, wenn keine Wechselwirkungen vorhanden sind. Sind Wechselwirkungen vorhanden, werden die Hauptwirkungen und der Versuchsfehler falsch geschätzt. Anders ausgedrückt, man erhält unbrauchbare Ergebnisse. Wenn man die Vorteile dieser Pläne dennoch nutzen will, empfiehlt sich das folgende Vorgehen: Man wird den Versuchsfehler mit Hilfe von Wiederholungen ermitteln und nicht mit Hilfe von Scheinvariablen. Dann prüft man alle Faktoren einschließlich der Scheinvariablen auf Signifikanz. Sollte eine Scheinvariable signifikant sein, sind Wechselwirkungen vorhanden. Dies muß dann berücksichtigt werden. Außerdem sollte die Anzahl der Scheinvariablen nicht zu klein sein, damit auch die Umkehrung der Aussage mit hoher Wahrscheinlichkeit gilt, d.h. wenn keine Scheinvariable signifikant ist, gibt es auch keine Wechselwirkungen. Um der Verfälschung der Hauptwirkungen durch Wechselwirkungen vorzubeugen, sollte der Versuch zweimal durchgeführt werden, einmal in der normalen Form und das zweite Mal mit vollständiger Vorzeichenumkehr des Versuchsplanes. Das arithmetische Mittel der beiden Versuchsergebnisse, ist eine nicht durch Wechselwirkungen verfälschte, unverzerrte Schätzung der Hauptwirkungen. Ergebnisse dieser Art gehören zu Lösungstyp IV.

15.2 Versuchspläne nach Box-Behnken

Oftmals sind die Versuchseinstellungen in den Eckpunkten oder in den Sternpunkten bei zentral zusammengesetzten Versuchsplänen zu extrem, weil es technische Restriktionen gibt. Abhilfe bei solchen Problemen schaffen die Versuchs-

Versuchs-Nr.	A	B	C
1	–1	–1	0
2	+1	–1	0
3	–1	+1	0
4	+1	+1	0
5	–1	0	–1
6	+1	0	–1
7	–1	0	+1
8	+1	0	+1
9	0	–1	–1
10	0	+1	–1
11	0	–1	+1
12	0	+1	+1
13	0	0	0

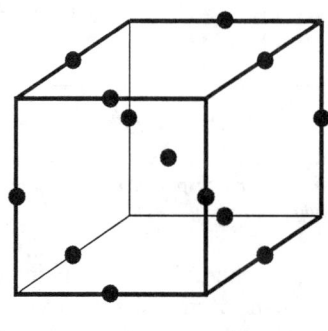

Tab. 15.2a Versuchsplan nach Box-Behnken.

Die Tabelle und die Grafik zeigen einen Versuchsplan nach Box-Behnken für drei Faktoren. Für zwei Faktoren ist kein Box-Behnken Versuchsplan konstruierbar.

Statistische Versuchsplanung

pläne nach Box-Behnken, weil die Versuchspunkte nicht auf die Ecken sondern auf die Kantenmitten gelegt werden. Für Versuchspläne nach Box-Behnken sind weniger Versuche als bei zentral zusammengesetzten Versuchen erforderlich, d.h. sie haben einen geringeren Redundanzfaktor. Dies wird allerdings mit deutlich schlechterer Erfüllung der Optimalitätskriterien (Orthogonalität) erkauft. Außerdem gibt es nicht für alle Anzahlen von Faktoren Versuchspläne nach Box-Behnken. Die Analyse wird wie bei den zentral zusammengesetzten Versuchen mit Hilfe der multiplen Regression durchgeführt. Es sollte aber aufgrund der fehlenden Orthogonalität immer eine schrittweise Regressionsanalyse benutzt werden.

15.3 Versuchspläne nach Hartley

Bei den zentral zusammengesetzten Versuchen kann der Redundanzfaktor sehr groß werden. Dies hat zur Entwicklung von Versuchsplänen geführt, die mit einem geringeren Überhang an Versuchen auskommen. Einer dieser Versuchspläne wurde von Hartley entwickelt. Hartley schlägt als Kern der Versuchspläne teilfaktorielle Versuche vor, in denen Hauptwirkungen mit 2-Faktorwechselwirkungen vermischt sind. Diese Vermengung wird durch hinzufügen weiterer Versuchspunkte (Sternpunkte) beseitigt. Als Kern des Versuchsplans werden die folgenden teilfaktoriellen Versuchspläne benutzt.

3 Variable = 2^{3-1}, $\alpha = 1.147$, I = ABC

4 Variable = 2^{4-1}, $\alpha = 1.353$, I = ABC

5 Variable = 2^{5-1}, $\alpha = 1.547$, I = ABCDE

6 Variable = 2^{6-2}, $\alpha = 1.664$, I_1 = ABC und I_2 = DEF

7 Variable = 2^{7-2}, $\alpha = 1.841$, I_1 = ABF und I_2 = CDG

Diese teilfaktoriellen Versuchspläne werden nun durch die 2k Sternpunkte und den Zentralpunkt ergänzt. Wenn für die Sternpunkte der Abstand α benutzt wird, sind die Versuchspläne nach Hartley orthogonal. Ein Vergleich des Aufwandes zwischen Box- und Hartley-Plänen zeigt die nachfolgende Tabelle:

Anzahl Faktoren	Anzahl Koeffizienten	Anzahl BOX	Redundanz BOX	Anzahl HARTLEY	Redundanz HARTLEY
3	10	15	1.500	11	1.100
4	15	25	1.667	17	1.133
5	21	27	1.286	27	1.286
6	28	45	1.607	29	1.036
7	36	79	2.194	47	1,306

Tab. 15.3a Vergleich von Box- und Hartley-Plänen.

Die Tabelle zeigt, daß die Pläne nach Hartley eine deutlich geringere Redundanz haben. Dies bedeutet, daß die Versuchspläne von Hartley eine höhere Effizienz als die Versuchspläne von Box haben.

Aufgrund der guten Eigenschaften können die Versuchspläne von Hartley problemlos eingesetzt werden. Die Analyse wird wieder entsprechend den zentral zusammengesetzten Versuchen (Box-Pläne) durchgeführt.

Statistische Versuchsplanung

15.4 Die Versuchsplanung nach Taguchi.

In neuester Zeit werden die Versuchsmethoden nach Taguchi immer häufiger benutzt und propagiert. Sie sind fester Bestandteil der SVP. Die orthogonalen Felder sind Versuchspläne, die den faktoriellen, teilfaktoriellen und anderen hochvermengten Versuchsplänen entsprechen wie z.B. den Versuchsplänen von Plackett und Burman. Die Methoden von Taguchi bestehen aus einer Reihe von Verfahren, die in eine bestimmte Qualitätsphilosophie eingebettet sind. Ohne auf die Taguchi-Philosophie im Detail einzugehen, soll hier speziell die Versuchsplanung behandelt werden. Sie ist unverzichtbarer Bestandteil der Taguchi-Methode. Die wesentlichen Unterschiede zu den bisher dargestellten Methoden sind:

- ❑ Die Berücksichtigung der von Taguchi entwickelten Verlustfunktion. Die Verlustfunktion kann aus der Definition der Qualität nach Taguchi abgeleitet werden. Taguchi definiert:

   Qualität eines Produktes ist durch diejenigen Kosten bestimmt, die nach Auslieferung des Produktes an den Kunden durch Abweichung von den Sollwerten und durch Schäden entstehen.

   Gute Qualität bedeutet also geringere Abweichungen von den Sollwerten durch reduzierte Streuung und durch eine Prozeßlage, die dem Sollwert entspricht. Bei gegebenen Sollwerten kann die Qualität eines Produktes daher durch das Ausmaß der Abweichungen von den Sollwerten gemessen werden. Taguchi definierte hierzu die Verlustfunktion $L = K(Y-M)^2$ wobei

   - ○ L den Kosten des Verlustes entspricht,
   - ○ Y der tatsächliche Prozeßlage entspricht,
   - ○ M dem geforderten Sollwert entspricht,
   - ○ K einer Kostenkonstante entspricht.

   Die Verlustfunktion zeigt, wenn Y gleich M ist, daß die Kosten gleich Null sind. Mit wachsender Abweichung zwischen Y und M steigen die Kosten quadratisch an. Wenn man also die Kosten möglichst niedrig halten will, kommt es darauf an, die Prozeßlage mit dem Sollwert in Übereinstimmung zu bringen und eine Prozeßstreuung so klein wie möglich zu erhalten. Dazu hält Taguchi die Methoden der SVP für unverzichtbar.

- ❑ Die Berechnung und Interpretation eines Signal/Rausch-Verhältnisses zur Minimierung der Streuung bei gleichzeitiger Einhaltung des geforderten Wertes der Zielgröße. Verwendet man wie üblich für die Streuung die Standardabweichung s, dann würden sich je Versuchspunkt ein Mittelwert und eine Standardabweichung ergeben. Daraus ergibt sich als elementarste Form des Signal/Rausch-Verhältnisses der Variationskoeffizient. Es bieten sich aber auch viele andere an. Taguchi hat über 70 definiert und schlägt drei für die Benutzung besonders vor.

   Diese drei Signal/Rausch-Verhältnisse sind so definiert, daß sie bei einem optimalen Ergebnis des Versuchs möglichst große Werte annehmen. Eine Steigerung der Signal/Rausch-Verhältnisse um drei Einheiten bedeutet eine Verringerung des Verlustes um die Hälfte, damit sind S/N-Werte zu interpretieren wie die Einheit dB.

Statistische Versuchsplanung

$$S_m = \frac{\left(\sum_{i=1}^{n} y_i\right)^2}{n} \qquad V_e = \frac{\sum_{i=1}^{n} y_i^2 - \frac{\left(\sum_{i=1}^{n} y_i\right)^2}{n}}{n-1}$$

Sollwert gleich Nennwert

$$S/N_N = 10 \log_{10} \frac{\frac{1}{n}(S_m - V_e)}{V_e}$$

Sollwert gleich Null

$$S/N_S = -10 \log_{10} \frac{1}{n} \sum_{i=1}^{n} y_i^2$$

Sollwert gleich unendlich

$$S/N_B = -10 \log_{10} \frac{1}{n} \sum_{i=1}^{n} \frac{1}{y_i^2}$$

Formel 15.4a
S_m .... Hilfsgröße
V_e .... Hilfsgröße (Varianz)
y_i .... Meßwerte im Versuchspunkt
n .... Anzahl der Wiederholungen
S/N .... Signal/Rausch-Verhältnis

❏ Die besondere Berücksichtigung von Einflußgrößen in einem "Inneren Feld" und von Störgrößen in einem "Äußeren Feld". Die Unterscheidung der unabhängigen Variablen in Einflußgrößen und in Störgrößen ist wesentlich für die SVP nach Taguchi. Als Einflußgrößen betrachtet Taguchi alle unabhängigen Variablen, die in dem Versuchsplan bewußt variiert werden und gegebenenfalls als Steuergrößen benutzt werden können. Als Störgrößen (z.B. Rohmaterial von zwei Zulieferern) gelten unabhängige Variablen, welche den Prozeß stören, aber in dem Versuch kontrolliert werden können. Beide Typen der unabhängigen Variablen werden in den Versuchsplänen nach Taguchi berücksichtigt.

Versuchs-nummer	Inneres Feld							Äußeres Feld 1 1 2 2 1 / 1 2 1 2 2 / 1 2 2 1 3						
	1	2	3	4	5	6	7	Y1	Y2	Y3	Y4	$\bar{Y}$	S	S/N
1	1	1	1	1	1	1	1							
2	1	1	1	2	2	2	2							
3	1	2	2	1	1	2	2							
4	1	2	2	2	2	1	1							
5	2	1	2	1	2	1	2							
6	2	1	2	2	1	2	1							
7	2	2	1	1	2	2	1							
8	2	2	1	2	1	1	2							

Tab. 15.4a Versuchsplan nach Taguchi.

Der Versuchsplan ist einfach zu interpretieren. So sind im "inneren Feld" die Zahlen 1 bis 7 ein Synonym für die möglichen Einflußgrößen Die Zahlen 1 bis 3 im "äußeren Feld" kennzeichnen die möglichen Störgrößen. Die Kodierungen 1 und 2 stehen für die jeweilige Einstellung der Variablen und sind vergleichbar mit dem -1 und +1 der faktoriellen Versuche. Wenn auch auf den ersten Blick nicht erkennbar, handelt es sich bei dem inneren Feld um einen 2^3, 2^{4-1}, 2^{5-2}, 2^{6-3} oder einem 2^{7-4} faktoriellen Versuchsplan, das gleiche gilt für das äußere Feld (2^2 oder 2^{3-1}). Für das "innere" bzw. "äußere Feld" können alle faktoriellen Versuchspläne, Plackett und Burman Versuchspläne sowie 3^k Versuchspläne eingesetzt werden. Bei Taguchi heißen all diese Versuchspläne "orthogonale Arrays". Die Versuchspläne nach Taguchi bauen auf bekannten Versuchsplänen auf.

Statistische Versuchsplanung

❏ Eine besondere Nomenklatur und Hilfsmittel wie Tabellen und Graphen für die Planung und Interpretation der Versuche. Die Versuchspläne wurden alle von bekannten Faktorenplänen (z.B. 2^{k-p}-, 3^{k-p}-Versuchspläne usw.) abgeleitet, heißen nun aber orthogonale Felder (Arrays) und sind in der Originalliteratur aufgelistet. Da die Versuchseinstellungen nicht wie bei faktoriellen Versuchsplänen -1, 0 und +1 lauten, sondern 1, 2 und 3, spielt die Richtung nur noch eine untergeordnete Rolle. Der Vorteil ist, daß nun jeder beliebige Skalentyp benutzt werden kann, und nachteilig ist, daß die Versuchspläne nicht mehr mit einfachen Algorithmen entwickelt werden können, sondern sie in tabellierter Form vorliegen müssen. Die Spalten mit den Wechselwirkungen können mit der Hilfe von Graphen bestimmt werden.

Versuchspläne wie der dargestellte kann man als sogenannte orthogonale Arrays entsprechend der Anzahl der zu testenden Hauptwirkungen und Wechselwirkungen auswählen. Wenn wir z.B. fünf Einflußgrößen und eine Wechselwirkung erwarten, könnte der vorliegende Versuchsplan zur Lösung des Problems genutzt werden. Die Wechselwirkung muß aber mit der richtigen Position (Spalte) besetzt werden. Sollte die Wechselwirkung AB lauten, dann darf die Spalte 3 nicht mit einer Hauptwirkung besetzt werden. Welche Spalten zu einer Wechselwirkung gehören, kann man bei Taguchi aus zusätzlichen Tabellen entnehmen. Der Anwender braucht also nur alle Tabellen, um den richtigen Plan auszuwählen. Bei gut geplanten Experimenten ist das Verfahren wie ein faktorieller Versuch mit zusätzlicher Auswertungskomponente zu bewerten. Leider berücksichtigt Taguchi nur unzureichend das Problem der Vermengungen. Außerdem meinen viele Anwender, wenn sieben Einflußgrößen zur Analyse mit acht Versuchen zugelassen werden, dann seien diese Versuchspläne effizienter als teilfaktorielle Versuchspläne. Sie vergessen dabei die Problematik der relevanten Wechselwirkungen. Dies hat dazu geführt, daß nur jeder zweite Versuch nach Taguchi erfolgreich beendet wird. Dies liegt aber nicht an der Methode, sondern an der unzureichenden Planung der Experimente von Anwendern mit geringen Kenntnissen der SVP.

Aus dem dargestellten Versuchsplan geht hervor, daß über das äußere Feld die Mittelwerte, die Standardabweichungen und das Signal/Rausch-Verhältnis für jeden Versuchspunkt ermittelt werden. Für die Versuchspläne nach Taguchi gelten ähnliche Einschränkungen wie für die faktoriellen und teilfaktoriellen Versuchen. Ausnahmen sind, daß auch mehr als zwei Faktorstufen analysiert werden können, und daß alle Einflußgrößen als nominalskaliert angesehen werden, so daß zur Berechnung ausschließlich die Varianzanalyse benutzt wird. Aus diesem Grunde beschränkt sich die grafische Darstellung auf die Methoden des Kapitels 10.3, die bei diskreten Einflußgrößen zum Einsatz kommen, wobei allerdings nicht nur die Lage, sondern auch das Signal/Rausch-Verhältnis und die Streuung dargestellt werden.

Die Verfahren nach Taguchi ergänzen die SVP durch das Auffinden robuster Einstellungen der Einflußgrößen und Störgrößen. Sie bedeuten keinen geringeren Versuchsaufwand gegenüber teilfaktoriellen Versuchsplänen. Dies soll an dem dargestellten Versuchsplan erläutert werden. Der Versuchsplan kann sieben Einflußgrößen und drei Störgrößen ohne Wechselwirkungen analysieren, dabei ergeben sich 32 notwendige Versuche. Ein teilfaktorieller Versuchsplan würde unter den

Statistische Versuchsplanung

gleichen Prämissen nur 16 Versuche (2^{10-6}) erfordern, mit der Möglichkeit noch fünf Wechselwirkungen zu betrachten. Somit sollte man die Verfahren nach Taguchi nur anwenden, wenn man robuste Einstellungen der Einflußgrößen zur Erreichung der Zielgröße bei unvermeidbaren Störgrößen sucht. Dies setzt immer auch ein äußeres Versuchsfeld voraus, weil sonst der Versuchsplan wieder einem faktoriellen Versuchsplan entspricht, und diese dann bevorzugt eingesetzt werden sollten.

Wenn die Verfahren der SVP nach Taguchi angewendet werden sollen, empfiehlt sich ein Studium der Originalliteratur von G. Taguchi oder das deutschsprachige Buch "Statistische Qualitätsentwicklung nach G. Taguchi" von Lau/Mitzlaff/Neugschwender 1989. Weil außerdem die Berechnungen und grafischen Darstellungen sehr zeitaufwendig sind, sollte man die Analyse rechnergestützt durchführen. Hierzu wird ein Programm des AMERICAN SUPPLIER INSTITUTS angeboten. Dieses Programm mit dem Namen "ANOVA" ist in Deutschland bei der Fa. Promis in München zu erwerben.

16. Die Polyoptimierung

Wenn wir über die Qualität eines Produktes sprechen, dann meinen wir immer eine Vielzahl von Eigenschaften. So interessieren wir uns bei einem Auto für die Leistung, das Drehmoment, den Verbrauch, die Lebensdauer usw.. Es gibt Qualitätsmerkmale, bei denen wir hohe Werte, und andere, bei denen wir niedrige Werte erwarten. Einige Qualitätsmerkmale sind diskreter Art wie z.B. das Aussehen. Solche Merkmale sind numerisch nicht erfaßbar und können hier nicht behandelt werden.

Die Polyoptimierungen hilft, den besten Kompromiß zwischen den vielen Qualitätsmerkmalen zu finden. Alles wäre einfach, wenn die Änderung eines Merkmals keinen Einfluß auf andere Merkmale hätte bzw. die Verbesserung eines Merkmals auch alle anderen verbessern würde. Dies ist leider nicht der Fall. Häufig führt die Verbesserung eines Merkmals (Zielgröße) zur Verschlechterung eines anderen Merkmals. Traditionell wird eine Zielgröße als die wichtigste ausgewählt und diese wird dann optimiert. Zur Lösung dieser Probleme gibt es mehrere optimierende Verfahren, von denen wir drei näher betrachten wollen.

16.1 Die grafische Optimierung bei mehreren Zielgrößen.

Ausgehend von den Konturliniengrafiken der Faktorenpläne (Kapitel 11, 12, 13 und 15) sowie den Konturlinien der Mischungspläne (Kapitel 14) kann eine grafische Optimierung leicht durchgeführt werden. Dies setzt voraus, daß die Anzahl der wesentlichen Einflußgrößen bei Faktorenplänen nicht größer als drei, und bei Mischungsanalysen nicht größer als vier ist. Eine ähnliche Einschränkung gilt für die Anzahl der Zielgrößen, weil mit jeder weiteren Zielgröße die Analyse unübersichtlicher wird. In seltenen Fällen lassen sich grafische Optimierungen auch mit mehr Einflußgrößen durchführen. Dies gilt, wenn viele Einflußgrößen nur lineare Abhängigkeiten aufweisen und das gleiche Vorzeichen haben. In allen anderen Fällen ist der rechnerischen Lösung des Problems der Vorzug zu geben. Der Einfachheit halber beschränken wir uns bei der Darstellung auf je zwei Faktoren und Zielgrößen.

Beispiel:

Bei der Entwicklung eines Kopiergerätes traten Probleme bei Fixierung der Farbe auf. Als Ursache wurde die neuentwickelte Kaltdruckfixierung ermittelt. Die zulösenden Probleme waren:

❑ Bei hohem Druck zeigten die Kopien auffällige Falten, die bei hohem Schwarzflächenanteil des Originals weiter zunahmen. Gefordert wurden bei hohem Schwarzflächenanteil keine Falten. Aufgrund der Abhängigkeit der Falten vom Schwarzflächenanteil des Originals konnte ein objektiver Meßwert konstruiert werden, der normalverteilt war.

❑ Bei niedrigem Druck wurde die Farbe mit dem Papier der Kopie nicht ausreichend verpresst, d.h. die Abriebfestigkeit die Farbe war außerhalb der Spezifikation.

In Voruntersuchungen konnte ein Grenzwert für die Falten definiert werden, und es stellte sich heraus, daß nur die Druckeinstellung einen Einfluß auf die Zielgrößen

Statistische Versuchsplanung

Falten und Abriebfestigkeit hatte. Die Druckeinstellung wurde mit Hilfe zweier Druckfedern (Druck vorne und hinten) eingestellt. Zur Lösung des Problems der optimalen Einstellung der Einflußgrößen (Faktor A Druck vorne und Faktor B Druck hinten) bzgl. der Zielgrößen (Y1 Falten und Y2 Abriebfestigkeit) wurde ein zentral zusammengesetzter Versuch geplant und durchgeführt. Das ideale Zentrum des Versuchsplanes wurde mit der Methode des steilsten Anstiegs ermittelt. Die Regressionsanalyse ergab zwei Regressionspolynome, die in den nachfolgenden Grafiken dargestellt werden.

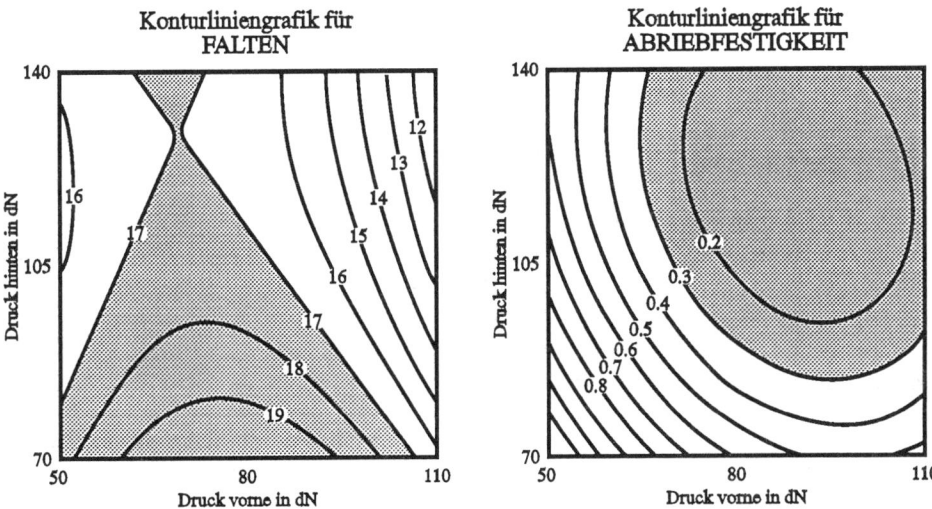

Abb. 16.1a und 16.1b Konturliniengrafiken für Optimierung.

Die Grafik für Falten zeigt ein Minmax (hohe Werte bedeuten keine Falten bei hohem Schwarzflächenanteil), d.h. für einen optimalen Faltenwert müssen die Drücke vorne und hinten verschieden eingestellt werden. Für die Abriebfestigkeit ergibt sich ein Minimum (geringster Abrieb der Farbe), erwartet wurde ein fallender Grat. Hier hat ein minimaler Approximationsfehler zu einem Minimum geführt. Beide Grafiken konnten durch zusätzliche Experimente bestätigt werden, so daß sie nun zur Optimierung genutzt werden können.

Die grafische Optimierung setzt voraus, daß die Konturliniengrafiken alle den gleichen Bereich darstellen. Denn nur so ist es möglich, die Grafiken übereinander zu legen, um gegebenenfalls Schnittflächen der Lösung definieren zu können. Sollte sich keine Schnittfläche ergeben, ist keine Lösung möglich, bei der alle Spezifikationswerte eingehalten werden können. In diesem Fall kann man entweder auf die Einhaltung bestimmter Zielgrößen verzichten, oder man bildet einen Kompromiß, der die Zielgrößen entsprechend ihrer Anforderungen wichtet. Je größer die Anzahl der Zielgrößen ist, um so geringer wird die Wahrscheinlichkeit, eine Schnittfläche zu finden. Außerdem werden die Schnittflächen auch dadurch eingeengt, daß die Versuchsstreuung natürlich beachtet werden muß. Die Spezifikationsgrenzen sollten nach einer Faustformel mit vier bis fünf Standardabweichungen korrigiert werden. In unserem Beispiel werden als Spezifikationsgrenzen für Falten 16 (korrigiert mit 5s gleich 17) und für die Abriebfestigkeit 0.3 (korrigiert mit 5s gleich 0.2) gefordert. Die korrigierten Bereiche wurden eingefärbt dargestellt.

Statistische Versuchsplanung

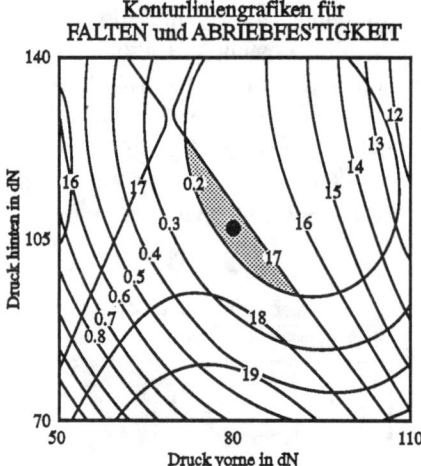

Abb. 16.1c Optimierung zweier Zielgrößen.

Die übereinander gelegten Konturliniengrafiken ergeben eine kleine Schnittfläche (dunkel eingefärbt) für die Lösung der Optimierung. Die optimale Einstellung (dargestellt durch den Punkt) zeigt, daß der Druck vorne auf 80 dN und der Druck hinten auf 105 dN eingestellt werden müssen. Die Justage-Toleranz ist aufgrund der kleinen Schnittfläche sehr gering.

Wenn man drei oder mehr Faktoren analysiert hat, müssen wieder verschiedene Schnitte angefertigt werden und zwar der gleiche Schnitt für jede Zielgröße. Die größte sich ergebende Schnittfläche der verschiedenen Schnitte ist dann die optimale Einstellung der festgesetzten Faktoren.

16.2 Optimierungen mit Utilitätsskalen.

Die Zielgrößen sind im Normalfall in ihrer Größe und in ihrer physikalischen Einheit unterschiedlich. In dieser Form lassen sie sich nicht sinnvoll zu einer Größe vereinigen. Durch eine Transformation in eine Utilitätsskala wird erreicht, daß die Zielgrößen einer einheitlichen Bewertungsfunktion entsprechen. In der Literatur werden verschiedene Transformationen beschrieben, von denen die wichtigsten dargestellt werden sollen.

16.2.1 Die Methode nach Derringer

Die Einführung der Utilitätsskala gestattet den Übergang von der mehrkriteriellen Aufgabe mit heterogenen Kriterien zu einer Optimierungsaufgabe mit homogenen

einseitige Grenzwerte

$$d_i = \begin{cases} 0 & Y_i \leq Ymin_i \\ \left[\dfrac{Y_i - Ymin_i}{Ymax_i - Ymin_i}\right]^u & Ymin_i < Y_i < Ymax_i \\ 1 & Y_i \geq Ymax_i \end{cases}$$

zweiseitige Grenzwerte

$$d_i = \begin{cases} \left[\dfrac{Y_i - Ymin_i}{C_i - Ymin_i}\right]^{u_1} & Ymin_i \leq Y_i \leq C_i \\ \left[\dfrac{Y_i - Ymax_i}{C_i - Ymax_i}\right]^{u_2} & C_i < Y_i \leq Ymax_i \\ 0 & Y_i < Ymin_i \text{ oder } Y_i > Ymax_i \end{cases}$$

Formel 16.2.1a

d_i .... Wert der Utilitätsskala
Y_i .... Wert der i-ten Zielgröße
$Ymin_i$ ...... unterer Grenzwert
$Ymax_i$ ..... oberer Grenzwert
C_i .... Nennwert
u, u_1, u_2 ... Nichtlinearitäts-Parameter

Statistische Versuchsplanung

Zielkriterien. Derringer benutzt für die Transformation der Zielgrößen in eine Utilitätsskala die Formel 16.2.1a. Mit Hilfe dieser Formel kann für jede Zielgröße der dimensionslose Wert d_i ermittelt werden. Die Werte $Ymin_i$, $Ymax_i$ und C_i bedürfen einer besonderen Erklärung. Sie müssen nicht mit den Spezifikationsgrenzen übereinstimmen, können es aber. Der untere und obere Grenzwert ist in jedem Fall so zu bestimmen, daß ein Über- oder Unterschreiten dieser Werte das zu bewertende Produkt unbrauchbar macht. Der Nennwert kann mit der Spezifikation übereinstimmen oder auf einen gewünschten Wert gesetzt werden. Die Nichtlinearitäts-Parameter u, u_1 und u_2 beeinflussen die Transformation progressiv oder degressiv, sind sie gleich Eins, dann ist die Transformation linear. Die richtige Wahl bleibt dem Anwender überlassen. Dabei kann die nachfolgende Abbildung hilfreich sein. Für die Nichtlinearitäts-Parameter sind alle positiven Zahlen zulässig.

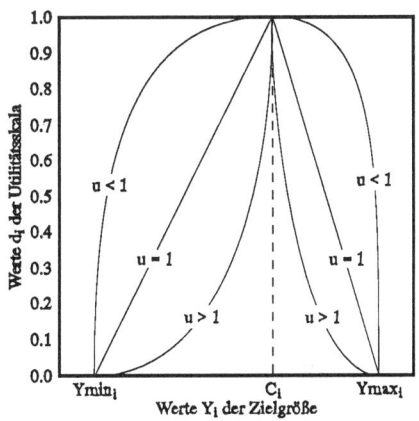

Abb. 16.2.1a Nichtlinearitäts-Parameter.

Man sieht, daß bei Parametern kleiner 1 die Werte der Utilitätsskala zuerst sehr schnell geringe Werte annehmen und sich dann nur noch langsam verändern. Im umgekehrten Fall verändern sich die Werte zuerst langsam und dann schneller. Hohe Werte bedeuten, daß die Qualität des gewünschten Zielwertes nahezu erreicht wird.

Nachdem alle Zielgrößen in die dimensionslosen Werte der Utilitätsskala überführt sind, ist es einfach, aus diesen Funktionen eine neue zu bilden. Diese Funktion wird Wunschfunktion genannt. Die Bedingungen für die Wunschfunktion lauten:

- ❏ Die schlechten Ergebnisse sollen als Werte Null erhalten.
- ❏ Das beste Ergebnis soll den Wert Eins erhalten.
- ❏ Die einzelnen Zielgrößen sollen gewichtet werden können.

$$D = \left[\prod_{i=1}^{k} d_i^{g_i} \right]^{1/\sum_{i=1}^{k} g_i}$$

Formel 16.2.1b
D............. Wert der Wunschfunktion
k............. Anzahl der Zielgrößen
d_i............. transformierter Wert der i-ten Zielgröße
g_i............. Wichtung der i-ten Zielgröße
i............. Index

Aus diesen Bedingungen ergibt sich eine einfache Berechnung der Wunschfunktion (engl. Desirability Function). Die Werte der Wunschfunktion können nicht wie Meßwerte eines Versuchs behandelt werden, weil man stetige Werte voraussetzen muß. Die Funktion von Derringer ist aber nur in dem Bereich zwischen den Grenzwerten stetig. Wenn die Werte der Wunschfunktion grafisch dargestellt werden sollen, benötigt man die Unterstützung eines Rechners. Es muß mit einem

Statistische Versuchsplanung

engmaschigen Netz der gesamte Versuchsraum bzgl. aller Zielgrößen abgefahren werden, um die Werte D der Wunschfunktion zu ermitteln. Die ermittelten Werte können dann als Konturliniengrafik dargestellt werden. Die Konturliniengrafiken zeigen in der Regel unregelmäßige Linienzüge für die Wunschfunktion.

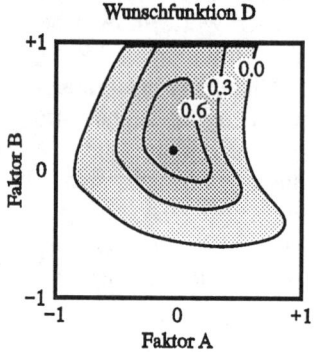

Abb. 16.2.1b Darstellung der Wunschfunktion nach Derringer.

Die Wunschfunktion D ist aufgrund ihrer Definition auf einen Bereich von 0 bis 1 beschränkt. Ergebnisse unter 0.3 sind als unbrauchbar zu betrachten. Der Punkt in der Abbildung stellt die für alle Zielgrößen beste Einstellung dar, vorausgesetzt, alle Wichtungen wurden richtig definiert. Falls die Wichtungen nicht der Wirklichkeit entsprechen, wäre die beste Einstellung aber in jedem Fall in der Nähe des Punktes.

16.2.2 Die Methode nach Harrington

Im Gegensatz zur Methode nach Derringer werden bei Harrington stetige Werte d_i und D erzeugt. Diese besitzen außerdem statistische Eigenschaften wie z.B. Normalität, so daß man diese Daten mit der Regressionsanalyse interpretieren kann. Die Methode nach Harrington setzt eine schwierige Bestimmung der Grenzwerte $Ymin_i$ und $Ymax_i$ voraus, d.h. nur erfahrene Experten sollten diese Werte festlegen. Die nachfolgende Tabelle soll die Definition dieser Größen verdeutlichen:

Utilität	Skalenintervall	natürliche Skala der Zielgrößen
Sehr gut	1.00 – 0.80	
Gut	0.80 – 0.69	
Befriedigend	0.69 – 0.37	Ymax – Ymin
Schlecht	0.37 – 0.20	
Sehr schlecht	0.20 – 0.00	

Tab. 16.2.2a Bewertung der Utilitätsskala.

Die Aufteilung der Utilitäten kann, wie dargestellt, in fünf Gruppen geschehen oder in 3 Gruppen, wobei die beiden Gruppen der Enden zusammengefaßt werden. Die Definition der Grenzen Ymin und Ymax ist so vorzunehmen, daß eine befriedigende Lösung sich im Intervall befindet.

Nachdem man die Grenzwerte Ymin und Ymax für jede Zielgröße definiert hat, müssen die Werte y jeder Zielgröße für jeden Versuchspunkt in die transformierten Werte z umgerechnet werden. Die Werte z sind noch keine normierten Werte und aus

Formel 16.2.2a

$$z_i = \frac{Y_i - Ymin_i}{Ymax_i - Ymin_i}$$

z_i .... transformierter Wert der i-ten Zielgröße
Y_i .... Meßwert des Versuchs der i-ten Zielgröße
$Ymin_i$ ...... unterer Grenzwert der i-ten Zielgröße
$Ymax_i$ ...... oberer Grenzwert der i-ten Zielgröße

Statistische Versuchsplanung

diesem Grunde noch nicht zur Zusammenfassung der Zielgrößen geeignet. Eine weitere Umformung ist erforderlich. Harrington benutzt für eine stetige Transformation und Normierung die Exponential-Funktion.

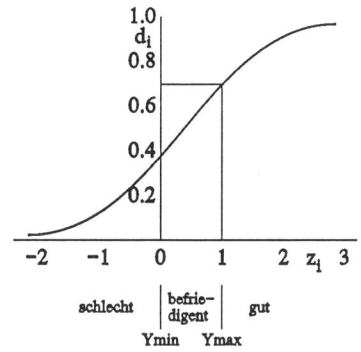

Abb. 16.2.2a Utilitätsfunktion d.

Die Darstellung zeigt, wie wichtig die Definition der Grenzwerte ist. Durch sie wird die Utilitätsfunktion d wesentlich bestimmt. Durch die Anwendung der Exponential-Funktion erreicht man für alle Werte d wiederum eine normierte Skala. Diese Skala ist für die uns interessierenden Größen gestreckt, dies vereinfacht die Interpretation der homogenisierten Zielfunktion.

$$d_i = \exp(-\exp(-z_i))$$

Formel 16.2.2b
d_i .... normierter Wert der Utilitätsfunktion
z_i .... transformierter Zwischenwert.

Die Werte d_i der Utilitätsfunktion können wieder zur Wunschfunktion D zusammengefaßt werden. Dazu kann die Formel 16.2.1b benutzt werden, bessere Eigenschaften hat jedoch die Formel 16.2.2c.

$$z = \sum_{i=1}^{k} g_i \cdot z_i$$

$$D_L = \exp(-\exp(-z))$$

Formel 16.2.2c
D_L .... Logarithmische Wunschfunktion
z .... Summe der gewichteten Utilitätswerte z_i
g_i .... Gewichte von 0 -1 (Summe der g_i=1)
z_i .... Utilitätswerte
k .... Anzahl der Zielgrößen

Die weitere Vorgehensweise erklären wir an einem Zahlenbeispiel. Stellen wir uns ein Problem vor, bei dem wir zwei Faktoren (A und B) und sechs Zielgrößen optimieren müssen. Dann erstellen wir zuerst die nachfolgende Tabelle 16.2.2b.

Kriterium	Y1	Y2	Y3	Y4	Y5	Y6
Obere Grenze Ymax	0.60	150	300	55	0.99	20
Untere Grenze Ymin	0.30	116	400	75	0.90	25
Gewichtskoeffizient g	0.28	0.20	0.18	0.1	0.05	0.19

Tab. 16.2.2b Definition zur Berechnung der Wunschfunktion.

Die Definitionen zeigen, daß die Zielgrößen Y1, Y2 und Y5 maximiert und die Zielgrößen Y3, Y4 und Y6 minimiert werden (Vertauschung von Ymin und Ymax).

Danach können die Versuche durchgeführt werden. In unserem Fall wird ein zentral zusammengesetzter Versuch durchgeführt mit den Ergebnissen gemäß Tab. 16.2.2c.

Statistische Versuchsplanung

Versuchs-nummer	A	B	Y1	Y2	Y3	Y4	Y5	Y6	z	D_L
1	-1	-1	0.283	144	569	69.3	0.652	29.3	-0.283	0.265
2	+1	-1	0.292	143	492	65.6	0.654	29.3	-0.233	0.283
3	-1	+1	0.412	146	353	57.7	0.777	22.6	0.493	0.542
4	+1	+1	0.304	143	475	69.4	0.679	29.7	-0.208	0.292
5	0	0	0.296	115	388	53.5	0.676	24.6	0.028	0.378
6	-1	0	0.275	118	430	68.5	0.759	27.5	-0.104	0.297
7	+1	0	0.247	115	465	65.9	0.675	25.0	-0.222	0.287
8	0	-1	0.303	119	392	62.4	0.757	25.1	0.025	0.377
9	0	+1	0.404	116	287	56.3	0.937	22.0	0.514	0.550

Tab. 16.2.2c Versuchsplan und Ergebnisse der Wunschfunktion.

Die Tabelle zeigt den Versuchsplan, die Ergebnisse der sechs Zielgrößen und der daraus berechneten Wunschfunktion D_L. Die Analyse kann nun mit allen einzelnen Zielgrößen oder der Wunschfunktion durchgeführt werden.

Im Beispiel werden nur Zielgrößen betrachtet, die entweder minimiert oder maximiert werden sollen. Dies ist die wesentliche Einschränkung der Methode nach Harrigton. Es sind keine Zielgrößen mit beidseitigen Grenzen zugelassen. Die dargestellten Formeln gelten nur für die Maximierung von Zielgrößen. Bei Minimierung wird durch Vorzeichenvertauschung wieder ein Maximierungsproblem definiert. Die Lösungen müssen auf Plausibilität geprüft werden, weil durch

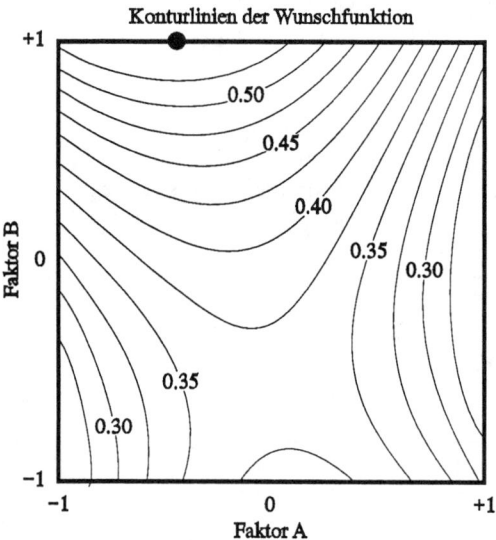

Abb. 16.2.2b Analyse der Wunschfunktion.

Die Analyse der Wunschfunktion D_L ergab die abgebildete Konturliniengrafik. In der Grafik kann man das Optimum eindeutig bestimmen, so ist die günstigste Einstellung des Faktors A gleich -0.5 und für den Faktor B gleich 1. Der maximal erreichte Wert der Wunschfunktion beträgt ca. 0.56, d.h. die Optimierung erzielt ein insgesamt befriedigendes Ergebnis.

ungünstige Festlegung der Werte Ymin und Ymax die Zielgrößen zu stark oder zu schwach berücksichtigt werden. Dies Problem kann durch geeignete Wichtung der Zielgrößen beseitigt werden. Die Analyse und Interpretation der Wunschfunktion gilt ausschließlich im untersuchten Bereich, eine Extrapolation oder die Methode des steilsten Anstiegs sind auf die Wunschfunktion in keinem Fall anwendbar.

Statistische Versuchsplanung

Spezielle Verfahren

In diesem Kapitel sollen Verfahren dargestellt werden, die von besonderem Nutzen für SVP sind. Darüber hinaus sollten die Verfahren möglichst einfach in die vorhandenen Analysewerkzeuge integriert werden können.

17. Die Analyse der Hebelwirkungen.

Bei der Regressionsanalyse ist es wichtig, die Hebelwirkung eines jeden Versuchspunktes zu beurteilen. Die Hebelwirkung definiert für jeden Versuchspunkt, wie stark er das Ergebnis der Regressionsanalyse beeinflußt. Dieses Problem läßt sich grafisch und mathematisch am Beispiel der einfachen linearen Regression darstellen. Die Betrachtung der Grafiken zeigt uns, wie wichtig die Beurteilung der Hebelwir-

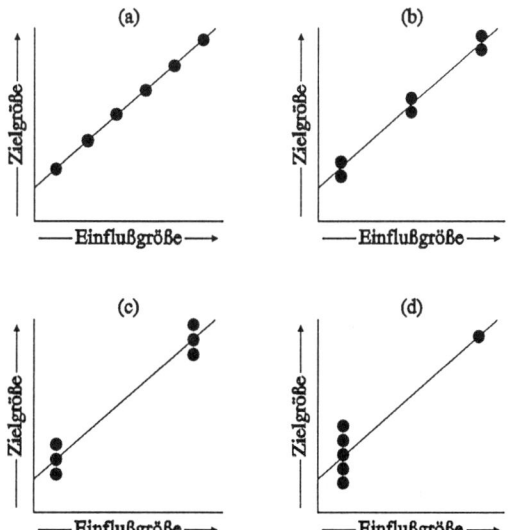

Abb. 17a Hebelwirkungen.

Die Abbildungen zeigen verschiedene Anordnungen von sechs Versuchspunkten. Die Abbildung a) zeigt eine Versuchsanordnung, bei der die Hebelwirkungen zum Zentrum abnehmen. Die Abbildung b) zeigt eine Versuchsanordnung, bei der die Zentrumspunkte keine Hebelwirkung auf die Regressionssteigung haben. Die nächste Abbildung c) zeigt gleiche und große Hebelwirkungen für alle Versuchspunkte. Die letzte Abbildung d) zeigt für einen Versuchspunkt eine so große Hebelwirkung, daß dadurch die gesamte Regressionssteigung definiert wird. Gute Regressionsmodelle haben Versuchspunkte mit gleichen, aber hohen Hebelwirkungen, wie in den Abbildungen b) und c). Mit b) kann das lineare Regressionsmodell beurteilt werden.

kungen für einen guten Versuchsplan ist. Aufgrund der Beurteilung von Hebelwirkungen dürfte kein Regressionsmodell wie in der Abbildung 17a (d) analysiert werden. Wenn man die Hebelwirkungen berechnen will, muß man beachten, daß ein Versuchspunkt sowohl die Regressionskonstante wie auch den Regressionskoeffizienten beeinflußt. Die Hebelwirkungen sind für die Versuchspunkte sehr einfach zu

Formel 17a

$$h_i = \frac{1}{n} + \frac{(x_i - \bar{x})^2}{\sum_{i=1}^{n}(x_i - \bar{x})^2}$$

h_i .... Hebelwirkung des i-ten Versuchspunktes
n .... Stichprobenumfang
$\bar{x}$ .... Mittelwert der Einflußgröße
x_i .... Einstellungen der Einflußgröße
i .... Index

berechnen. Die Hebelwirkung h_i spielt eine herausragende Rolle in der Regressionsdiagnostik und es gilt für alle Hebelwirkungen $0 < h_i < 1$. Im Falle der multiplen

Statistische Versuchsplanung

Regression mit k Einflußgrößen (Regressionskoeffizienten) gilt, daß die Summe aller Hebelwirkungen gleich der Anzahl der Einflußgrößen (k+1) ist, so daß die mittlere Hebelwirkung gleich (k+1)/n beträgt. Die Hebelwirkungen der multiplen Regression

$$H = X(X^T \cdot X)^{-1} \cdot X^T$$

Formel 17b
H .... Projektionsmatrix
X .... Matrix der Versuchseinstellungen

können einfach mit Hilfe der Projektionsmatrix H berechnet werden. Die Hebelwirkungen h_i sind die Diagonalelemente der Projektionsmatrix H. Eine Hebelwirkung $h_i=0$ bedeutet einen nicht relevanten Versuchspunkt für das Regressionsmodell. Versuchspunkte mit großer Hebelwirkung sind besonders zu beachten, und sie gelten als groß, wenn $h_i > 2(k+1)/n$ gilt. Eine andere Interpretation besagt, daß $1/h_i$ eine äquivalente Beobachtungszahl für diesen Versuchspunkt darstellt. Wenn $(k+1)/n > 0.4$ ist, dann ist der gesamte Versuch fragwürdig, weil aufgrund zu geringer Freiheitsgrade die Hebelwirkungen zu groß werden. Für geplante Versuche ist es wünschenswert, die Versuchspunkte so zu bestimmen, daß alle Hebelwirkungen ungefähr k/n entsprechen. Die Hebelwirkungen können auch bzgl. eines zu großen Einflusses auf das Regressionsmodell mit Hilfe der F-Verteilung getestet werden.

$$P = \frac{(n-k-1)(h_i - 1/n)}{(1-h_i) \cdot k}$$

Wenn $P < F(k, n-k-1, 1-\alpha)$ ist die Nullhypothese bestätigt!

Formel 17c
P .... F-verteilter Prüfwert
F .... Schwellenwert der F-Verteilung
n .... Stichprobenumfang
k .... Anzahl der Einflußgrößen
h_i .... Hebelwirkung des i-ten Versuchspunktes.

Eine weitere wichtige Bedeutung haben die Hebelwirkungen bei der Analyse der Residuen. Die Residuen, die weiter vom Zentrum des Versuchsplanes entfernt berechnet werden, sollten nach Möglichkeit mit den Hebelwirkungen korrigiert werden, weil nur so eine einwandfreie Beurteilung der Residuen gewährleistet wird.

$$Rst_i = \frac{R_i}{s(1-h_i)^{0.5}}$$

Formel 17d
Rst_i .... standardisierte Residuen
R_i .... Residuen
h_i .... Hebelwirkung
s .... Versuchsfehler

Die standardisierten Residuen sind normalverteilt, so daß eine Beurteilung sehr einfach durchgeführt werden kann. Bei Mischungsanalysen mit unterer und oberer Grenze sowie bei ungeplanten Versuchen ist der Einsatz dieses Verfahrens bestens geeignet, das Experiment bzgl. seines Aufbaus zu analysieren. Auch kann dieses Verfahren die Versuchsplanung unterstützen, bevor ein Versuch durchgeführt wurde.

Statistische Versuchsplanung

18. Robuste Glättungskurven.

Zwischen zwei Variablen X und Y interessieren oft die linearen Abhängigkeiten. Die in einem Streudiagramm dargestellten Punktwolken vermitteln aber oft den Eindruck einer nicht linearen Beziehung zwischen den Variablen. Bei der Regressionsanalyse können solche nichtlinearen Abhängigkeiten mit Hilfe des "Test auf Mangel an Anpassung" überprüft werden. Das Vorhandensein eines nicht linearen Zusammenhangs erfordert die gezielte Suche nach der geeigneten Transformation, welche die sachlichen Gegebenheiten berücksichtigt. Der Experimentator benötigt zur Lösung dieses Problems konkrete Kenntnisse über den Typ der anzupassenden Funktion. Diese kann er meist allein aus den Punktwolken der Streudiagramme nicht erhalten, weil der visuellen Beurteilung von komplexen Mustern Grenzen gesetzt sind.

Robuste Glättungskurven erlauben dagegen eine allgemeine Vorstellung des Zusammenhangs zwischen den Variablen X und Y, weil nicht nur eine Punktwolke, sondern zusätzlich eine ausgleichende Funktion interpretiert werden kann. Die Literatur beschreibt eine Vielzahl von Glättungsalgorithmen, wie gleitende Mittelwerte und eine Fülle spezieller Verfahren, wie sie für die Analyse von Zeitreihen benötigt werden. Einer der interessantesten und universell einsetzbaren Algorithmen ist die als "LOWESS" (**LO**cally **WE**ighted regression **S**catterplot **S**moothing) bezeichnete Methode. Diese wird im folgenden skizziert. Eine detaillierte Darstellung findet der interessierte Leser in der Originalliteratur (Cleveland, W. S. 1979).

Für jeden Punkt (x_i, y_i) wird ein Glättungspunkt berechnet, bei dem die horizontale Achse (X) angepaßt wird, während die vertikale Achse identisch dem Ausgangspunkt ist. Die Berechnung der Glättungspunkte erfolgt nach der Methode LOWESS für jeden Punkt mittels der Methode der gewichteten kleinsten quadratischen Abweichungen für die m nächsten benachbarten Punkte von x_i. Der Anwender gibt einen Glättungsfaktor g vor, der den Anteil der benachbarten Punkte m definiert, die für die lokale Anpassung benutzt werden sollen. Der Glättungsfaktor ist eine Größe zwischen Null und Eins. Die folgenden Abbildungen demonstrieren die Wirkung des Glättungsfaktors für verschiedene Stufen von g.

 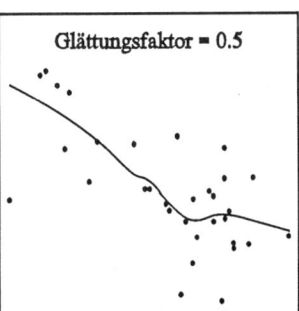 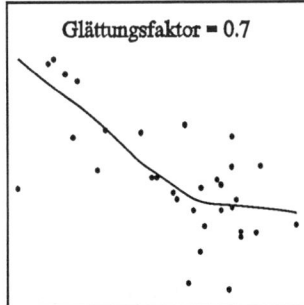

Abb. 18a Wirkung des Glättungsfaktors.
Die Abbildungen zeigen von links nach rechts steigende Glättungsfaktoren. Man erkennt, daß bei kleinen Glättungsfaktoren LOWESS starke und unstete Veränderungen produziert. Bei Glättungsfaktoren größer 0.5 wird die Funktion monotoner und eignet sich besser, die richtige Transformation abzuleiten. Daraus ergibt sich, daß man nicht zu kleine Glättungsfaktoren definieren sollte.

Statistische Versuchsplanung

Die Anzahl der benachbarten Punkte m wird bestimmt durch den Glättungsfaktor g und die Anzahl der Wertepaare n.

Formel 18a

m .... Anzahl nächster Nachbarn
INT() .... Integerwert von ()
g .... Glättungsfaktor
n .... Anzahl der Wertepaare

Der nächste Schritt ist die Ermittlung der m benachbarten Punkte. Für den ersten Punkt gibt es m Nachbarn zu sich selbst und m-1 rechte Nachbarn. Der zweite Punkt hat einen linken, einen zu sich selbst und m-2 rechte Nachbarn. Für die weiteren Punkte gelten zur Ermittlung der benachbarten Punkte die gleichen Regeln bis der n-te Punkt erreicht wird. Der letzte Punkt hat dann m Nachbarn, einen zu sich selbst und m-1 linke Nachbarn. Die folgende Tabelle zeigt das Vorgehen an einem Beispiel.

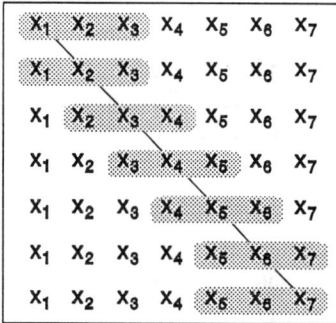

Glättungsfaktor g = 0.5
nächste Nachbarn m = 3.0

Tab. 18a Bestimmung der Nachbarn

Die dunkel eingefärbten Werte sind die Nachbarn. Die Nachbarn für jeden Punkt wurden zeilenweise definiert. Die Diagonale der Matrix definiert den jeweils zu gewichtenden Punkt x_i. Die Matrix muß der Größe nach aufsteigend geordnet vorliegen. Die Punkte der Diagonalen werden stärker gewichtet als der kleinste bzw. größte Wert benachbarten Punktes. Die Wichtung des Punktes erfolgt nur über die Variable X.

Der nächste Schritt beginnt damit, jedem dieser m benachbarten Punkte ein Gewicht zuzuordnen, wobei

- (x_i, y_i) das größte Gewicht (1.0) erhalten,
- die Gewichte stetig mit der Entfernung von x_i abnehmen,
- die Gewichte symmetrisch zu x_i sein sollten,
- die Gewichte von x_{i-m} und x_{i+m} gleich Null sein sollten.

In der Originalliteratur verwendet Cleveland 1979 eine trikubische Funktion, welche die genannten Bedingungen erfüllt. Nach der Bestimmung der Gewichte für jeden der m nächsten Nachbarn, können nun mittels einer gewichteten linearen Regression für diese Punkte die Regressionskonstante und der Regressionskoeffizient ermittelt werden. Mit Hilfe dieser errechneten Kenngrößen kann dann ein Erwartungswert E(y) ermittelt werden. Aus diesem Vorgehen wird deutlich, daß der Rechenaufwand sehr groß ist. Der Rechenaufwand steigt mit der Anzahl von Wertepaaren und mit höherem Glättungsgrad, weil für jeden Punkt eine Regressionsrechnung mit den nächsten Nachbarn durchgeführt werden muß. Die Anzahl der

Statistische Versuchsplanung

nächsten Nachbarn ist abhängig vom gewählten Glättungsgrad. Für 1000 und mehr Wertepaare kann die Analyse mit LOWESS selbst auf schnellen Rechnern einige Zeit in Anspruch nehmen. Mit größeren Datensätzen sollte man deshalb nicht zu große Glättungsfaktoren wählen. Die bisher dargestellte Methode kann durch die nachfolgenden Formeln beschrieben werden:

$$G(u) = \begin{cases} (1-|u|^3)^3 & \text{wenn } |u| < 1 \\ 0 & \text{sonst} \end{cases}$$

$$u = \frac{x_i - x_j}{d_i}$$

$$d_i = \max \begin{cases} |x_i - x_{i+m}| \\ |x_i - x_{i-m}| \end{cases}$$

Formel 18b

$G(u)$ .... Gewicht
u .... normierter Abstand zwischen x_i und seinen Nachbarn
x_i .... Ausgangswert
x_j .... nächste Nachbarn zum Ausgangswert
d_i .... maximale Differenz zwischen Ausgangswert und Nachbarn

$$W_i(G_j) = G(u)$$

$$\min. \sum_{i=1}^{m} W_i(G_j) \cdot (y_j - b_0 - b_1 \cdot x_j)^2$$

$$E(y) = b_0 + b_1 \cdot x$$

Formel 18c

$W_i(G_j)$ ..... Gewicht des i-ten Punktes zum j-ten Nachbarn
y_j .... Wert der Zielgröße des nächsten Nachbarn
x_j .... nächste Nachbarn zum Ausgangswert
x .... Ausgangswert
b_0 .... Regressionskonstante
b_1 .... Regressionskoeffizient
$E(y)$ .... Erwartungswert der Zielgröße bzgl. des Ausgangswertes

Mittels der Formel 18c wird mit der Methode der gewichteten kleinsten Quadrate eine Gerade an diese Punkte (Nachbarn) angepaßt, d.h. es werden die Koeffizienten b_0 und b_1 gesucht. In diesem Algorithmus werden etwaige Ausreißer noch berücksichtigt, so daß ein zweiter Rechenschritt erforderlich wird. Dieser Rechenschritt berücksichtigt die Residuen, indem aus der Größe der Residuen ein weiteres Gewicht ermittelt wird.

Formel 18d

$$R_i = y_i - E(y)$$

R_i .... Residual des i-ten Punktes
$E(y)$ .... Erwartungswert des i-ten Punktes
y_i .... beobachteter Wert der Zielgröße

Punkte mit betragsmäßig kleinen Residuen werden stärker gewichtet als Punkte mit großen Residuen. Das geschieht mit einer biquadratischen Gewichtsfunktion $B(u)$.

Statistische Versuchsplanung

$$B(u) = \begin{cases} (1-|u|^2)^2 & \text{wenn } |u| < 1 \\ 0 & \text{sonst} \end{cases}$$

$$u = \frac{R_i}{6 \cdot M}$$

$$W_i(G_j) = G(u) \cdot B(u)$$

$$\min. \sum_{i=1}^{m} W_i(G_j) \cdot (y_j - b_0 - b_1 \cdot x_j)^2$$

$$E(y) = b_0 + b_1 \cdot x$$

Formel 18e

$G(u)$ .... Gewicht der benachbarten Punkte
$B(u)$ .... Gewicht der Residuen
u .... Gewichtsfunktion
R_i .... Residual des Ausgangswertes
M .... Median der absoluten Residuen
$W_i(G_j)$ ..... Gewicht des i-ten Punktes zum j-ten Nachbarn
y_j .... Wert der Zielgröße des nächsten Nachbarn
x_j .... nächste Nachbarn zum Ausgangswert
x .... Ausgangswert
b_0 .... Regressionskonstante
b_1 .... Regressionskoeffizient
$E(y)$ .... Erwartungswert der Zielgröße bzgl. des Ausgangswertes

Das robuste Gewicht des Punktes (x_i, y_i) ist gemäß Formel 18e definiert, wobei M der Median der absoluten Werte der Residuen ist. Ist ein Residuum im Vergleich zu 6M klein, wird das entsprechende robuste Gewicht nahe bei 1 sein. Ist das Residuum größer als 6M, wird das Gewicht Null. Im nächsten Schritt wird erneut die Regressionsfunktion mit den neuen Gewichten berechnet und ein neuer Erwartungswert E(y) geschätzt. Nun können neue Gewichte für die Residuen berechnet werden, und die Berechnung wird erneut wiederholt. Für die meisten Anwendungsfälle reichen zwei Iterationen aus.

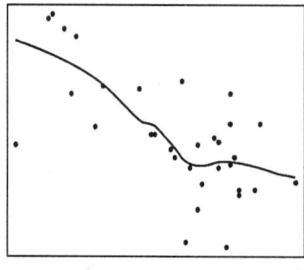
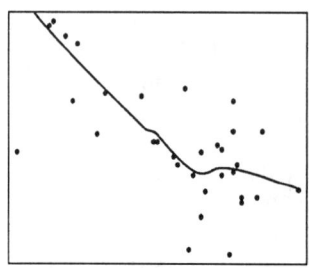

Abb. 18b Wirksamkeit von Iterationen.

Die Abbildungen zeigen einmal eine robuste Glättungskurve für eine und zwanzig Iterationen. Zwischen fünf und zwanzig Iterationen besteht kein Unterschied mehr, und die Unterschiede von weniger Iterationen sind vernachlässigbar klein. Ein guter Kompromiß sind zwei oder drei Iterationen.

Statistische Versuchsplanung

Die zur Kurve verbundenen Punkte der robusten Glättung werden im Streudiagramm dargestellt und zeigen dann den möglichen Verlauf einer Modellfunktion. Aus diesen Kurven lassen sich in manchen Fällen auch Werte im Sinne einer Interpolation ablesen; hier entscheidet der praktische Nutzen für die Anwendung. Weitere Anwendungen sind:

- Die Analyse der Residuen in Abhängigkeit von der Zeitreihe.
- Die Analyse der Residuen in Abhängigkeit von der Zielgröße.
- Die Analyse der Residuen in Abhängigkeit von den Einflußgrößen.
- Zur Definition robuster Streubereiche; hierzu werden die positiven und negativen Residuen getrennt betrachtet.
- Zur Analyse und zum Vergleich zweier Meßmethoden bzw. -geräte.
- Zur Analyse von Zeitreihen wie z.B. Qualitätsregelkarten.

Weitere Anwendungsfälle sind in der Originalliteratur beschrieben worden und zeigen den universellen deskriptiven Charakter der robusten Glättungskurven.

Praxisbeispiele

1. Beispiel: Verschweißung eines Polybeutels.

Beim Verpacken einer Kabelvergußmasse traten in der Fertigung Probleme mit der Mittelnaht auf. Die Haltbarkeit der Mittelnaht mußte 6 N/cm betragen, da nur so sichergestellt werden kann, daß Kleber und Härter nicht ineinanderlaufen oder der Anwender der Kabelvergußmasse hohe Kräfte für das Mischen der beiden Komponenten benötigt. Die Seitennähte müssen deutlich höhere Haltbarkeiten aufweisen. Dies war mit dem Prozeß problemlos sicherzustellen. Die Optimierung der

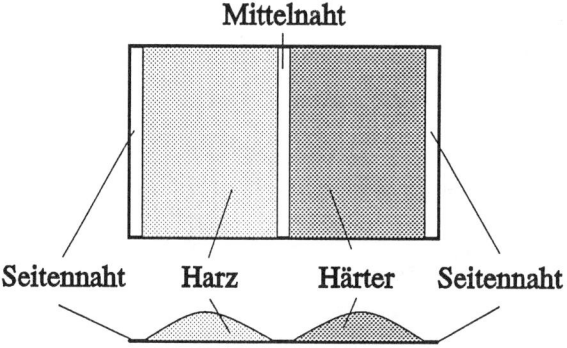

Fertigungskenngrößen sollte mittels einem faktoriellen Versuchsplan durchgeführt werden. Die Einflußgrößen für den Versuchsplan waren:

A = Temperatur beim Verschweißen von 120 bis 170 Grad Celsius
B = Druck beim Verschweißen von 20 bis 70 bar
C = Produktionsgeschwindigkeit 16 bis 32 Beutel/min.

Die Zielgröße war die Aufreißkraft der Mittelnaht mit dem Nennmaß 6 N/cm mit einem unteren Grenzwert von 5 N/cm und einem oberen Grenzwert von 7 N/cm. Es war eine wichtige Randbedingung, daß eine möglichst hohe Produktionsgeschwindigkeit erzielt wurde. Damit konnte ein vollfaktorieller Versuchsplan 2^3 mit Zentralpunkt definiert werden. Gemäß dem Kapitel 11 wurde ein Versuchsplan erstellt. Der

---
BASISDEFINITION DES VERSUCHSPLANES
Versuchsbezeichnung:: **Optimierung der Schweißparameter an der LA III**
Konfidenzniveau: **0.05**
Bezeichnung der Zielgröße: **Aufreißkraft**
Anzahl der Einflußgrößen: **3**
Bezeichnung der Einflußgrößen: **Temperatur; Druck; Geschwindigkeit**

---

fertiggestellte Versuchsplan berücksichtigt alle Voraussetzungen für ein gut geplantes Experiment. So werden die Orthogonalität, die Wiederholung von Versuchen, die

Statistische Versuchsplanung

VERSUCHSBEREICH DES VERSUCHSPLANES

Einflußgröße	Minimalwert	Maximalwert	Mittelwert	Schrittweite
Temperatur	1.2000E+02	1.7000E+02	1.4500E+02	2.5000E+01
Druck	2.0000E+01	7.0000E+01	4.5000E+01	2.5000E+01
Geschwindigkeit	1.6000E+01	3.2000E+01	2.4000E+01	8.0000E+00

ANZAHL DER VERSUCHE

Anzahl der Wiederholungen in den Eckpunkten: 1
Anzahl der Wiederholungen im Zentralpunkt: 6
Gesamtanzahl aller Versuchspunkte: 14

NORMIERTE VERSUCHS-MATRIX

Nr.	Temperatur	Druck	Geschw.	Umfang
1	-1	-1	-1	1
2	1	-1	-1	1
3	-1	1	-1	1
4	1	1	-1	1
5	-1	-1	1	1
6	1	-1	1	1
7	-1	1	1	1
8	1	1	1	1
9	0	0	0	6

PHYSIKALISCHE VERSUCHS-MATRIX

Nr.	Temperatur	Druck	Geschw.	Umfang
1	1.200E+02	2.000E+01	1.600E+01	1
2	1.700E+02	2.000E+01	1.600E+01	1
3	1.200E+02	7.000E+01	1.600E+01	1
4	1.700E+02	7.000E+01	1.600E+01	1
5	1.200E+02	2.000E+01	3.200E+01	1
6	1.700E+02	2.000E+01	3.200E+01	1
7	1.200E+02	7.000E+01	3.200E+01	1
8	1.700E+02	7.000E+01	3.200E+01	1
9	1.450E+02	4.500E+01	2.400E+01	6

ZUFÄLLIGE VERSUCHS-MATRIX

NR.	Temperatur	Druck	Geschw.
8	1.700E+02	7.000E+01	3.200E+01
11	1.450E+02	4.500E+01	2.400E+01
5	1.200E+02	2.000E+01	3.200E+01
2	1.700E+02	2.000E+01	1.600E+01
4	1.700E+02	7.000E+01	1.600E+01
12	1.450E+02	4.500E+01	2.400E+01
7	1.200E+02	7.000E+01	3.200E+01
3	1.200E+02	7.000E+01	1.600E+01
1	1.200E+02	2.000E+01	1.600E+01
13	1.450E+02	4.500E+01	2.400E+01
14	1.450E+02	4.500E+01	2.400E+01
9	1.450E+02	4.500E+01	2.400E+01
10	1.450E+02	4.500E+01	2.400E+01
6	1.700E+02	2.000E+01	3.200E+01

Statistische Versuchsplanung

zufällige Versuchsanordnung, der einfache Versuchsaufbau und die Effizienz des Versuchsplanes verwirklicht. Die Versuche des Versuchsplanes wurden wie geplant durchgeführt, dabei ergaben sich die folgenden Werte der Aufreißkraft.

MATRIX DER VERSUCHSERGEBNISSE

Nr.	Aufreißkr.	Temperatur	Druck	Geschw.
8	1.180E+01	1.700E+02	7.000E+01	3.200E+01
11	7.600E+00	1.450E+02	4.500E+01	2.400E+01
5	0.800E+00	1.200E+02	7000E+01	3.200E+01
2	6.400E+00	1.700E+02	2.000E+01	1.600E+01
4	2.080E+01	1.700E+02	7.000E+01	1.600E+01
12	8.000E+00	1.450E+02	4.500E+01	2.400E+01
7	3.800E+00	1.200E+02	7.000E+01	3.200E+01
3	1.270E+01	1.200E+02	7.000E+01	1.600E+01
1	2.800E+00	1.200E+02	2.000E+01	1.600E+01
13	7.900E+00	1.450E+02	4.500E+01	2.400E+01
14	7.800E+00	1.450E+02	4.500E+01	2.400E+01
9	8.400E+00	1.450E+02	4.500E+01	2.400E+01
10	8.100E+00	1.450E+02	4.500E+01	2.400E+01
6	3.400E+00	1.700E+02	2.000E+01	3.200E+01

Man kann den Werten der Aufreißkraft entnehmen, daß die Lösung des Problems im durchgeführten Versuchsbereich liegt. Ein kritischer Versuch war Versuch Nr. 5, weil hier keine Festigkeit erzielt werden konnte. Keiner der Versuche zeigte einen Idealwert von 6 N/cm. Der Versuch Nr. 2 liegt nahe beim Idealwert, hat aber eine sehr geringe Produktionsgeschwindigkeit.

ERGEBNISSE DER REGRESSIONSANALYSE
(Konfidenzniveau = 95.00%)

Bezeichnung	Koeffizienten	unterer Koeff.	oberer Koeff.	T-Prüf
KONST.	7.8785714E+00	7.6952636E+00	8.0618792E+00	99.14
A	2.7875000E+00	2.5450066E+00	3.0299934E+00	26.52
B	4.4625000E+00	4.2200066E+00	4.7049934E+00	42.45
C	-0.2862500E+01	-0.3104993E+01	-0.2620007E+01	27.23
AB	1.2375000E+00	0.9950066E+00	1.4799934E+00	11.77
BC	-0.1612500E+01	-0.1854993E+01	-0.1370007E+01	15.34

Standardabweichung des Restfehlers: 0.2973469E+00

Die Regressionsanalyse zeigt, daß alle Hauptwirkungen und auch zwei Wechselwirkungen signifikant sind. Den größten Einfluß auf die Zielgröße "**Aufreißkraft**" hat der Druck (B), gefolgt von der Produktionsgeschwindigkeit (C), der Schweißtemperatur (A), der Wechselwirkung Druck-Produktionsgeschwindigkeit (BC) und der Wechselwirkung Schweißtemperatur-Druck (AB). Die Größe der Koeffizienten konnte direkt miteinander verglichen werden, weil die Analyse mit dem normierten Versuchsplan durchgeführt wurde. Nur so ergeben sich bei der Analyse günstige statistische Eigenschaften. Die Standardabweichung des Restfehlers ist im Vergleich zur Toleranz sehr groß, d. h. der Prozeß muß auf den Idealwert eingestellt werden.

Statistische Versuchsplanung

STREUUNGSZERLEGUNG DER ANALYSE
(Konfidenzniveau = 95.00%)

Bezeichnung	Summe der Quadrate	Freiheitsgrad	Varianzen
Gesamtstreuung	3.20783571E+02	13	2.4675659E+01
Reduktion durch die Regression	3.20076250E+02	5	6.4015250E+01
Streuung um die Regression	0.70732143E+00	8	8.8415179E-02
Streuung durch Mangel an Anpassung	0.33398810E+00	3	0.1113294E+00
Nichterklärbarer Versuchsfehler	0.37333333E+00	5	7.4666667E-02

SIGNIFIKANZPRÜFUNG DER REGRESSION

Prüfwert der Regression:	724.030
Tabellenwert der F-Verteilung:	3.688
Die Regression ist signifikant!	
Prüfwert für den Mangel an Anpassung:	1.491
Tabellenwert der F-Verteilung:	5.404
Der Mangel an Anpassung ist nicht signifikant!	

Die Streuungszerlegung zeigte eine gute Anpassung der Daten an das Regressionsmodell, so daß die berechnete Regressionsfunktion für den untersuchten Bereich interpretiert werden kann. Beschrieben ist die Regressionsanalyse im Kapitel 9. Der nächste Schritt ist die Analyse der Residuen bzgl. Normalität, Ausreißer, Autokorrelation und Homoskedastizität. Die Homoskedastizität kann nur grafisch beurteilt werden, weil nur der Zentralpunkt wiederholt wurde. Der Test bzgl. der Homoskedastizität ist ausführlich im Kapitel 8 beschrieben. Wie die Residuenanalyse zeigt, sind die

RESIDUENANALYSE
(Konfidenzniveau = 95.00%)

PRÜFUNG DER NORMALITÄT

Standardisierte Schiefe:	0.947
Standardisierte Wölbung:	0.433
Grenzwerte für Schiefe und Wölbung:	-1.960 bis 1.960
Die Abweichung von der Normalverteilung ist nicht signifikant!	

PRÜFUNG AUF AUSREISSER

Kritischer Wert für Ausreißer:	0.584773E+00
Es ist kein Ausreißer im Datensatz!	

PRÜFUNG AUF AUTOKORRELATION

Autokorrelationswert:	-0.206703E+00
Vertrauensbereich:	-0.116302E+01 0.749617E+00
Die Autokorrelation ist nicht signifikant!	

wesentlichen Voraussetzungen erfüllt. Die durchgeführten Test sind der Kumulantentest (Kapitel 6.2.4), der Ausreißertest (Kapitel 6.2.5) und der Test auf Autokorrelation (Kapitel 6.2.6). Neben der zahlenmäßigen Interpretation durch Tests ist die grafische Interpretation besonders beachtenswert. Aus diesem Grund sollen nachfolgend die Grafiken zur Beurteilung der Voraussetzungen dargestellt werden. Diese Grafiken sind das Wahrscheinlichkeitsnetz, das Histogramm und die Residuen versus Zeit-Grafik.

Statistische Versuchsplanung

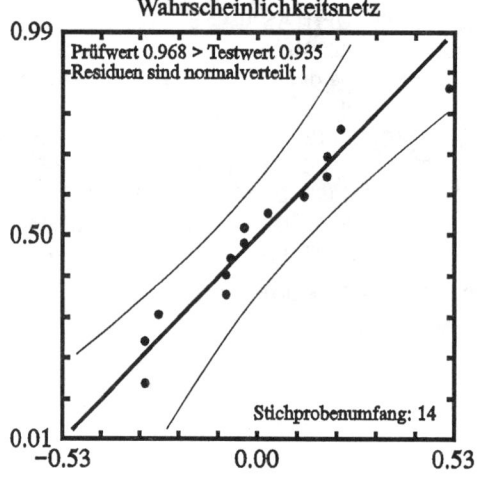

Das Wahrscheinlichkeitsnetz zeigt einen fast idealen Verlauf der Punktwolke. Diese Darstellung widerspricht nicht der Annahme, daß die Residuen normalverteilt sind.

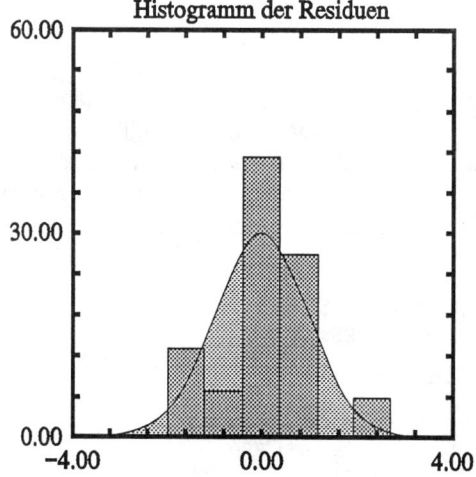

Das Histogramm zeigt unter Berücksichtigung des geringen Stichprobenumfangs eine ausreichende Anpassung an die Normalverteilung.

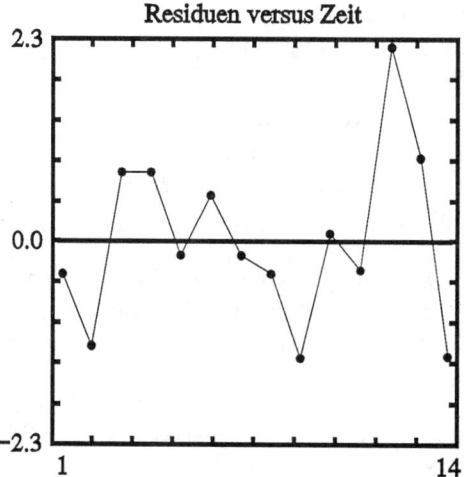

Die Darstellung der Residuen in Abhängigkeit von der Zeit zeigt eine zufällige Verteilung der Punkte.

Statistische Versuchsplanung

Als nächster Schritt müssen die Einstellungen der Faktoren bzgl. der Zielgröße optimiert werden. Dazu eignen sich am besten die Konturliniengrafiken. Es können in der Konturliniengrafik nur zwei Faktoren dargestellt werden. Deshalb wird die Produktionsgeschwindigkeit auf vier Niveaus festgesetzt.

```
DEFINITION DER KONTURLINIENGRAFIK
Lfd.   Einfluß-        Status        Wertebereich
Nr.    größen          (H/V/F)
1)     Temperatur      H             1.200E+02   1.700E+02
2)     Druck           V             2.000E+01   7.000E+01
3)     Geschwindigkeit F                         2.000E+01
11 Konturlinien für die Zielgröße: Aufreißkraft
a) 4.00    b) 5.00    c) 6.00    d) 7.00
e) 8.00    f) 9.00    g) 10.00   h) 11.00
i) 12.00   j) 13.00   k) 14.00
```

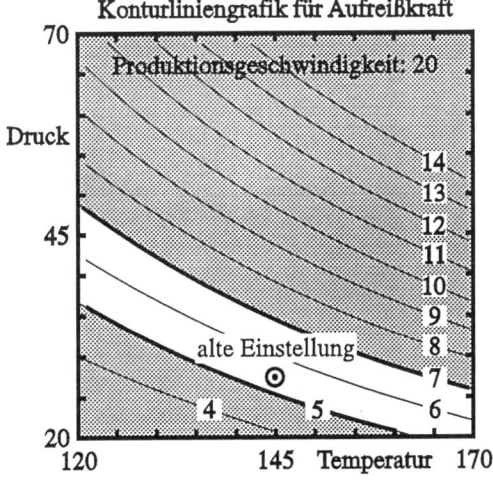

Konturliniengrafik für Aufreißkraft

Die alte Einstellung zeigt, daß die Zielgröße "**Aufreißkraft**" nicht optimal eingestellt war. Dies ist die Hauptursache für das Problem, weil bedingt durch die große Streuung immer wieder der untere Grenzwert unterschritten wurde. In der Grafik ist ein großer Lösungsbereich zu sehen. Deshalb darf auch bei höheren Produktionsgeschwindigkeiten eine Lösung erwartet werden.

```
DEFINITION DER KONTURLINIENGRAFIK
Lfd.   Einfluß-        Status        Wertebereich
Nr.    größen          (H/V/F)
1)     Temperatur      H             1.200E+02   1.700E+02
2)     Druck           V             2.000E+01   7.000E+01
3)     Geschwindigkeit F                         1.600E+01
11 Konturlinien für die Zielgröße: Aufreißkraft
a) 4.00    b) 5.00    c) 6.00    d) 7.00
e) 8.00    f) 9.00    g) 10.00   h) 11.00
i) 12.00   j) 13.00   k) 14.00
```

Statistische Versuchsplanung

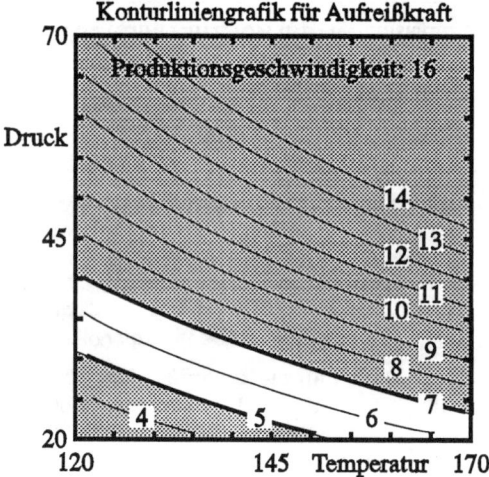

DEFINITION DER KONTURLINIENGRAFIK

Lfd. Nr.	Einfluß- größen	Status (H/V/F)	Wertebereich
1)	Temperatur	H	1.200E+02 1.700E+02
2)	Druck	V	2.000E+01 7.000E+01
3)	Geschwindigkeit	F	2.400E+01

11 Konturlinien für die Zielgröße: Aufreißkraft

a) 4.00   b) 5.00   c) 6.00   d) 7.00
e) 8.00   f) 9.00   g) 10.00   h) 11.00
i) 12.00   j) 13.00   k) 14.00

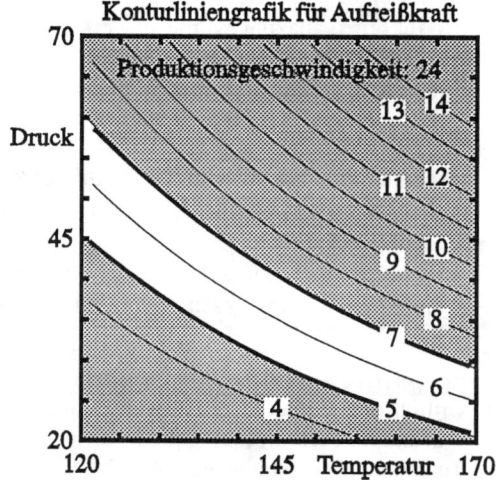

Statistische Versuchsplanung

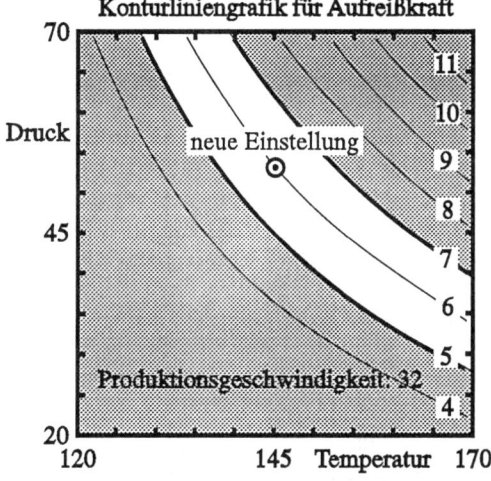

DEFINITION DER KONTURLINIENGRAFIK

Lfd. Nr.	Einfluß- größen	Status (H/V/F)	Wertebereich
1)	Temperatur	H	1.200E+02 1.700E+02
2)	Druck	V	2.000E+01 7.000E+01
3)	Geschwindigkeit	F	3.600E+01

11 Konturlinien für die Zielgröße: Aufreißkraft
a) 4.00 b) 5.00 c) 6.00 d) 7.00
e) 8.00 f) 9.00 g) 10.00 h) 11.00
i) 12.00 j) 13.00 k) 14.00

Mit Hilfe der Konturliniengrafik konnte ein neuer und optimaler Betriebspunkt gefunden werden. Die Produktionskapazität wurde um 80% gesteigert, dies entspricht einer **Kostensenkung von 300000 DM pro Jahr**. Zusätzlich konnte der Fehleranteil gesenkt werden. Dies wurde mit der Verlust-Funktion nach Taguchi bewertet.

	VERLUST NACH TAGUCHI		
	Mittelwert	Standardabweichung	Verlust n. T.
Vorher:	5.41	0.34	3.71 Mill. DM
Nachher:	6.05	0.26	0.56 Mill. DM

Der Verlust nach Taguchi konnte wesentlich verringert werden. Weitere Verbesserungen sind wahrscheinlich nur mit hohem Aufwand zu erzielen, weil es gilt, die restliche Streuung zu vermindern. Aus diesem Grund gab sich die Fertigung mit dem erreichten Ergebnis zufrieden. Dem Erreichten steht ein geringer **Versuchsaufwand von ca. 6000 DM** gegenüber.

Statistische Versuchsplanung

2. Beispiel: Gießharzoptimierung

Nach Produktionsende wurden bei einem Gießharz häufig Qualitätsprobleme festgestellt. Aus diesem Grunde war erforderlich mit einer zusätzlichen Prüfung und gegebenenfalls einer Nachbehandlung die geforderte Qualität zu erreichen. Die Gründe für dieses unerwünschte Verhalten des Gießharzes waren nicht bekannt und ein Entdecken der Ursache war durch das seltene Auftreten des Fehlers äußerst erschwert. Zur Lösung des Problems wurde ein Team gebildet.

In einem Brainstorming wurden mögliche Ursachen diskutiert. Die Anzahl der möglichen Ursachen war sehr hoch und mußte durch geeignete Maßnahmen reduziert werden. Die möglichen Ursachen betrafen entweder die Rezeptur, die eventuell nicht robust genug konstruiert war, oder den Prozeß, der von Abweichungen der Prozeßparameter beeinflußt werden konnte. Der technische Herstellungsprozeß des Mischen und Rührens der Komponenten war, wie die Qualitätsregelkarten zeigten, stabil. Die Qualitätsprobleme konnten nur mit der Mischung der Komponenten zusammenhängen. Als weitere Einflußgröße kam eine Verunreinigung mit KOH (Kaliumhydroxid) in Frage, das bei der Herstellung eines Rohmaterials benötigt wurde und in geringen Mengen Bestandteil einer Komponente war.

Der nächste Schritt mußte die Optimierung der Rezeptur sein. Dabei galt es, einen Versuchsplan mit acht Komponenten (inklusive der Störgröße: "KOH") und zwei Zielgrößen zu formulieren. Der Versuchsplan mußte beachten, daß alle Komponenten sich zu 100% ergänzen, also eine Mischung bilden. Das Gießharz besteht aus zwei Komponenten dem Harz und dem Härter. Die Aufgabe der Optimierung war es, den Einfluß des KOH falls möglich zu vermindern.

	REZEPTUR DES GIESSHARZES	
Härter:	Hrt_1 hochmolekularer Alkohol Typ 1	65.00%
	Hrt_2 niedermolekularer Alkohol Typ 1	18.70%
	Hrt_3 niedermolekularer Alkohol Typ 2	1.65%
	Hrt_4 Trocknungsmittel	8.00%
	Hrt_5 Katalysator	2.60%
	Hrt_6 Thixotropierungsmittel*	4.00%
	Hrt_7 Antischaummittel*	0.05%
Harz:	Hrz_1 Isocyanat	73.80%
	Hrz_2 hochmolekularer Alkohol Typ 2	26.00%
	Hrz_3 Rußpaste*	0.20%
	*(werden im Versuch nicht berücksichtigt)	

Die Ermittlung der Zielgrößen und die Anfertigung der Versuchsmuster wurde als zeit- und arbeitsaufwendig angesehen, somit mußte die Anzahl der Versuche auf ein Minimum beschränkt werden. Das Team beschloß, einen teilfaktoriellen Versuch 2^{6-1} mit 32 Versuchen in den Eckpunkten und 5 Versuchen im Zentralpunkt durchzuführen. Die Planung teilfaktorieller Versuche ist in Kapitel 12 beschrieben. Die Anzahl der Faktoren auf 6 ergab sich durch die Verwendung von Verhältnissen, so daß zur Planung und Durchführung der Versuche nicht die Komponenten selbst sondern ihre

Statistische Versuchsplanung

BASISDEFINITION DES VERSUCHSPLANES

Versuchsbezeichnung: **Optimierung einer Gießharz-Rezeptur**

Konfidenzniveau: **0.01**

Bezeichnung der Zielgrößen: **Gelierzeit 20 bis 25 min;**
Dielek. Verlustfaktor max. 250.

Anzahl der Einflußgrößen: **6**

Bezeichnung der Einflußgrößen: **A** (Hrz_1/Hrz_2); **B** (Hrt_1/Hrt_2);
C (Hrt_3 in g); **D** (Hrt_4 in g);
E (Hrt_5 in g); **F** (KOH in ppm).

Verhältnisse benutzt wurden. Die Benutzung von Verhältnissen der Komponenten statt die Benutzung der Komponenten selber ist in Kaptitel 14.2.4 beschrieben. Eine weitere Reduzierung der Versuche mit einem stärker vermengten Versuchsplan mußte abgelehnt werden, weil Wechselwirkungen zwischen den Komponenten nicht ausgeschlossen werden konnten.

VERSUCHSBEREICH DES VERSUCHSPLANES

Einflußgröße	Minimalwert	Maximalwert	Mittelwert	Schrittweite
A	2.5000E+00	3.0000E+00	2.7500E+00	0.2500E+00
B	3.0000E+00	4.0000E+00	3.5000E+00	0.5000E+00
C	1.5000E+00	2.0000E+00	1.7500E+00	0.2500E+00
D	5.0000E+00	1.0000E+01	7.5000E+00	2.5000E+00
E	1.0000E+00	4.0000E+01	2.5000E+01	1.5000E+00
F	0.0000E+00	2.0000E+02	1.0000E+02	1.0000E+01

Die Mengen des Harzes und des Härters wurden bei allen Versuchen konstant gehalten. Die Verhältnisse Hrz_1/Hrz_2 und Hrt_1/Hrt_2 wurden für jeden Versuch in einer Menge von 100 Gramm angefertigt und dann wurden die Zusatzstoff entsprechend der definierten Menge in Gramm hinzugefügt.

NORMIERTE VERSUCHS-MATRIX

Nr.	A	B	C	D	E	F	Umfang
1	-1	-1	-1	-1	-1	-1	1
2	1	-1	-1	-1	-1	1	1
3	-1	1	-1	-1	-1	1	1
4	1	1	-1	-1	-1	-1	1
5	-1	-1	1	-1	-1	1	1
6	1	-1	1	-1	-1	-1	1
7	-1	1	1	-1	-1	-1	1
8	1	1	1	-1	-1	1	1
9	-1	-1	-1	1	-1	1	1
.	.	.	.	.	.	.	.
.	.	.	.	.	.	.	.
.	.	.	.	.	.	.	.
32	1	1	1	1	1	1	1
33	0	0	0	0	0	0	5

Statistische Versuchsplanung

Tabelle der Versuchsergebnisse

Nr.	Y1	Y2	Nr.	Y1	Y2	Nr.	Y1	Y2
9)	22.3	629	7)	38.9	365	24)	11.0	55
27)	9.9	761	16)	33.7	107	25)	16.2	286
15)	21.6	660	4)	30.9	34	12)	16.8	199
26)	9.4	310	14)	16.8	324	29)	10.5	783
3)	19.9	738	1)	38.9	301	33)	19.8	333
6)	31.2	170	21)	14.8	466	2)	14.5	286
19)	14.8	440	13)	40.2	160	36)	18.9	396
32)	10.1	212	20)	7.4	191	11)	41.2	198
17)	9.1	981	10)	32.5	193	18)	11.2	193
23)	8.1	925	22)	8.2	339	5)	19.8	774
37)	19.8	356	8)	13.9	190	28)	13.3	24
35)	19.5	373	30)	12.7	199	31)	16.6	259
34)	18.5	376						

Die Ergebnisse zeigen für die Zielgrößen (Y1 = Gelierungszeit; Y2 = dielektrischer Verlustfaktor), daß für jede eine optimale Einstellung existiert. Für beide Zielgrößen ist eine optimale Einstellung nicht erkennbar. Die beste Mischung der Komponenten wird deshalb nicht in einem Versuchspunkt liegen, sondern zwischen den verschiedenen Versuchseinstellungen.

REGRESSIONSANALYSE DER GELIERUNGSZEIT
(Konfidenzniveau = 99.00%)

Bezeichnung	Koeffizienten	unterer Koeff.	oberer Koeff.	T-Prüf
KONST.	1.9270270E+01	1.9072398E+01	1.9468143E+00	268.48
A	-0.2165625E+01	-0.2378396E+01	-0.1952854E+01	28.06
D	0.9718750E+00	0.7591044E+00	1.1846456E+00	12.59
E	-0.7803125E+01	-0.8015896E+01	-0.7590354E+01	101.11
F	-0.5621875E+01	-0.5834646E+01	-0.5409104E+01	72.84
AE	1.1156250E+00	0.9028544E+00	1.3283956E+00	14.46
AF	0.6593750E+00	0.4466044E+00	0.8721456E+00	8.54
EF	3.2468750E+00	3.0341044E+00	3.4596456E+00	42.07

Standardabweichung des Restfehlers: 0.4365859E+00

Die Regressionsanalyse zeigt den riesigen Einfluß der Störgröße KOH, bedingt durch eine signifikante Hauptwirkung und der großen Wechselwirkung mit dem Faktor A. Dadurch ist klar, daß es keine Rezeptur gibt bei der die Komponenten so gemischt werden können, daß die Störgröße KOH keinen oder nur einen geringen Einfluß hat. Die Störgröße KOH darf nicht im Rohmaterial vorkommen, dies ist durch eine gezielte Wareneingangsprüfung sicher zu stellen. Ob eine Variable signifikant ist oder nicht kann man am Vertrauensbereich der Regressionskoeffizienten erkennen. Ist der untere Vertrauensbereich größer Null besteht eine positiv signifikante Abhängigkeit der Variablen und ist der obere Vertrauensbereich kleiner Null dann gibt es eine negativ signifikante Abhängigkeit der Variablen. Dies bedeutet, wenn Null zwischen dem unteren und oberen Vertrauensbereich liegt, ist der Einfluß der Variablen nicht signifikant. Beschrieben ist die Regressionsanalyse in dem Kapitel 9.

Statistische Versuchsplanung

STREUUNGSZERLEGUNG DER ANALYSE
(Konfidenzniveau = 99.00%)

Bezeichnung	Summe der Quadrate	Freiheitsgrad	Varianzen
Gesamtstreuung	3.53673730E+03	36	9.8242703E+01
Reduktion durch die Regression	3.53120969E+03	7	5.0445853E+02
Streuung um die Regression	5.52760970E+00	29	0.1906072E+00
Streuung durch Mangel an Anpassung	4.18760970E+00	25	0.1675044E+00
Nichterklärbarer Versuchsfehler	1.34000000E+00	4	0.3350000E+00

SIGNIFIKANZ-PRÜFUNG DER REGRESSION

Prüfwert der Regression: 2646.587
Tabellenwert der F-Verteilung: 3.330
Die Regression ist signifikant!
Prüfwert für den Mangel an Anpassung: 0.500
Tabellenwert der F-Verteilung: 13.981
Der Mangel an Anpassung ist nicht signifikant!

Das Ergebnis der Streuungszerlegung ist hervorragend, so daß der gesamte Versuchsraum durch die Regressionsfunktion präzise beschrieben wird. Bevor die Regressionsfunktion dargestellt wird, sollen noch die Voraussetzungen geprüft werden.

RESIDUENANALYSE DER GELIERUNGSZEIT
(Konfidenzniveau = 99.00%)

PRÜFUNG DER NORMALITÄT

Standardisierte Schiefe: -0.419
Standardisierte Wölbung: -1.036
Grenzwerte für Schiefe und Wölbung: -2.576 bis 2.576
Die Abweichung von der Normalverteilung ist nicht signifikant!

PRÜFUNG AUF AUSREISSER

Kritischer Wert für Ausreißer: 1.309998E+00
Es ist kein Ausreißer im Datensatz!

PRÜFUNG AUF AUTOKORRELATION

Autokorrelationswert: 0.151200E+00
Vertrauensbereich: -0.654164E+00 0.956565E+00
Die Autokorrelation ist nicht signifikant!

Die Residuen sind normalverteilt, enthalten keinen Ausreißer und sind voneinander unabhängig. Bei der Prüfung der Normalität der Residuen wird geprüft ob die Prüfwerte (standardisierte Schiefe und Wölbung) zwischen den Grenzwerten liegen. Die Ausreißer werden mit Hilfe der standadisierten Residuen ermittelt. Überschreitet betragmäßig das minimale oder maximale standardisierte Residual den kritischen Wert ist dieser Wert als Ausreißer verdächtig. Solange Null im Vertrauensbereich des Autokorrelationskoeffizienten liegt, ist keine Autokorrelation vohanden. Beschrieben wird dies im Kapitel 6. Dies wird mit dem Wahrscheinlichkeitsnetz, dem Histogramm und der Grafik Residuen versus Zeit dargestellt.

Statistische Versuchsplanung

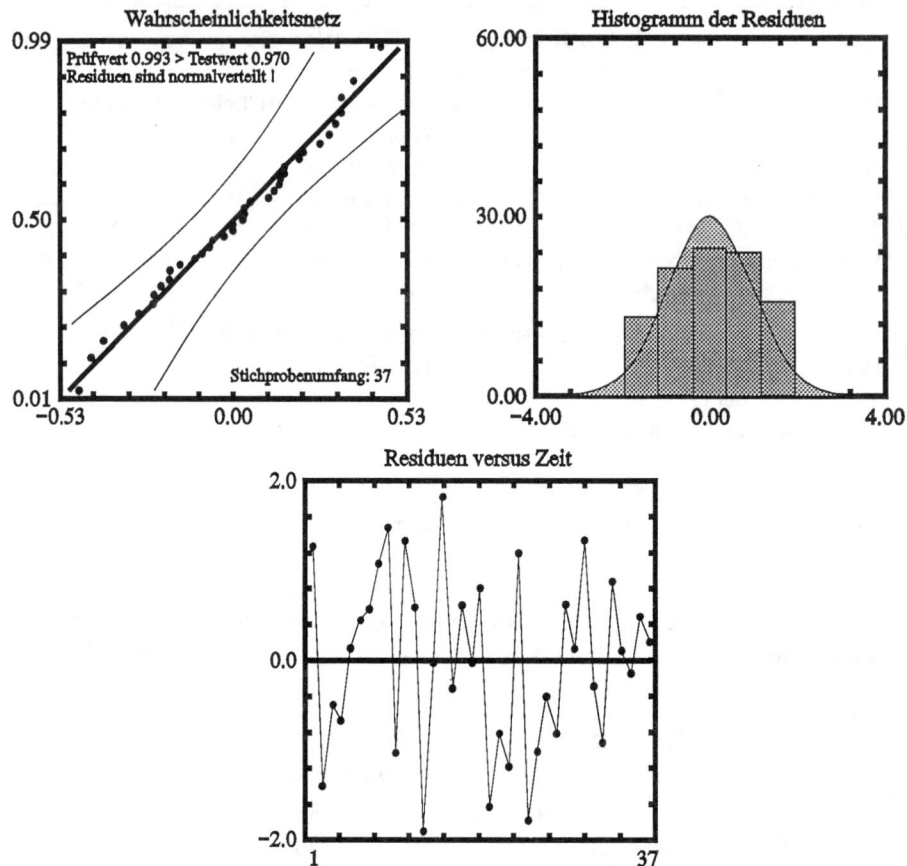

Nun werden die Konturliniengrafiken der Gelierungszeit dargestellt. Bei den Konturliniengrafiken muß man beachten, daß nur zwei Faktoren und die Zielgröße abgebildet werden können. Zur Darstellung scheiden die Faktoren B und C aus, weil weder deren Hauptwirkungen noch deren Wechselwirkungen signifikant sind. Der Faktor F die Störgröße KOH hat einen sehr großen aber unerwünschten Einfluß, so daß dieser Faktor nur auf das Minus-Niveau dargestellt werden sollte. Andere Einstellungen der Störgröße des KOH wären nur dann sinnvoll wenn der Einfluß dieser Variablen geringer wäre oder wenn keine 2-Faktorwechselwirkungen dieses Faktors mit anderen Faktoren existieren würden. Um den störenden Einfluß dieser Variablen zu eliminieren muß der Anteil dieser Komponente auf maximal 5 PPM beschränkt werden. Die übrigen Faktoren A, D und E können dargestellt werden. Es empfiehlt sich, die Faktoren A und E darzustellen, weil beide Faktoren große Hauptwirkungen haben und zusätzlich eine Wechselwirkung bilden. Die Wirkung der Variable D wird beurteilt anhand von Schnitten durch den Hyperwürfel. Die Schnitte werden auf das Minus-Niveau, Zentral-Niveau und Plus-Niveau des Faktors D gelegt. Somit ist eine umfassende Beurteilung der Abhängigkeit der Gelierungszeit von den Faktoren gewährleistet. Die nachfolgenden Grafiken zeigen die Zusammenhänge. Ausführlich beschrieben werden die Konturliniengrafiken sowie deren Anwendung in den Kapiteln 5.3, 11.5, 13.5 und 13.6.

Statistische Versuchsplanung

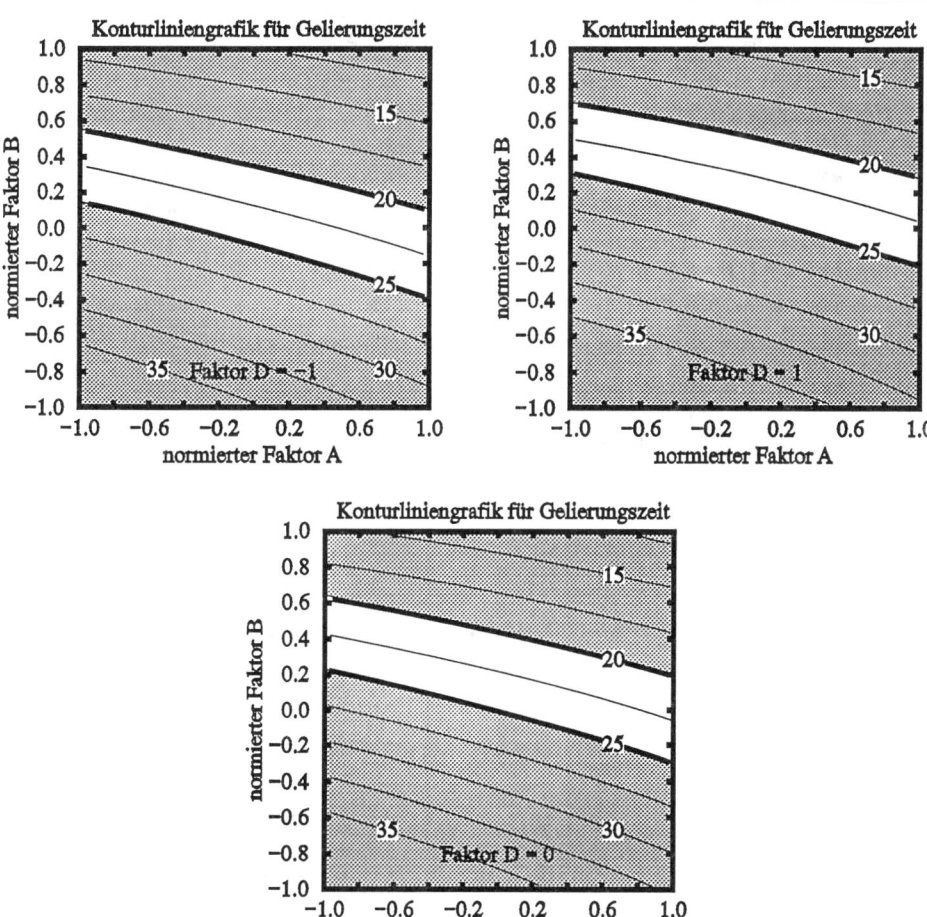

Der nächste Schritt der Analyse betrifft die zweite Zielgröße den dielektrischen Verlustfaktor. Dieser Wert ist zu minimieren und darf maximal 250 betragen.

REGRESSIONSANALYSE DES DIELEK. VERLUSTFAKTORS				
(Konfidenzniveau = 99.00%)				
Bezeichnung	Koeffizienten	unterer Koeff.	oberer Koeff.	T-Prüf
KONST.	3.6718919E+02	3.5454399E+02	3.7983438E+02	80.47
A	-0.1781250E+03	-0.1917223E+03	-0.1645277E+03	36.30
B	-0.3237500E+02	-0.4597226E+02	-0.1877774E+02	6.60
D	-0.3575000E+02	-0.4934726E+02	-0.2215274E+02	7.29
E	3.4250000E+01	2.0652740E+01	4.7847260E+01	6.98
F	1.5162500E+02	1.3802774E+02	1.6522226E+02	30.90
AB	-0.3025000E+02	-0.4384726E+02	-0.1665274E+02	6.17
AD	4.2625000E+01	2.9027740E+01	5.6222260E+01	8.69
AE	-0.3300000E+02	-0.4659726E+02	-0.1940274E+02	6.73
AF	-0.8437500E+02	-0.9797226E+02	-0.7077774E+02	17.20
STANDARDABWEICHUNG DES RESTFEHLERS: 2.7756331E+01				

Statistische Versuchsplanung

STREUUNGSZERLEGUNG FÜR DEN DIELEK. VERLUSTFAKTOR
(Konfidenzniveau = 99.00%)

Bezeichnung	Summe der Quadrate	Freiheitsgrad	Varianzen
Gesamtstreuung	2.23385768E+06	36	6.2051602E+04
Reduktion durch die Regression	2.21305650E+06	9	2.4589517E+05
Streuung um die Regression	2.08011757E+04	27	7.7041391E+02
Streuung durch Mangel an Anpassung	1.85663757E+04	23	8.0723373E+02
Nichterklärbarer Versuchsuchsfehler	2.23480000E+03	4	5.5870000E+02

SIGNIFIKANZ-PRÜFUNG DER REGRESSION

Prüfwert der Regression:	319.173
Tabellenwert der F-Verteilung:	3.150

Die Regression ist signifikant!

Prüfwert für den Mangel an Anpassung:	1.445
Tabellenwert der F-verteilung:	14.019

Der Mangel an Anpassung ist nicht signifikant!

RESIDUENANALYSE FÜR DEN DIELEK. VERLUSTFAKTOR
(Konfidenzniveau = 99.00%)

PRÜFUNG DER NORMALITÄT

Standardisierte Schiefe:	0.352
Standardisierte Wölbung:	0.093
Grenzwerte für Schiefe und Wölbung:	-2.576 bis 2.576

Die Abweichung von der Normalverteilung ist nicht signifikant!

PRÜFUNG AUF AUSREISSER

Kritischer Wert für Ausreißer:	8.036113E+01

Es ist kein Ausreißer im Datensatz!

PRÜFUNG AUF AUTOKORRELATION

Autokorrelationswert:	-0.675233E+00	
Vertrauensbereich:	-0.148060E+01	0.130132E+00

Die Autokorrelation ist nicht signifikant!

Alle Voraussetzungen wurden erfüllt, d.h. die Residuen sind normalverteilt, nicht autokorreliert und enthalten keinen Ausreißer. Die Ergebnisse der Regressionsanalyse bzgl. des dielektrischen Verlustfaktors zeigen ähnliche Resultate wie bei der Gelierungszeit. Allerdings mit dem Unterschied, daß nun die Variable B und weitere 2-Faktorwechselwirkungen einen signifikanten Einfluß haben. Die Störgröße KOH hat wiederum einen sehr großen Einfluß auf die Zielgröße so daß die bei der Gelierungszeit getroffene Interpretation bestätigt wurde. Die Grafiken zur Beurteilung der Voraussetzungen wie das Wahrscheinlichkeitsnetz, dasHistogramm und die Darstellung der Residuen in Abhängigkeit von der Erfassungszeit zeigen anschaulich wie gut alle Prämissen erfüllt wurden. Die Interpretation dieser Abbildungen ist ausführlich in dem Kapitel 6 beschrieben.

Statistische Versuchsplanung

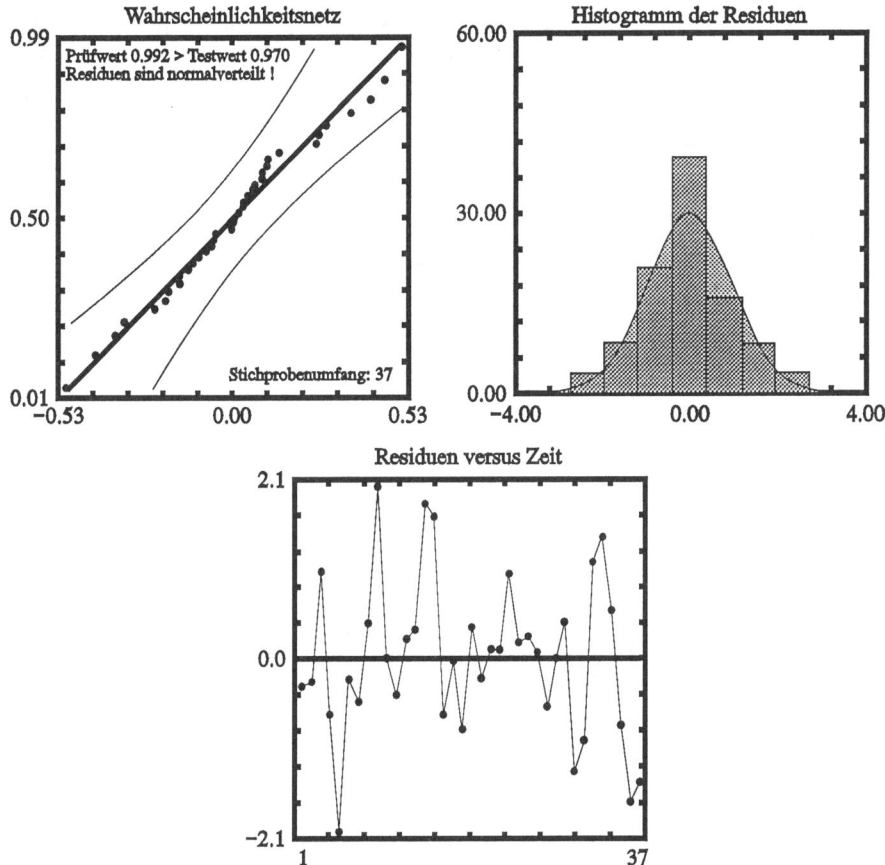

Die Darstellung der Konturliniengrafik soll nun helfen die beste Kombination der Faktoren zu definieren. Damit die Ergebnisse mit den Konturliniengrafiken der Gelierungszeit gemeinsam interpretiert werden können ist es notwendig wieder die Faktoren A und E darzustellen. Nun muß die Frage, welche Schnitte durch den Hyperwürfel gemacht werden sollen bzw. mit welchem festeingestellten Niveau der anderen Faktoren B, C, D und F soll man die Konturliniengrafiken angefertigen, beantwortet werden. Der Faktor F die Störgröße KOH ist wie bei der Gelierungszeit auf das Minus-Niveau festzulegen. Der Faktor C hat keinen signifikanten Einfluß und kann innerhalb des Versuchsraumes beliebig eingestellt werden. Es empfiehlt sich aber die zentrale Einstellung zu wählen, weil so der Einfluß dieses Faktors am geringsten ist und andere Zielgrößen nicht beeinflußt werden. Der Faktor D bot für alle Einstellungen eine Lösung des Problems Gelierungszeit, so daß die gleichen Einstellungen auch zur Darstellung des dielektrischen Verlustfaktors benutzt werden sollten. Die Einstellung des Faktors B kann als letzte Einstellung einfach definiert werden. Man sieht, daß die Hauptwirkung des Faktors B negativ ist. Dies bedeutet, daß beim Plus-Niveau der Komponente B ein besserer Wert für die Zielgröße dielektrischer Verlustfaktor erzielt wird. Die Wechselwirkung AB ist ebenfalls negativ, so daß bei einem Plus-Niveau der Variablen A und B sicher ein noch besserer Wert erzielen läßt. Es ist den Konturliniengrafiken der Gelierungszeit zuentnehmen, daß zum Plus-Niveau vom Faktor A Lösungen existieren. Dies bedeutet, daß der Faktor B nur auf dem Plus-Niveau dargestellt werden muß um die optimale Lösung zu finden.

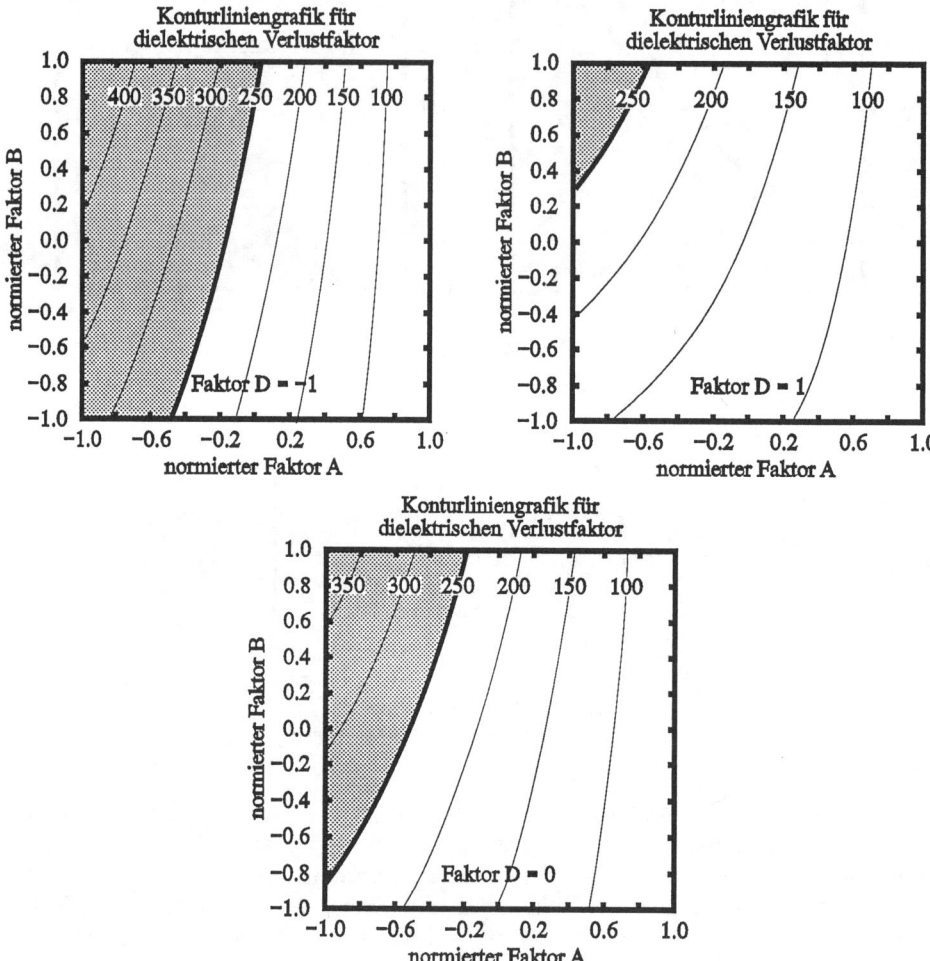

Alle Komponenten mit Ausnahme der Komponente C haben in unterschiedlicher Größe Hauptwirkungen und Wechselwirkungen in Abhängigkeit von den Zielgrößen. Die Komponenten A und E wurden in der Konturliniengrafik in ihrer Wirkung auf alle Zielgrößen dargestellt und die anderen Komponenten B, D und F auf ihren besten Anteil festgesetzt. Durch übereinanderlegen der Konturliniengrafiken der verschiedenen Zielgrößen ergibt sich die optimale Mischung. Die optimale Einstellung lautet:

Faktor A = 0.6	Faktor B = 1.0
Faktor C = 0.0	Faktor D = 1.0
Faktor E = 0.2	Faktor F = -1.0

Statistische Versuchsplanung

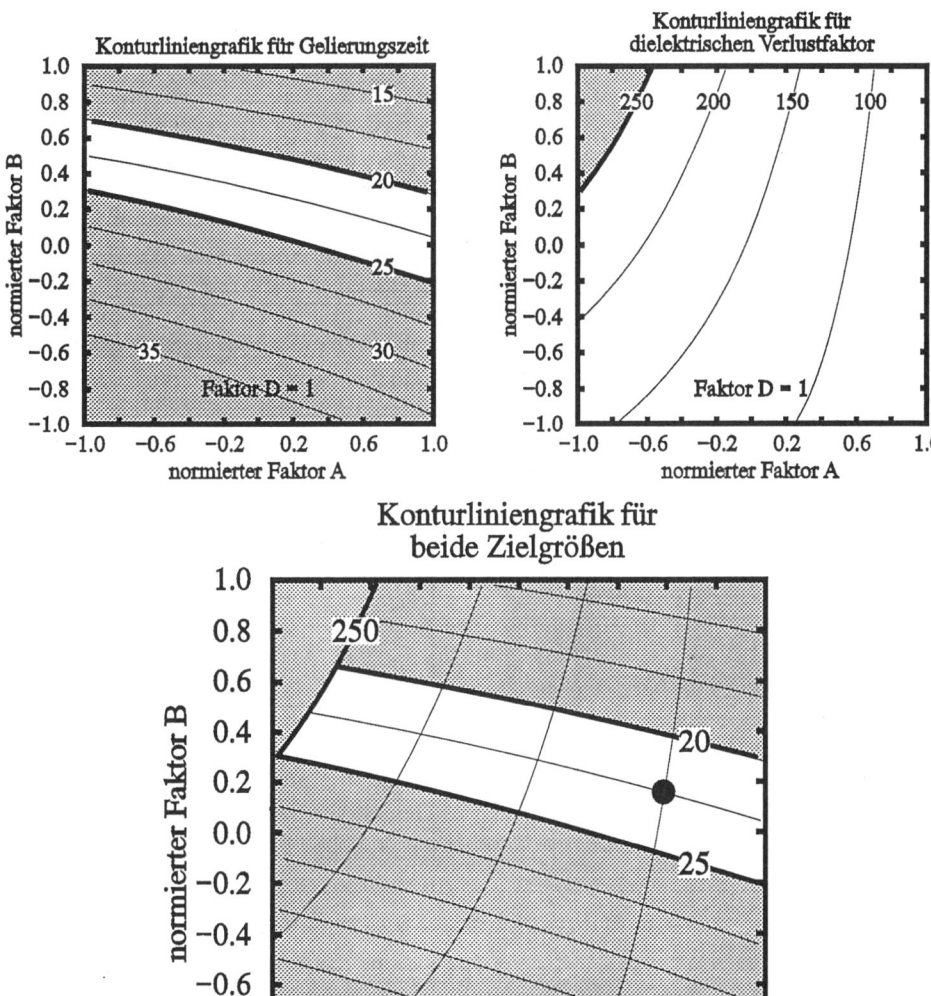

Damit konnten sämtliche aufgetretenen Probleme beseitigt werden. Durch die Optimierung konnten **jährlich 300.000 DM an Nacharbeitskosten eingespart** werden. Die Qualitätsverbesserungen wurden mit der **Verlustfunktion nach Taguchi auf mehr als 8 Millionen DM** beziffert. Dies steht einem **Versuchsaufwand von ca. 50.000 DM** gegenüber. Es zeigt, wieviele andere Beispiele auch, welche Erfolge mit der SVP zu erreichen sind. Die Aufgabe wurde mit einem teilfaktoriellen Versuchsplan nach Kapitel 12 gelöst.

3. Beispiel: Optimierung einer Kaltdruckfixiereinheit.

Die Konstruktion erhielt den Auftrag die Herstellungs- und Materialkosten einer Entwicklungsbaugruppe für Kopiergeräte zu reduzieren. Es sollten dabei alle Spezifikationwerte bzgl. der Kopienqualität eingehalten werden. Für die Fixierung des Kopierbildes auf der Kopie wurde ein Kalt-Druck-Verfahren angewendet. Das benutzte Verfahren sollte beibehalten werden und so war die einfachste Möglichkeit die Kosten zu reduzieren eine Halbierung des Walzendurchmessers. Diese Möglichkeit wurde realisiert. Es zeigte sich aber bei dem ersten Prototypen, daß die Spezifikationen bzgl. Abriebfestigkeit des fixierten Bildes und der Faltenfreiheit der Kopie nicht einzuhalten waren. Versuche der Konstrukteure mit anderen Einstellungen der weiteren Einflußgrößen wie der Walzenschränkung, des Kopieneinlaufwinkel, des Preßwalzendruckes vorne und des Preßwalzendruckes hinten das Problem zu lösen scheiterten. Mal war die Abriebfestigkeit innerhalb der Spezifikation und die Faltenfreiheit der Kopien war nicht gewährleistet und das andere Mal war es umgekehrt. Den ungeplanten Versuchen konnte man entnehmen, daß die Einflußgrößen Preßwalzendruck vorne und hinten den vermutlich größten Einfluß hatten.

Aus dieser Voranalyse wurde klar, daß man bei kleinem Preßwalzendurchmesser versuchen mußte, den Presswalzendruck vorne und hinten so einzustellen, daß die Spezifikationswerte für die Faltenfreiheit (mindestens 7) und die Abriebfestigkeit (maximal 0.125) eingehalten werden können. Auf die Berücksichtigung der Walzenschränkung wurde wegen teurer Werkzeugänderung bewußt verzichtet. Außerdem sollte der Versuchsplan die Analyse eines Regressionspolynoms 2. Grades erlauben um so die wahre Funktion besser zu approximieren. Gewählt wurde ein zentral zusammengesetzter Versuchsplan (s. Kapitel 13) für zwei Einflußgrößen bei dem die Kriterien Orthogonalität und Drehbarkeit (s. Kapitel 13.3) realisiert sind.

BASISDEFINITION DES VERSUCHSPLANES	
Versuchsbezeichnung:	**Optimierung der Kaltdruckfixierung**
Konfidenzniveau:	**0.05**
Bezeichnung der Zielgrößen:	**Falten**
	Abriebfestigkeit
Anzahl der Einflußgrößen:	**2**
Bezeichnung der Einflußgrößen:	**Druck-V**
	Druck-H

Der Versuchsbereich sollte einen möglichst groß sein, damit falls es eine Lösung gibt, diese auch innerhalb des Versuchsraumes liegt. Bei einem großen Versuchsraum besteht die Gefahr eine schlechte Approximation zu erhalten. Dies wurde berücksichtigt in dem jeder Versuchspunkt wiederholt wurde. So war es möglich den Mangel an Anpassung zu bewerten, falls ein Problem dieser Art auftreten sollte. Der höhere Versuchsaufwand war als belanglos anzusehen, weil alle Versuche nur einen halben Tag benötigten. Damit ein möglichst ausgewogener Versuchsplan entstand wurden alle Versuche viermal realisiert.

Statistische Versuchsplanung

VERSUCHSBEREICH DES VERSUCHSPLANES				
Einflußgröße	Minimalwert	Maximalwert	Mittelwert	Schrittweite
Druck-V	4.0000E+01	1.5000E+02	9.5000E+01	5.5000E+01
Druck-H	4.0000E+01	1.5000E+02	9.5000E+01	5.5000E+01

PLANUNGSERGEBNISSE

Anzahl aller Versuche in den Eckpunkten:	16
Anzahl aller Versuche in den Sternpunkten:	16
Anzahl der Versuche im Zentralpunkt:	4
Gesamtanzahl aller Versuche:	36
Abstand zwischen Stern- und Zentralpunkt:	1.4142

NORMIERTE VERSUCHS-MATRIX

Nr.	Druck-V	Druck-H	Umfang
1	-1	-1	4
2	1	-1	4
3	-1	1	4
4	1	1	4
5	0	0	4
6	-1.414	0	4
7	1.414	0	4
8	0	-1.414	4
9	0	1.414	4

PHYSIKALISCHE VERSUCHS-MATRIX

Nr.	Druck-V	Druck-H	Umfang
1	5.700E+01	5.700E+01	4
2	1.330E+02	5.700E+01	4
3	5.700E+01	1.330E+02	4
4	1.330E+02	1.330E+02	4
5	9.500E+01	9.500E+01	4
6	4.126E+01	9.500E+01	4
7	1.487E+02	9.500E+01	4
8	9.500E+01	4.126E+01	4
9	9.500E+01	1.487E+02	4

Die Ergebnisse der Versuchsplanung zeigen, daß der Versuchsraum geringfügig eingeschränkt wurde. Dies war erforderlich damit die Schrittweite ein ganzzahliger Wert wurde und so die Eckpunkte 1 bis 4 besser eingestellt werden konnten. Der Sternpunktabstand ($\alpha=1.414$) und die Anzahl der Versuche im Zentralpunkt wurde nach der Formel 13.3b berechnet. Damit die Randomisierung perfekt ist wurden nicht nur die neun Versuchseinstellungen sondern alle 36 Versuche zufällig angeordnet. Dadurch wird erreicht, daß die Wiederholungen keine Pseudo-Wiederholungen sind. Nur so kann der Versuchsfehler in der richtigen Größe unverzerrt geschätzt werden, d.h. die Versuchsergebnisse sind weitestgehend verallgemeinerungsfähig.

Statistische Versuchsplanung

ZUFÄLLIGE VERSUCHS-MATRIX MIT ERGEBNISSEN

Nr.	Druck-V	Druck-H	Falten	Abrieb
34	95	149	12.3	0.30
15	133	133	1.7	0.02
18	95	95	10.2	0.19
12	57	133	22.5	0.92
23	41	95	19.7	1.02
8	133	57	9.7	0.20
22	41	95	19.7	1.01
25	149	95	3.9	0.14
13	133	133	1.6	0.05
6	133	57	9.7	0.18
10	57	133	22.2	0.89
20	95	95	10.3	0.20
9	57	133	22.5	0.91
24	41	95	19.6	1.03
4	57	57	12.1	0.52
36	95	149	11.9	0.28
19	95	95	10.3	0.21
27	149	95	3.7	0.15
7	133	57	9.9	0.17
35	95	149	11.8	0.27
1	57	57	11.9	0.51
16	133	133	1.6	0.00
14	133	133	1.4	0.03
32	95	41	10.0	0.16
28	149	95	3.8	0.13
11	57	133	22.3	0.90
33	95	149	12.0	0.29
31	95	41	10.2	0.13
21	41	95	19.4	1.03
30	95	41	9.8	0.14
29	95	41	10.0	0.11
26	149	95	4.0	0.15
5	133	57	10.0	0.20
3	57	57	11.2	0.51
17	95	95	10.2	0.22
2	57	57	11.7	0.48

Nach dem die Daten in dieser Form vorhanden sind kann die Regressionanalyse gegonnen werden. Dabei muß beachtet werden, daß die Versuchsmatrix für die Regressionsanalyse noch mit den Pseudovariablen AB (2-Faktorwechselwirkung), AA und BB (quadratische Terme der Hauptwirkungen) ergänzt werden muß. Beschrieben wird dies in dem Kapitel 13.

Den Werten der Zielgrößen Falten und Abriebfestigkeit kann man entnehmen, daß sie gegenläufig sind. Auf einen sehr guten Wert für die Falten folgt ein sehr schlechter Wert für die Abriebfestigkeit und umgekehrt. Keiner der Versuchspunkte beinhaltet eine Lösung für beide Zielgrößen.

Statistische Versuchsplanung

REGRESSIONSANALYSE FÜR FALTEN
(Konfidenzniveau = 95.00%)

Bezeichnung	Koeffizienten	unterer Koeff.	oberer Koeff.	T-Prüf.
KONST.	1.0250000E+01	1.0049694E+01	1.0450306E+01	104.53
A	-0.5621733E+01	-0.5692552E+01	-0.5550914E+01	162.16
B	0.6535534E+00	0.5827345E+00	0.7243723E+00	18.85
AB	-0.4725000E+01	-0.4825153E+01	-0.4624847E+01	96.37
AA	0.7406250E+00	0.6231852E+00	0.8580648E+00	12.88
BB	0.3781250E+00	0.2606852E+00	0.4955648E+00	6.58

Standarabweichung des Restfehlers: 0.1961140E+00

STREUUNGSZERLEGUNG DER ANALYSE
(Konfidenzniveau = 95.00%)

Bezeichnung	Summe der Quadrate	Freiheitsgrad	Varianzen
Gesamtstreuung	1.38990889E+03	35	3.9711683E+01
Reduktion durch die Regression	1.38875507E+03	5	2.7775101E+02
Streuung um die Regression	1.15382106E+00	30	3.8460702E-02
Streuung durch Mangel an Anpassung	0.18382101E+00	3	6.1273670E-02
Nichterklärbarer Versuchsfehler	0.97000005E+00	27	3.5925928E-02

SIGNIFIKANZ-PRÜFUNG DER REGRESSION

Prüfwert der Regression:	7221.683
Tabellenwert der F-Verteilung:	2.533

Die Regression ist signiifikant!

Prüfwert für den Mangel an Anpassung:	1.706
Tabellenwert der F-Verteilung:	2.956

Der Mangel an Anpassung ist nicht signifikant!

BARTLETT-TEST DER RESIDUEN
(Konfidenzniveau = 95.00%)

Lfd. Nr.	Mittelwert	Varianz	Standardabweichung	Stichprobenumfang	Freiheitsgrad
1	0.75555E+00	4.66666E-02	0.21602E+00	4	3
2	-0.96694E+01	1.58333E-02	0.12583E+00	4	3
3	-0.99444E+00	3.33333E-03	5.77350E-02	4	3
4	1.11305E+01	2.25000E-02	0.15000E+00	4	3
5	8.35555E+00	2.00000E-02	0.14142E+00	4	3
6	-0.14194E+01	2.25000E-02	0.15000E+00	4	3
7	-0.73944E+01	1.66666E-02	0.12909E+00	4	3
8	0.48055E+00	0.14916E+00	0.38622E+00	4	3
9	-0.12444E+01	2.66666E-02	0.16329E+00	4	3

Prüfwert für Homoskedastizität:	11.068
Tabellenwert der χ^2-Verteilung:	15.508

Die Varianzen sind nicht signifikant verschieden!

Statistische Versuchsplanung

RESIDUENANALSE DER FALTEN
(Konfidenzniveau = 95.00%)

PRÜFUNG DER NORMALITÄT
Standardisierte Schiefe:	0.865
Standardisierte Wölbung:	1.251
Grenzwerte für Schiefe und Wölbung:	-1.960 bis 1.960

Die Abweichung von der Normalverteilung ist nicht signifikant!

PRÜFUNG AUF AUSREISSER
Kritischer Wert für Ausreißer:	0.543023E+00

Es ist kein Ausreißer im Datensatz!

PRÜFUNG AUF AUTOKORRELATION
Autokorrelationswert:	-0.356910E-01	
Vertrauensbereich:	-0.66772E+00	0.59634E+00

Die Autokorrelation ist nicht signifikant!

Die Regressionsanalyse (s. Kapitel 9) zeigt hohe T-Prüfwerte, d.h. die ermittelte Regressionsfunktion ist hoch signifikant. Dies war zu erwarten, weil der Versuchsraum groß gewählt worden war und sich deshalb die Zielgröße bei einer kleinen

REGRESSIONSANALYSE FÜR ABRIEBFESTIGKEIT
(Konfidenzniveau = 95.00%)

Bezeichnung	Koeffizienten	unterer Koeff.	oberer Koeff.	T-Prüf
KONST.	0.2120455E+00	0.2031589E+00	0.2209320E+00	48.68
A	-0.3052510E+00	-0.3112672E+00	-0.2992348E+00	103.51
B	5.6204004E-02	5.0187811E-02	6.2220197E-02	19.06
AB	-0.1406250E+00	-0.1491332E+00	-0.1321168E+00	33.72
AA	0.1880114E+00	0.1803154E+00	0.1957073E+00	49.84

Standardabweichung des Restfehlers: 1.6682786E-02

STREUUNGSZERLEGUNG DER ANALYSE
(Konfidenzniveau = 95.00%)

Bezeichnung	Summe der Quadrate	Freiheitsgrad	Varianzen
Gesamtstreuung	4.09907500E+00	35	0.1171164E+00
Reduktion durch die Regression	4.09044722E+00	4	1.0226118E+00
Streuung um die Regression	8.62777618E-03	31	2.7831536E-04
Streuung durch Mangel an Anpassung	2.40277618E-03	4	6.0069404E-04
Nichterklärbarer Versuchsfehler	6.22500000E-03	27	2.3055556E-04

SIGNIFIKANZ-PRÜFUNG DER REGRESSION
Prüfwert der Regression:	3674.292
Tabellenwert der F-Verteilung:	2.678

Die Regression ist Signifikant!

Prüfwert für den Mangel an Anpassung:	2.605
Tabellenwert der F-Verteilung:	2.727

Der Mangel an Anpassung ist nicht signifikant!

Statistische Versuchsplanung

Versuchsstreuung wesentlich veränderte. Die Streuungsanalyse ergab keinen Mangel an Anpassung der Daten an das Regressionsmodell, so daß der gesamte Versuchsraum mit der ermittelten Regressionsfunktion interpretiert und dargestellt werden kann. Weiterhin sind sämtliche Voraussetzungen erfüllt. Der Bartlett-Test (s. Kapitel 8) zeigte, daß die Wiederholungen in den Versuchspunkten gleichgestreut waren. Außerdem waren die Residuen normalverteilt, nicht autokorreliert und ohne Ausreißer (s. Kapitel 6). Dies zeigen auch die Grafiken sehr deutlich.

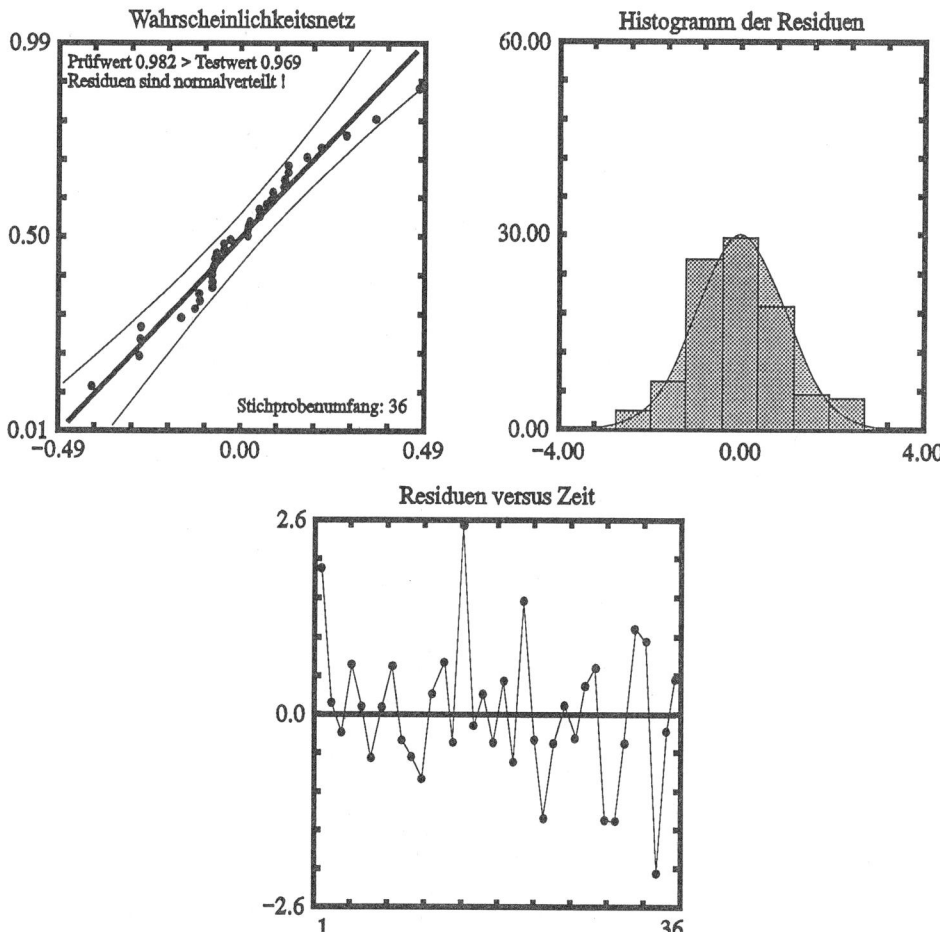

In ähnlicher Weise wie bei der Analyse der Faltenfreiheit der Kopie zeigt auch die Regressionsanalyse der Abriebfestigkeit der Farbe eine gute Anpassung an das Regressionsmodell. Die quadratische Wirkung BB und der Mangel an Anpassung ist nicht signifikant. Der Mangel an Anpassung ist aber deutlich größer als bei der Faltenfreiheit. Der Grund ist in dem sehr kleinen Versuchsfehler zu sehen. Die Anpassung der Daten an das Regressionsmodell ist aber so gut, daß keine Probleme bei der Interpretation des Versuchsbereiches erwartet werden müssen. Ob auch alle anderen Voraussetzungen wie Normalität, Homoskedastizität, keine Autokorrelation und keine Ausreißer erfüllt werden, kann man nun prüfen.

Statistische Versuchsplanung

BARTLETT-TEST DER RESIDUEN
(Konfidenzniveau = 95.00%)

Lfd. Nr.	Mittel-wert	Varianz	Standard-abweichung	Stichproben-umfang	Freiheits-grad
1	-0.94166E-01	1.66666E-04	1.29099E-02	4	3
2	-0.35416E+00	4.33333E-04	2.08166E-02	4	3
3	-0.17416E+00	1.66666E-04	1.29099E-02	4	3
4	0.52583E+00	1.66666E-04	1.29099E-02	4	3
5	0.64333E+00	9.16666E-05	9.57427E-03	4	3
6	-0.19166E+00	2.25000E-04	1.50000E-02	4	3
7	-0.23666E+00	9.16666E-05	9.57427E-03	4	3
8	0.12583E+00	3.00000E-04	1.73205E-02	4	3
9	-0.24416E+00	4.33333E-04	2.08166E-02	4	3

Prüfwert für Homoskedastizität: 3.557
Tabellenwert der χ^2-Verteilung: 15.508
Die Varianzen sind nicht signifikant verschieden!

RESIDUENANALSE FÜR ABRIEBFESTIGKEIT
(Konfidenzniveau = 95.00%)

PRÜFUNG DER NORMALITÄT
Standardisierte Schiefe: 0.679
Standardisierte Wölbung: -0.099
Grenzwerte für Schiefe und Wölbung: -1.960 bis 1.960
Die Abweichung von der Normalverteilung ist nicht signifikant!

PRÜFUNG AUF AUSREISSER
Kritischer Wert für Ausreißer: 4.695682E-02
Es ist kein Ausreißer im Datensatz!

PRÜFUNG AUF AUTOKORRELATION
Autokorrelationswert: 0.23095E+00
Vertrauensbereich: -0.40107E+00 0.86299E+00
Die Autokorrelation ist nicht signifikant!

Alle Voraussetzungen wurden sehr gut erfüllt. Der Prüfwert für die Homoskedastizität (Gleichgestreutheit) ist sehr klein, d.h. die Streuung in den Versuchspunkten ist nahezu gleich. Eine geringe Schiefe und Wölbung unterstreichen dieses gute Ergebnis. Das Wahrscheinlichkeitsnetz und die anderen Grafiken bestätigen das Rechenergebnis.

Der nächste Schritt der Analyse war die kanonische Analyse, damit die Normalform der Konturliniengrafiken bestimmt werden konnte. Das Ergebnis der kanonischen Analyse zeigt, daß beide Funktionen einen "Stationär Punkt" haben. Die "Stationär Punkte" sind die Wendepunkte oder die relativen Minima oder Maxima der Regressionsfunktion zweiten Grades. Sie geben an in welcher Region des Versuchsbereiches die geringste Veränderung der Zielgröße auftritt, d.h. Bereiche in denen die Zielgrößen stabil ist gegenüber Änderungen der Einflußgrößen. Die quadratische Normalform (s. Kapitel 13.6) für die Konturliniengrafiken ist die Darstellung eines Minmax (Hyperbeln).

Statistische Versuchsplanung

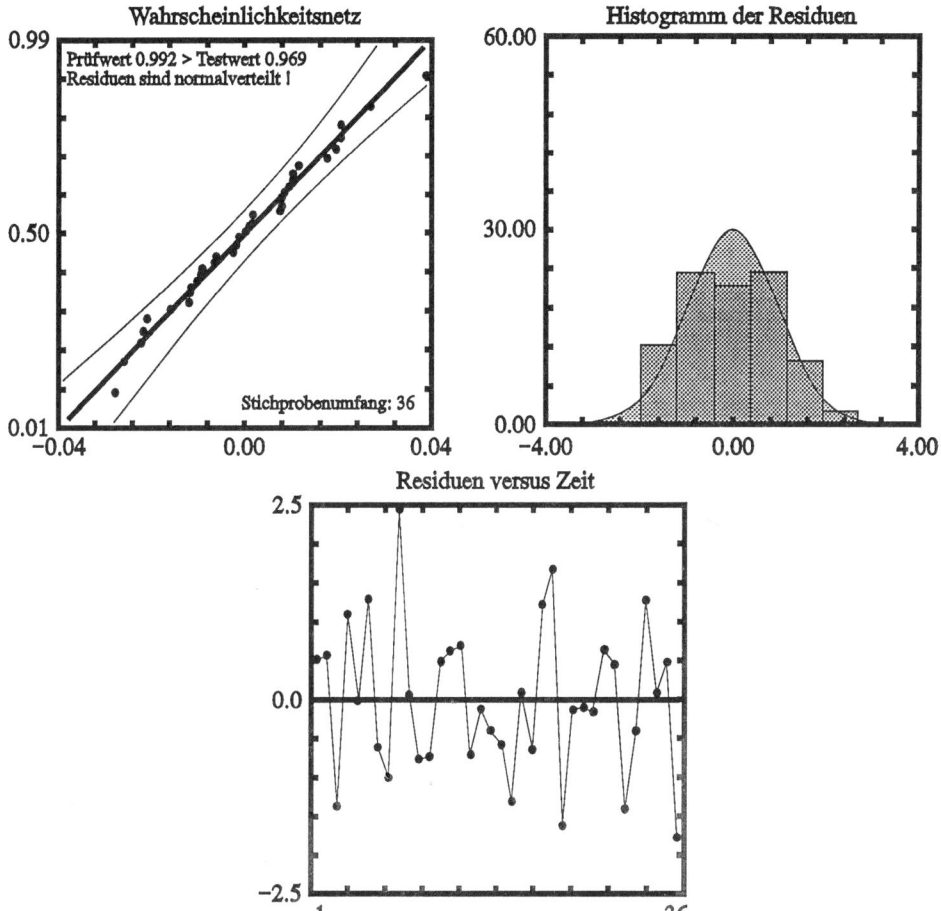

KANONISCHE ANALYSE VON FALTEN UND ABRIEBFESTIGKEIT

Stationärer Punkt der Falten: 1.0009798649E+01

	Einflußgrößen	normiert	physikalisch
A	Druck-V	-0.5486310E-01	9.2915202E+01
B	Druck-H	-0.120698E+01	4.9134612E+01

QUADRATISCHE NORMALFORM DER FUNKTION

$Y = -0.10010E+02 +2.92882E+00*a^2 -1.81007E+00*b^2$

$a = +0.73365E+00*(A +5.48631E-02) -0.67952E+00*(B +1.20698E+00)$

$b = +0.67952E+00*(A +5.48631E-02) +0.73365E+00*(B +1.20698E+00)$

Stationärer Punkt der Abriebfestigkeit: 0.1200775419E+00

	Einflußgrößen	normiert	physikalisch
A	Druck-V	0.3996729E+00	1.1018757E+02
B	Druck-H	-0.1101972E+01	5.3125042E+01

QUADRATISCHE NORMALFORM DER FUNKTION

$Y = -0.12008E+00 +0.21140E+00*a^2 -2.33865E-02*b^2$

$a = +0.94889E+00*(A -0.39967E+00) -0.31561E+00*(B +1.10197E+00)$

$b = +0.31561E+00*(A -0.39967E+00) +0.94889E+00*(B +1.10197E+00)$

Statistische Versuchsplanung

DEFINITION DER KONTURLINIENGRAFIK FÜR FALTEN			
Lfd. Nr.	Einfluß- Größen	Status (H/V/F)	Wertebereich
1)	Druck-V	H	4.000E+01 1.500E+02
2)	Druck-H	V	4.000E+01 1.500E+02

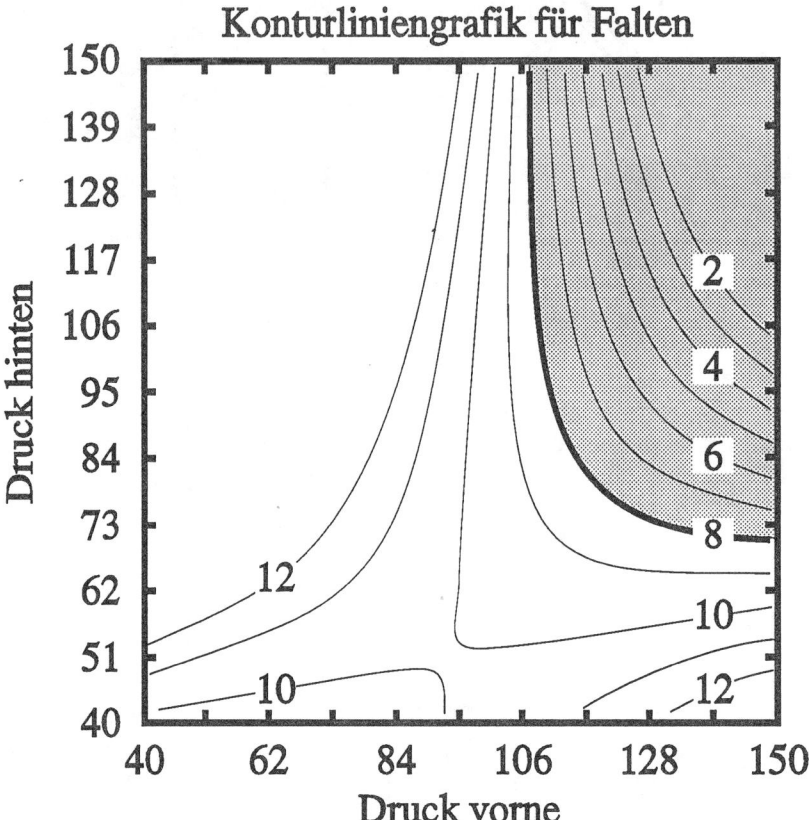

Die Konturliniengrafik für die Zielgröße Falten zeigt ein Minmax (Sattel). Dies bestätigt die kanonische Analyse bei der die kanonischen quadratischen Regressionskoeffizienten unterschiedliche Vorzeichen hatten. Die Funktion ergibt, daß bei höheren Drücken vorne und hinten die Falten verstärkt auf treten. Dies erscheint ein plausibles Ergebnis zu sein. Falten sollen sich aber auch verstärkt ergeben, wenn beide Drücke niedrig sind. Letzteres ist eine nicht plausible Erklärung, weil ohne Druck überhaupt keine Falten auftreten können. Somit stellt die gefundene Regressionsfunktion nur eine einfache Approximation einer in Wirklichkeit komplexeren Abhängigkeit dar. Da die Anpassung des Regressionsmodells aber sehr gut ist kann die Konturliniengrafik für den untersuchten Bereich interpretiert werden. Extrapolationen sind auf keinen Fall zulässig. Der Lösungsraum für die Falten (mindestens 7) ist sehr groß, er mußte aber aufgrund des nichterklärbaren Restfehlers ($s_E = 0.2$) auf einen Wert von mindestens 8 eingeengt werden. Ein Sicherheitsabstand von fünf Standardabweichungen zum Grenzwert kann als ausreichend angesehen werden. Interessant ist, daß verschieden hohe Drücke vorne und hinten bessere Werte für die Falten ergeben.

Statistische Versuchsplanung

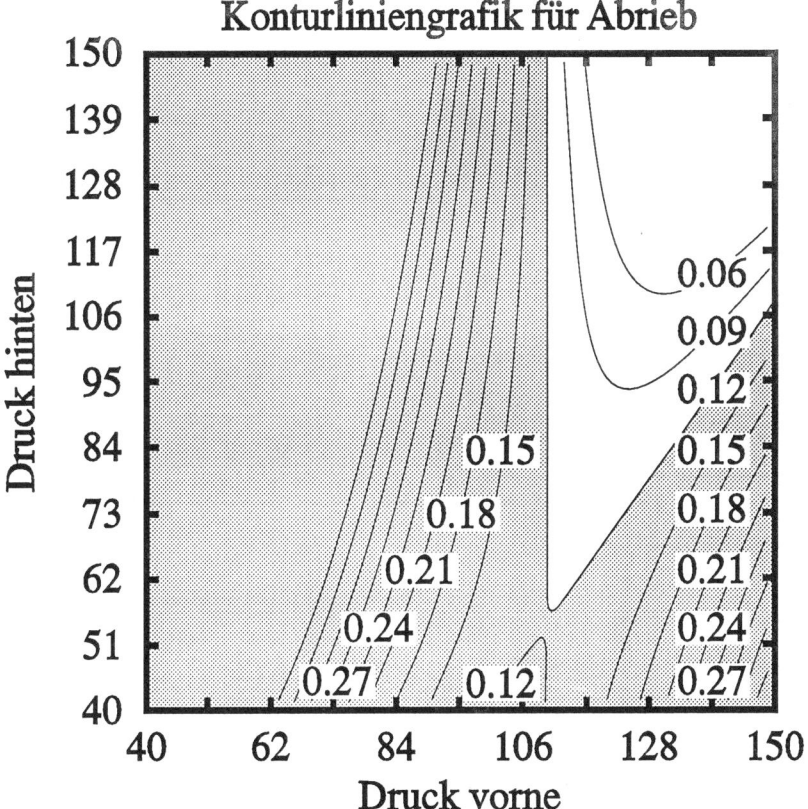

Bei der Konturliniengrafik für die Abriebfestigkeit gilt eine ähnliche Interpretation wie für die Falten. So ergibt sich entsprechend der kanonischen Normalform des Regressionsansatzes wieder ein Minmax (Sattel) für die Darstellung der Konturlinien. Allerdings sind die Ergebnisse der Abriebfestigkeit gegenläufig zu den Ergebnissen der Falten. Bei hohen Drücken ergeben sich günstige und bei niedrigen Drücken unzulässige Werte für die Abriebfestigkeit. Auch diese Regressionsfunktion ist nur eine ausreichende Approximation eines kompexeren Modells, so daß auch hiermit keine Extraplolationen zulässig sind. Der Lösungsbereich ist wesentlich kleiner als bei der Darstellung der Falten und mußte auch hier aufgrund des nicht erklärbaren Restfehlers (s_E = 0.017) reduziert werden. Der zulässige obere Grenzwert (0.125) wird mit drei Standardabweichungen korrigiert. Dadurch ergibt sich eine Optimierungsgrenze von 0.12. Die Korrektur mit nur drei Standardabweichungen ist ausreichend, weil die Funktion in dem interessanten Bereich sehr flach verläuft und dadurch sehr stabil gegenüber Veränderungen der Faktoren ist.

Statistische Versuchsplanung

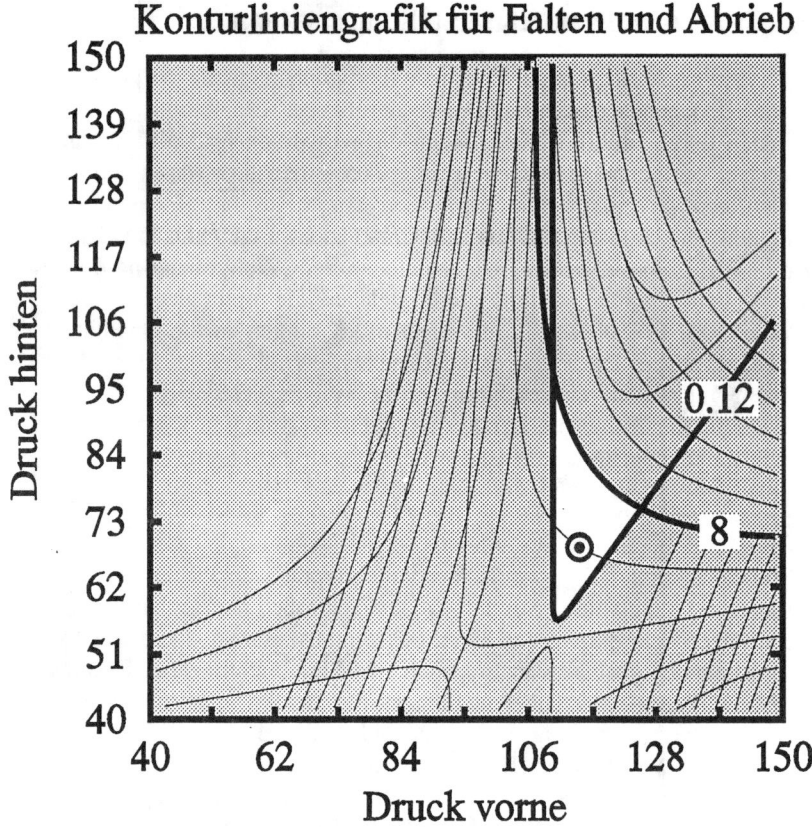

Legt man die Konturliniengrafiken für Falten und Abriebfestigkeit übereinander, ergibt sich ein kleiner Lösungsbereich mit der optimalen Einstellung der Faktoren Druck vorne = 115 dN und Druck hinten = 69 dN. Ein bestätigendes Experiment mit der optimalen Einstellung zeigte, daß keine Probleme mit Falten oder Abriebfestigkeit auftreten. Somit konnte die kostenreduzierte Version gebaut werden.

Die **betriebswirtschaftliche Ersparnis** betrug deutlich mehr als **eine Million DM** während die **Versuchskosten ca. 4000 DM** betrugen. Verglich man außerdem noch die Qualitätsergebnisse der nicht modifizierten mit der modifizierten Kopiergeräteversion, dann konnte man feststellen, daß der **Verlust nach Taguchi um mehr als acht Millionen reduziert** werden konnte.

Mit den Erkenntnissen aus diesem Experiment konnten zusätzlich weitere vier Kaltdruckfixierbaugruppen von anderen Kopiergeräten optimiert werden. Die Gewinne waren in jedem Fall ähnlich hoch. Dies zeigt in anschaulicher Weise wie effektiv die statistische Versuchsplanung zur Optimierung eingesetzt werden kann.

Statistische Versuchsplanung

4. Beispiel: Änderung einer Herstellungsmethode

Die Verfahrenstechnik wollte eine neue Fertigungsmethode zur Herstellung eines bestimmten Klebebands einführen. Die Änderung des Herstellungsverfahrens konnte aber nur dann durchgeführt werden, wenn die wesentlichen Qualitätskenngrößen alle Anforderungen erfüllen. Vorversuche zeigten keine günstigen Einstellungen. Dies lag an gegenläufigen Zielgrößen. Die Zielgrößen waren Restlösemittelanteil, dynamische Scherfestigkeit und Adhäsion. Weiterhin kam erschwerend hinzu, daß verschiedene Klebstoffansätze relativ große Unterschiede der Zielgrößen produzierten. Ein statistischer Versuchsplan sollte klären, welches die optimalen Einstellungen der Prozeßgrößen sind und ob bei diesen, die Anforderungen an die Qualitätskenngrößen erfüllt werden können. Die Faktoren des Versuchsplan waren leicht zu definieren, sie ergaben sich aus den einstellbaren Prozeßgrößen. Es sind ein Initiator, die Prozeßgeschwindigkeit und die Länge der ersten Behandlung. Die Länge der zweiten Behandlung ist abhängig von der Länge der ersten Behandlung weil die Gesamtlänge konstant bleibt. So ergaben sich drei Faktoren.

Geplant wurde ein zentral zusammengesetzter Versuchsplan mit zwei Versuchen in jedem Versuchspunkt. Die zwei Versuche repräsentieren extrem verschiedene Klebstoffansätze, damit die Streuung der Zielgrößen in Abhängigkeit von den Klebstoffansätzen beurteilt werden kann. Ein zentral zusammengesetzter Versuchsplan war zur Lösung des Problems erforderlich, weil mit nichtlinearen Zusammenhängen und Wechselwirkungen gerechnet werden mußte. Weil von vornherein bekannt war, daß die Zielgrößen gegenläufig sind sollten nicht die Zielgrößen selbst sondern eine Utilitätsskala maximiert werden. Das Verfahren von Harrington war die beste Methode der Polyoptimierung für diese Problemstellung (s. Kap. 16.2.2). Die Anwendung einer Utilitätsskala hatte den Vorteil, daß die Zielgrößen gewichtet werden konnten. Jede Zielgröße wurde entsprechend ihrer Wertigkeit definiert. Der Lösemittelrestanteil geht

Zielgröße	Gewicht
Lösemittelrestanteil	0.10
dynamische Scherfestigkeit	0.45
Adhäsion	0.45
Gesamt	1.00

zu 10% in die Utilitätsskala ein während die dynamische Scherfestigkeit und die Adhäsion mit jeweils 45% berücksichtigt werden. Die nächste wichtige Definition

	Utilitätsgrenzwerte	
Zielgröße	gut oder besser	befried. oder schlechter
Lösemittelrestanteil	<1.10	>1.30
dynamische Scherfestigkeit	>500	<400
Adhäsion	>26.0	<28.0

betraf die Utilitätsgrenzwerte der Zielgrößen für die Klassifikationen gut und befriedigend. Diese Utilitätsgrenzwerte wurden von Fachleuten festgelegt. Nach diesen

Statistische Versuchsplanung

Definitionen konnte der Versuchsplan festgelegt werden. Weil alle Versuchspunkte mit einem anderen Klebstoffansatz wiederholt wurden, mußte ein orthogonaler zentral zusammengesetzter Versuchsplan realisiert werden.

BASISDEFINITION DES VERSUCHSPLANES

Versuchsbezeichnung:	Coater ST2 - Optimierung
Konfidenzniveau:	0.05
Bezeichnung der Zielgröße:	Wunschfunktion
Anzahl der Einflußgrößen:	3
Bezeichnung der Einflußgrößen:	Initiator
	Geschwindigkeit
	Zone 1

VERSUCHSBEREICH DES VERSUCHSPLANES

Einflußgröße	Minimalwert	Maximalwert	Mittelwert	Schrittweite
Initiator	0.05	0.30	0.175	0.125
Geschwindigkeit	0.70	1.20	0.950	0.250
Zone 1	0.50	2.50	1.500	1.000

PLANUNGSERGEBNISSE

Anzahl der Versuche in den Eckpunkten:	16
Anzahl der Versuche in den Sternpunkten:	12
Anzahl der Versuche im Zentralpunkt:	2
Gesamtanzahl aller Versuche:	30
Sternpunktabstand (α):	1.2154

NORMIERTE VERSUCHS-MATRIX

Nr.	Initiator	Geschw.	Zone 1	Umfang
1	-1	-1	-1	2
2	1	-1	-1	2
3	-1	1	-1	2
4	1	1	-1	2
5	-1	-1	1	2
6	1	-1	1	2
7	-1	1	1	2
8	1	1	1	2
9	0	0	0	2
10	-1.215	0	0	2
11	1.215	0	0	2
12	0	-1.215	0	2
13	0	1.215	0	2
14	0	0	-1.215	2
15	0	0	1.215	2

Statistische Versuchsplanung

PHYSIKALISCHE VERSUCHS-MATRIX

Nr.	Initiator	Geschw.	Zone 1	Umfang
1	0.075	0.750	0.700	2
2	0.275	0.750	0.700	2
3	0.075	1.150	0.700	2
4	0.275	1.150	0.700	2
5	0.075	0.750	2.300	2
6	0.275	0.750	2.300	2
7	0.075	1.150	2.300	2
8	0.275	1.150	2.300	2
9	0.175	0.950	1.500	2
10	0.053	0.950	1.500	2
11	0.297	0.950	1.500	2
12	0.175	0.707	1.500	2
13	0.175	1.193	1.500	2
14	0.175	0.950	0.528	2
15	0.175	0.950	2.472	2

ZUFÄLLIGE VERSUCHS-MATRIX

Nr.	Initiator	Geschw.	Zone 1
16	0.275	1.150	2.300
26	0.175	1.193	1.500
9	0.075	0.750	2.300
10	0.075	0.750	2.300
5	0.075	1.150	0.700
20	0.053	0.950	1.500
14	0.075	1.150	2.300
6	0.075	1.150	0.700
27	0.175	0.950	0.528
4	0.275	0.750	0.700
1	0.075	0.750	0.700
11	0.275	0.750	2.300
3	0.275	0.750	0.700
8	0.275	1.150	0.700
7	0.275	1.150	0.700
18	0.175	0.950	1.500
19	0.053	0.950	1.500
13	0.075	1.150	2.300
12	0.275	0.750	2.300
30	0.175	0.950	2.472
24	0.175	0.707	1.500
21	0.296	0.950	1.500
29	0.175	0.950	2.472
2	0.075	0.750	0.700
28	0.175	0.950	0.528
22	0.296	0.950	1.500
17	0.175	0.950	1.500
23	0.175	0.707	1.500
15	0.275	1.150	2.300
25	0.175	1.193	1.500

Statistische Versuchsplanung

Mit der zufälligen Versuchs-Matrix war die Versuchsplanung abgeschlossen. Es folgte die Versuchsdurchführung und Messung der Qualitätsmerkmale. Da nicht die Qualitätsmerkmale selbst sondern die Wunschfunktion (eine gemeinsame Funktion aller wichtigen Spezifikationswerte) optimiert soll, muß die Utilitätsskala nach Harrington berechnet werden. Die nachfolgende Tabelle zeigt alle Berechnungen der Umformung. Die Werte der Wunschfunktion ergeben für einige Versuchspunkte

BERECHNUNG DER WUNSCHFUNKTION D_L

Y_1	Y_2	Y_3	d_1	d_2	d_3	z_i	D_L
1.40	281	28.8	-0.5000	-1.1900	1.4000	0.0445	0.3842
1.25	474	25.3	0.2500	0.7400	-0.3500	0.2005	0.4412
1.58	397	27.7	-1.4000	-0.0300	0.8500	0.2290	0.4514
1.36	650	25.2	-0.3000	2.5000	-0.4000	0.9150	0.6700
1.38	180	28.8	-0.4000	-2.2000	1.4000	-0.4000	0.2250
1.31	435	26.2	-0.0500	0.3500	0.1000	0.1975	0.4401
1.63	208	27.9	-1.6500	-1.9200	0.9500	-0.6015	0.1612
1.41	514	25.1	-0.5500	1.1400	-0.4500	0.2555	0.4609
1.32	395	28.8	-0.1000	-0.0500	1.4000	0.5975	0.5768
1.47	176	29.1	-0.8500	-2.2400	1.5500	-0.3955	0.2265
1.31	463	27.6	-0.0500	0.6300	0.8000	0.6385	0.5897
1.26	417	27.1	0.2000	0.1700	0.5500	0.3440	0.4922
1.40	400	28.5	-0.5000	0.0000	1.2500	0.5125	0.5494
1.32	643	27.6	-0.1000	2.4300	0.8000	1.4435	0.7897
1.44	311	29.6	-0.7000	-0.8900	1.8000	0.3395	0.4906
1.29	255	29.3	0.0500	-1.4500	1.6500	0.0950	0.4028
1.15	460	26.8	0.7500	0.6000	0.4000	0.5250	0.5535
1.43	377	28.7	-0.6500	-0.2300	1.3500	0.4390	0.5248
1.25	694	26.5	0.2500	2.9400	0.2500	1.4605	0.7929
1.27	179	30.0	0.1500	-2.2100	2.0000	-0.0795	0.3387
1.19	399	27.9	0.5500	-0.0100	0.9500	0.4780	0.5379
1.45	183	29.7	-0.7500	-2.1700	1.8500	-0.2190	0.2880
1.31	397	25.9	-0.0500	-0.0300	-0.0500	-0.0410	0.3528
1.21	380	28.6	0.4500	-0.2000	1.3000	0.5400	0.5584
1.39	198	29.8	-0.4500	-2.0200	1.9000	-0.0990	0.3315
1.21	443	28.7	0.4500	0.4300	1.3500	0.8460	0.6511
1.14	388	29.1	0.8000	-0.1200	1.5500	0.7235	0.6157
1.26	374	30.4	0.2000	-0.2600	2.2000	0.8930	0.6640
1.17	556	28.6	0.6500	1.5600	1.3000	1.3520	0.7720
1.32	335	29.4	-0.1000	-0.6500	1.7000	0.4625	0.5327

ausreichend hohe Werte, so daß bei der Analyse eine Einstellung für die Faktoren erwartet werden kann, bei der alle Qualitätsmerkmale gut erfüllt sind. Die Analyse der Wunschfunktion nach Harrington unterscheidet sich nicht von der Analyse einer natürlichen Zielgröße. Nachfolgend werden deshalb alle Voraussetzungen geprüft. Nur so kann die Versuchsstreuung für die Berechnung von Prognose- oder Konfidenzintervallen benutzt werden. Wichtiger als diese Prüfungen ist aber der Test auf Mangel an Anpassung. Durch diesen Test wird die Güte des Regressionsmodells bewertet. Mangel an Anpassung bedeutet, daß nur fehlerhafte Prognosen gemacht werden können.

Statistische Versuchsplanung

REGRESSIONSANALYSE DER WUNSCHFUNKTION
(Konfidenzniveau = 95.00%)

Bezeichnung	Koeffizienten	unterer Koeff.	oberer Koeff.	t-Prüf
Konst.	0.6342834E+00	0.5671707E+00	0.7013961E+00	19.51
A	0.1171647E+00	8.0808230E-02	0.1535211E+00	6.65
C	-0.9450851E-01	-0.1308649E+00	-0.5815208E-01	5.37
BC	-0.5851250E-01	-0.1010558E+00	-0.1596917E-01	2.84
AA	-0.1158903E+00	-0.1734892E+00	-0.5829129E-01	4.15
BB	-0.6420552E-01	-0.1218045E+00	-0.6606561E-02	2.30

Standardabweichung des Restfehlers: 8.2432728E-02

Die Regressionsmodell ist für die Einflußgrößen A, B und C signifikant. Die t-Prüfwerte sind nicht sehr groß, überschreiten aber alle den Schwellenwert der t-Verteilung, so daß sie als statistisch signifikant angesehen werden müssen. Die Ursache für die relativ kleinen t-Prüfwerte ist durch den großen Restfehler zu begründen. Dieser wurde durch die Wiederholungen der extrem abweichenden Klebstoffansätze verursacht. Unter Berücksichtigung dieses Sachverhaltes bietet das Regressionsmodell eine sehr gute Basis für die Optimierung der Zielgrößen bei ausreichender Robustheit gegenüber abweichenden Klebstoffansätzen.

STREUUNGSZERLEGUNG DER REGRESSIONSANALYSE
(Konfidenzniveau = 95.00%)

Bezeichnung	Summe der Quadrate	Freiheitsgrad	Varianzen
Gesamtstreuung	0.86752143	29	0.0299145
Reduktion durch die Regression	0.70443772	5	0.1408875
Streuung um die Regression	0.16308371	24	0.0067952
Streuung durch Mangel an Anpassung	0.08819232	9	0.0097991
Nichterklärbarer Versuchsfehler	0.07489138	15	0.0049928

SIGNIFIKANZ-PRÜFUNG DER REGRESSION

Prüfwert der Regression: 20.734
Tabellenwert der F-Verteilung: 2.621
Die Regression ist signifikant!
Prüfwert für den Mangel an Anpassung: 1.963
Tabellenwert der F-Verteilung: 2.588
Der Mangel an Anpassung ist nicht signifikant!

Die Streuungszerlegung bestätigt das Regressionmodell. Der Mangel an Anpassung ist minimal und nicht signifikant, folglich können für den gesamten Versuchsbereich Prognosewerte bestimmt werden. Nachdem die Gültigkeit des Regressionsansatzes angenommen werden darf müssen die Residuen bzgl. der Voraussetzungen geprüft werden. Die Analyse der Homoskedastizität hat nur eine sehr eingeschränkte Gültigkeit, weil die Anzahl der Werte pro Versuchspunkt viel zu niedrig ist. Gefordert werden mindestens fünf Werte. Außerdem wurden für die Wiederholungen bewußt zwei extreme Klebstoffansätze ausgewählt. Dies bedeutet, daß der ermittelte Versuchsfehler wahrscheinlich zu groß geschätzt wurde. Damit sind alle Schätzungen

Statistische Versuchsplanung

welche auf dem Restfehler basieren sicherer. Der Bartlett-Test zeigt aber, daß die Streuungen nicht von den Versuchseinstellungen abhängig sind. Die Varianzen der einzelnen Versuchspunkte weisen nur geringe Unterschiede auf. Die weiteren Tests auf Normalität, Ausreißer und Autokorrelation wurden interpretiert. Dabei zeigte sich, daß alle Voraussetzungen erfüllt wurden, dies ist wie schon bemerkt für die Optimierung nur von untergeordneter Bedeutung.

TEST AUF HOMOSKEDASTIZITÄT
(Konfidenzniveau = 95.00%)

Lfd. Nr.	Mittel-wert	Varianz	Standard-abweichung	Stichproben-umfang	Freiheits-grad
1	-0.09591	0.0058428	0.0764382	2	1
2	0.10394	0.0065666	0.0810344	2	1
3	-0.22091	0.0064638	0.0803980	2	1
4	-0.01466	0.0026938	0.0519016	2	1
5	-0.22376	0.0055125	0.0742462	2	1
6	-0.27816	0.0080391	0.0896611	2	1
7	0.27809	0.0001566	0.0125157	2	1
8	-0.00541	0.0063056	0.0794080	2	1
9	-0.10926	0.0001730	0.0131521	2	1
10	-0.01376	0.0047824	0.0691550	2	1
11	0.22869	0.0075522	0.0869034	2	1
12	0.06484	0.0001693	0.0130107	2	1
13	0.00889	0.0008862	0.0297692	2	1
14	0.05119	0.007.6261	0.0873276	2	1
15	0.22619	0.0121212	0.1100900	2	1
Σ	0.00000	0.0049927	0.0706594	30	15

Prüfwert für Homoskedastizität: 7.031
Tabellenwert der χ^2-Verteilung: 23.688
Die Varianzen sind nicht signifikant verschieden!

RESIDUENANALYSE
(Konfidenzniveau = 95.00%)

PRÜFUNG DER NORMALITÄT
Standardisierte Schiefe: 0.864
Standardisierte Wölbung: 1.010
Grenzwerte Scihiefe und Wölbung: -1.960 bis 1.960
Die Abweichung von der Normalverteilung ist nicht signifikant!

PRÜFUNG AUF AUSREISSER
Kritischer Wert für Ausreißer: 0.218
Es ist kein Ausreißer im Datensatz!

PRÜFUNG AUF AUTOKORRELATION
Autokorrelationswert: -0.07568
Vertrauensbereich: -0.7630   0.6117
Die Autokorrelation ist nicht signifikant!

Statistische Versuchsplanung

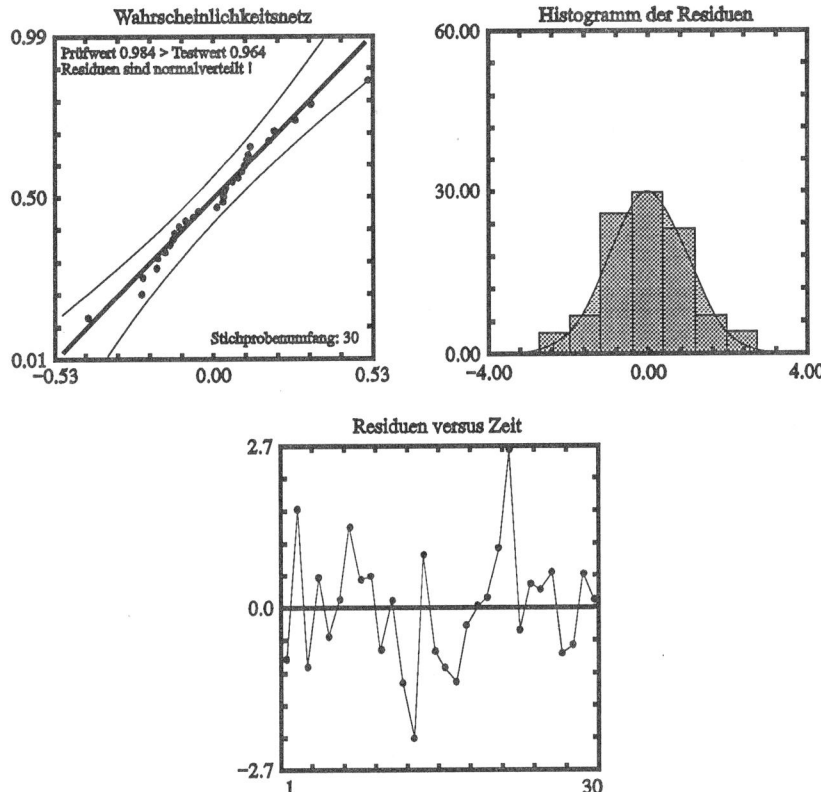

Die Grafiken bestätigen eindrucksvoll alle Voraussetzungen der Regressionsrechnung. Mit Hilfe der Konturgrafiken kann nun optimiert werden. Zuerst ist aber zu definieren welche der Faktoren dargestellt werden sollen und welcher Faktor festeingestellt wird. Die Regressionskoeffizienten helfen bei der Definition. Aus der

REGRESSIONSKOEFFIZIENTEN		
Bezeichnung	normierte Koeffizienten	physikalische Koeffizienten
Konst.	0.6342834	-1.7182293
A	0.1171647	5.2278053
B	0.0000000	3.5983171
C	-0.0945085	0.2292823
AB	0.0000000	0.0000000
AC	0.0000000	0.0000000
BC	-0.0585125	-0.3657031
AA	-0.1158903	-11.5890324
BB	-0.0642055	-1.6051384
CC	0.0000000	0.0000000

Tabelle der Regressionskoeffizienten erkennt man, daß der Faktor A eine sehr große Hauptwirkung und quadratische Wirkung besitzt. Beim Faktor B sind die Hauptwirkung, Wechselwirkung BC und die quadratische Wirkung signifikant. Dem gegenüber sind bei dem Faktor A die Hauptwirkung und die Wechselwirkung bedeutsam. Die Faktoren A und B sollten dargestellt werden, weil elliptische Darstellungen (quadratische Wirkungen) einfacher interpretierbar sind als Hyperbeln (Wechselwirkungen). Für die Faktoren A und B wird ein Maximum erwartet weil die quadratischen Wirkungen negativ sind.

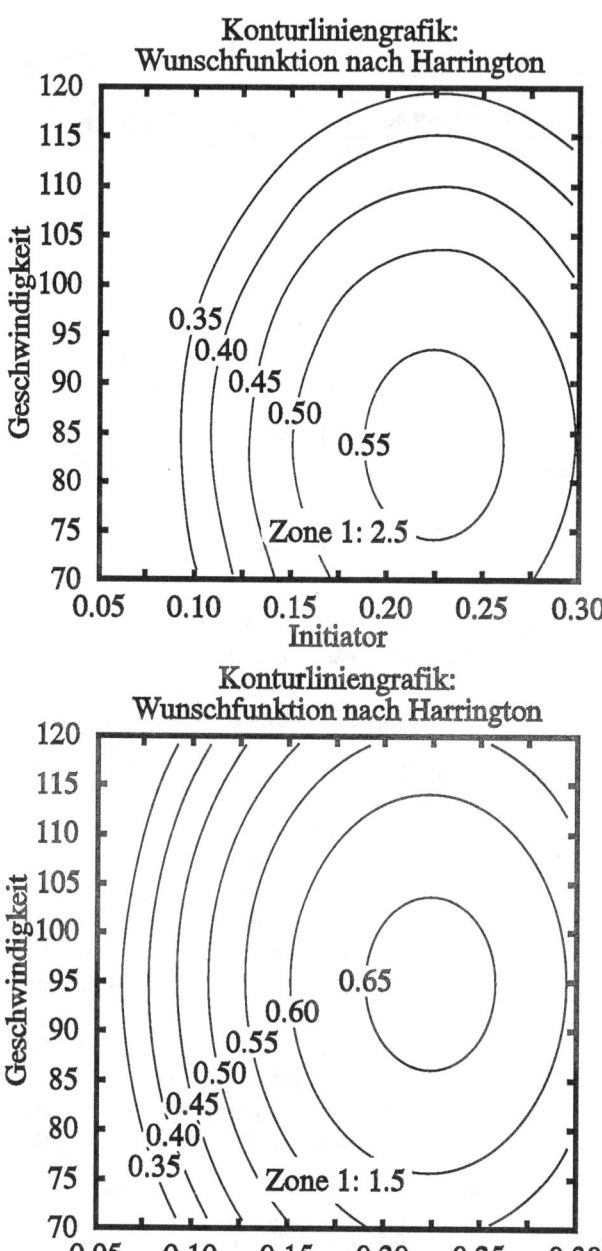

Statistische Versuchsplanung

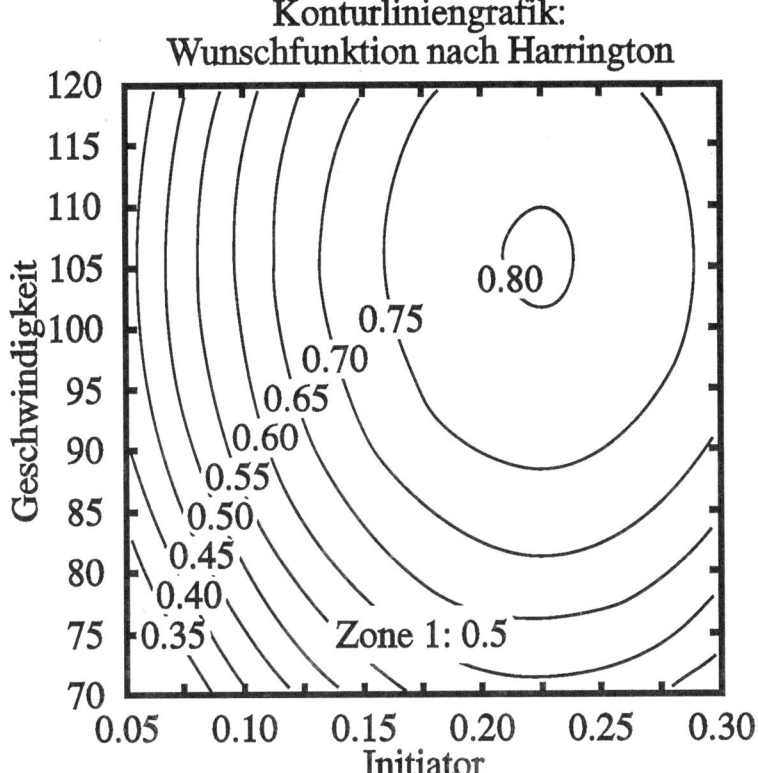

Die optimale Einstellung der Faktoren ist bei einer Einstellung von Initiator (A) gleich 0.225, Geschwindigkeit (B) gleich 105 und Zone 1 (C) gleich 0.5 zu finden. Der erreichte Wert der Wunschfunktion ist größer 0.8 bei dieser Einstellung und bedeutet nach Harrington eine ausgezeichnete Lösung für das Optimum. Wird noch die Streuung mit der Faustformel der 3s-Grenze (abgerundet 0.55) berücksichtigt, stellt auch dieser Wert noch eine befriedigende Lösung des Optimums dar. Damit konnte eine sehr robuste Einstellung der Einflußgrößen bzgl. der Zielgrößen festgelegt werden. Die folgende Tabelle zeigt die Bewertungsskala nach Harrington.

Utilität	Skalenintervall	natürliche Skala der Zielgrößen
Sehr gut	1.00 – 0.80	
Gut	0.80 – 0.69	
Befriedigend	0.69 – 0.37	Ymax – Ymin
Schlecht	0.37 – 0.20	
Sehr schlecht	0.20 – 0.00	

Nachdem die Optimierung mit der Utilitätsskala vollzogen wurde, interessieren die tatsächlich erreichten Ergebnisse für die Zielgrößen. Dies kann mit Hilfe der Konturliniengrafiken der natürlichen Zielgrößen erreicht werden. Dazu ist jede Zielgröße einzeln zu analysieren und danach grafisch darzustellen. Eine statistische Bewertung der Ergebnisse ist dabei nicht notwendig.

Statistische Versuchsplanung

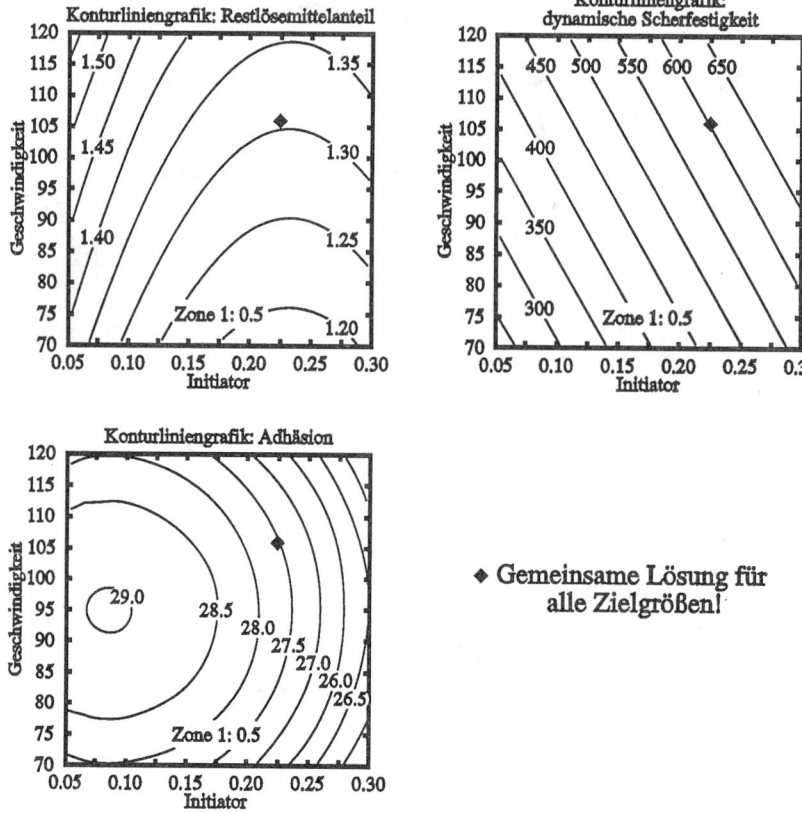

♦ Gemeinsame Lösung für alle Zielgrößen!

Sehr gute Lösungen ergaben sich für die wichtigen Zielgrößen Adhäsion und dynamische Scherfestigkeit. Für die Zielgröße Lösemittelrestanteil ergibt sich ein noch akzeptabler Wert. Somit stellt die gefundene Lösung einen guten Kompromiß für alle Zielgrößen dar.

Die neue Herstellungsmethode konnte eingesetzt werden. Dadurch ergab sich eine **betriebswirtschaftliche Ersparnis von jährlich mehr als 2 Millionen DM**. Zusätzlich wurde nach Aufnahme der Produktion festgestellt, daß die Grenzwerte der Zielgrößen wesentlich besser eingehalten wurden als nach der alten Herstellungsmethode. Eine nachträgliche Bewertung mit der Verlust-Funktion nach Taguchi ergab eine **Reduzierung des jährlichen Verlustes von 30 Millionen DM**. Dies sind wahrhaft stattliche Beträge wenn man sie mit dem **Versuchsaufwand von 10000 DM** vergleicht.

Literaturverzeichnis

Abramowitz, M. / Stegun, I.
Handbook of Mathematical Tables
1965 Dover Publications INC.

Ahrens, H. / Läuter, J.
Mehrdimensionale Varianzanalyse
Hypothesenprüfung, Dimensionserniedrigung, Diskrimination
1981 Akademie-Verlag

Bandemer, H. / Bellmann, A. / Jung, W. / Richter, K.
Optimale Versuchsplanung
1976 Akademie-Verlag

Bandemer, H. u.a.
Theorie und Anwendung der optimalen Versuchplanung I
Handbuch zur Theorie
1976 Akademie-Verlag

Bandemer, H. / Näther, W.
Theorie und Anwendung der optimalen Versuchplanung II
Handbuch zur Anwendung
1980 Akademie-Verlag

Barker, T. B.
Quality Engineering by Design: Taguchi's Philosophy
1986 Quality Progress S. 32ff

Barker, T. B.
The Taguchi Approach
1985 Vortrag: ASQC Quality Congress Transactions

Bläsing, J. P. / Schwingenschögl, F.
Fertigungsnahe statistische Versuchsplanung nach den Prinzipien
des Dr. G. Taguchi (Lehrgangsunterlage)
1989 Gesellschaft für Management und Technologie (gfmt)

Blume, J.
Statistische Methoden für Ingenieure und Naturwissenschaftler. Band I
Grundlagen, Beurteilung von Stichproben, einfache lineare Regression,
Korrelation
1970 VDI-Verlag GmbH

Statistische Versuchsplanung

Blume, J.
Statistische Methoden für Ingenieure und Naturwissenschaftler. Band II
Verteilungstests, einfache nichtlineare und mehrfache Regression, partielle Korrelation, Folgetests und Qualitätskontrolle
1974 VDI-Verlag GmbH

Bortz, J.
Lehrbuch der Statistik für Sozialwissenschaftler
1985 Springer-Verlag

Box, G. E. P. / Hunter, W. G. / Hunter, J. S.
Statistics for Experimenters
An Introduction to Design, Data Analysis, and Model Building
1978 John Wiley & Sons

Box, G. E. P. / Meyer, R. D.
Dispersion Effeects From Fractional Designs
1986 Technometrics S. 19ff

Brook, R. J. / Arnold, G. C. / Hassard, T. H. / Pringle, R. M.
The Fascination of Statistics
1986 Marcel Dekker

Byrne, D. M. / Taguchi, S.
The Taguchi Approach to Parameter Design
1987 Quality Progress S. 19ff

Churgin, A. I. / Peschel, M.
Optimierung von Erzeugnissen und Prozessen
Ein- und mehrkriterielle Methoden
1989 VEB Verlag Technik

Clauß, G. / Ebner, H.
Statistik für Soziologen, Pädagogen, Psychologen und Mediziner
Grundlagen der Statistik, Band 1
1982 Verlag Harri Deutsch

Cleveland, W. S.
Robust Locally Weighted Regression and Smoothing Scatterplots
1979 Journal of the American Statistical Association S. 829ff

Cornell, J. A.
Experiments with Mixtures
Design, Models, and the Analysis of Mixture Data
1981 John Wiley & Sons

Statistische Versuchsplanung

Cook, R. D. / Nachtsheim, C. J.
A Comparison of Algorithms for Constructing Exact D-Optimal Designs
1980 Technometrics S. 315ff

Crosby, P. B.
Qualität kostet weniger
1979 Alfred Holz

Davies, O. L. ed.
The Design and Analysis of Industrial Experiments
1978 Longman Group Limited

Derringer, G. / Suich, R.
Simultaneous Optimization of Several Response Variables
1980 Journal of Quality Technology S. 214ff

Derringer, G. C.
A Statistical Methodology for Designing Elastomer Formulations to Meet Performance Specifications
1982 Kautschuk + Gummi Kunststoffe S. 349ff

Draper, N. R.
Center Points in Second-Order Response Surface Designs
1982 Technometrics S. 127ff

Filliben, J. J.
The Probability Plot Correlation Coefficient Test for Normality
1975 Technometrics S. 111ff

Fleischer, W. / Nagel, M.
Datenanalyse mit dem Personalcomputer
1989 VEB Verlag Technik

Flury, B. / Riedwyl, H.
Angewandte multivariate Statistik
Computergestützte Analyse mehrdimensionaler Daten
1983 Gustav Fischer Verlag

Franzkowski, R.
Planen und Auswerten von Versuchen (Firmenschrift)
Versuchspläne 1. Ordnung mit systematischen Komponenten
1977 AEG-Telefunken

Franzkowski, R.
Durchführung und Auswertung von einfachen faktoriellen Versuchen in der Serienproduktion
1979 Vortrag: XXIII EOQC-Konferenz

Franzkowski, R.
Factorial Designs estimate Location and Dispersion
1981 Vortrag: ASQC Quality Congress Transactions

Galil, Z. / Kiefer, J.
Time- and Space-Saving Computer Methods, Related to Mitchell's DET-MAX, for Finding D-Optimum Designs
1980 Technometrics S. 301ff

Graf, U. / Henning, H.-J. / Stange, K. / Wilrich, P.-Th.
Formel und Tabellen der angewandten mathematischen Statistik
1987 Springer-Verlag

Gruber, J. / Hüskemann, H.-J.
Regressionsanalyse I
Kurseinheit 1: Einführung in die multiple Regression und Ökonometrie
1981 Fernuniversität in Hagen

Gruber, J. / Hüskemann, H.-J.
Regressionsanalyse I
Kurseinheit 2: Einführung in die multiple Regression und Ökonometrie
1981 Fernuniversität in Hagen

Gruber, J. / Hüskemann, H.-J.
Regressionsanalyse I
Kurseinheit 3: Einführung in die multiple Regression und Ökonometrie
1981 Fernuniversität in Hagen

Gruber, J. / Hüskemann, H.-J.
Regressionsanalyse I
Beiheft: Einführung in die multiple Regression und Ökonometrie
1981 Fernuniversität in Hagen

Gunter, B.
A Perspective on the Taguchi Methods
1987 Quality Progress S. 44ff

Haf, C.-M. / Cheaib, T.
Multivariate Statistik in den Natur- und Verhaltenswissenschaften
Eine Einführung mit BASIC-Programmen und Programmbeschreibungen in Fallbeispielen
1985 Friedr. Vieweg & Sohn Verlagsgesellschaft mbH

Härtler, G.
Statistische Methode für die Zuverlässigkeitsanalyse
1983 VEB Verlag Technik

Statistische Versuchsplanung

Hartung, J. / Elpelt, B. / Klösener, K.-H.
Statistik
Lehr- und Handbuch der angewandten Statistik
1986 R. Oldenbourg Verlag

Hartung, J. / Elpelt, B.
Multivariate Statistik
Lehr- und Handbuch der angewandten Statistik
1984 R. Oldenbourg Verlag

Hartung, J. / Elpelt, B. / Kunitz, H.
Multivariate Verfahren
Kurseinheit 0: Einführung
1984 Fernuniversität in Hagen

Hartung, J. / Elpelt, B. / Kunitz, H.
Multivariate Verfahren
Kurseinheit 1: Die mehrdimensionale Normalverteilung und multivariate
Ein- und Zweistichprobenprobleme. Korrelationsanalyse
1984 Fernuniversität in Hagen

Hartung, J. / Elpelt, B. / Kunitz, H.
Multivariate Verfahren
Kurseinheit 2: Faktorenanalyse
1984 Fernuniversität in Hagen

Hartung, J. / Elpelt, B. / Kunitz, H.
Multivariate Verfahren
Kurseinheit 3: Skalierungsverfahren
1984 Fernuniversität in Hagen

Hartung, J. / Elpelt, B. / Kunitz, H.
Multivariate Verfahren
Kurseinheit 4: Klassifikation und Identifikation
1984 Fernuniversität in Hagen

Hartung, J. / Elpelt, B. / Kunitz, H.
Multivariate Verfahren
Kurseinheit 5: Das multivariate lineare Modell
1984 Fernuniversität in Hagen

Hartung, J. / Elpelt, B. / Kunitz, H.
Multivariate Verfahren
Kurseinheit 6: Diskrete Regressionsanalyse
1984 Fernuniversität in Hagen

Hoaglin, D. C. / Welsch, R. E.
The Hat Matrix in Regression and ANOVA
1978 The American Statistician S. 17ff

Johnson, E. E.
Empirical Equations for Approximating Tabular F-Values
1973 Technometrics S. 379ff

Joiner, B. L. /Rosenblatt, J. R.
Some Properties of the Range in Samples from Tukey's Symmetric Lambda Distributions
1971 JASA S. 394ff

Kennedy, G.
Einladung zur Statistik
1985 Campus-Verlag

Kennedy, W. J. / Gentle, J. E.
Statistical Computing
1982 Marcel Dekker INC.

Kläy, M. / Riedwyl, H.
Alstat 1
Algorithmen der Statistik für Kleinrechner
1984 Birkhäuser Verlag

Kläy, M. / Riedwyl, H.
Alstat 2
Algorithmen der Statistik für Hewlett-Packard HP-41C
1984 Birkhäuser Verlag

Klutzke, R. M.
Mixture Experimentation (Firmenschrift)
1986 IS&DP U.S. Operation/3M

K. M. S. HUMAK
Statistische Methoden der Modellbildung Band I
Statistische Inferenz für lineare Parameter
1977 Akademie-Verlag

Köchel, P.
Zuverlässigkeit technischer Systeme
Mathematische Methoden für den Anwender
1982 VEB Fachbuchverlag

Statistische Versuchsplanung

Krause, B. / Metzler, P.
Angewandte Statistik
Lehr- und Arbeitsbuch für Psychologen, Mediziner, Biologen und Pädagogen
1988 VEB Deutscher Verlag der Wissenschaften

Kurotori, I. S.
Experiments with Mixtures of Components Having lower Bounds
1966 Industrial Quality Control S. 592ff

Lau, B. / Mitzlaff, L. / Neugschwender, A.
Statistische Qualitätsentwicklung nach G. Taguchi
Grundlagen
1989 Gesellschaft für Management und Technologie (gfmt)

Linder, A.
Planen und Auswerten von Versuchen
Eine Einführung für Naturwissenschafter, Mediziner und Ingenieure
1969 Birkhäuser Verlag

Linder, A. / Berchtold, W.
Elementare statistische Methoden , UTB 796
Multivariate Verfahren
1979 Birkhäuser Verlag

Linder, A. / Berchtold, W.
Statistische Methoden II, UTB 1110
Varianzanalyse und Regressionsrechnung
1982 Birkhäuser Verlag

Linder, A. / Berchtold, W.
Statistische Methoden III, UTB 1189
Multivariate Verfahren
1982 Birkhäuser Verlag

Lohse, H. / Ludwig, R.
Statistik für Forschung und Beruf
Ein programmierter Lehrgang. Erfassung, Aufbereitung und Darstellung statistischer Daten
1977 Verlag Harri Deutsch

Lohse, H. / Ludwig, R.
Prüfstatistik
Ein programmierter Lehrgang
1982 VEB Fachbuchverlag

McLean, R. A. / Anderson, V. L.
Extreme Vertices Design of Mixture Experiments
1966 Technometrics S. 447ff

Mittag, H.-J. / Rosemeyer, B.
Ökonometrie
Mathematischer und statistischer Anhang, Matrizenrechnung, Wahrscheinlichkeitsberechnung und Statistik
1981 Fernuniversität in Hagen

Müller, P. H.
Lexikon der Stochastik
Wahrscheinlichkeitsrechnung und Mathematische Statistik
1975 Akademie-Verlag

Müller, P. H. / Neumann, P. / Storm, R.
Tafeln der mathematischen Statistik
1979 VEB Fachbuchverlag

Nachtsheim, C. J.
Tools for Computer-Aided Design of Experiments
1987 Journal of Quality Technology S. 132ff

Neter, J. / Wasserman, W.
Applied Linear Statistical Models
Regression, Analysis of Variance, and Experimental Designs
1977 Richard D. Irwin INC.

Paßmann, W.
Auswerten von Messreihen
DGQ 7
1974 Beuth-Vertrieb GmbH

Pfanzagl, J.
Allgemeine Methodenlehre der Statistik I
Elementare Methoden unter besonderer Berücksichtigung der Anwendungen in den Wirtschafts- und Sozialwissenschaften
1972 Walter de Gruyter

Pfanzagl, J.
Allgemeine Methodenlehre der Statistik II
Höhere Methoden unter besonderer Berücksichtigung der Anwendungen in den Naturwissenschaften, Medizin und Technik
1974 Walter de Gruyter

Statistische Versuchsplanung

Rao, C. R.
Lineare statistische Methoden und ihre Anwendungen
1973 Akademie-Verlag

Rasch, D.
Einführung in die mathematische Statistik I
Wahrscheinlichkeitsrechnung und Grundlagen der mathematischen Statistik
1976 VEB Deutscher Verlag der Wissenschaften

Rasch, D.
Einführung in die mathematische Statistik II
Anwendungen
1976 VEB Deutscher Verlag der Wissenschaften

Rasch, D. / Herrendörfer, G.
Statistische Versuchsplanung
1982 VEB Deutscher Verlag der Wissenschaften

Retzlaff, G. / Rust, D. / Waibel, J.
Statistische Versuchsplanung
Planung naturwissenschaftlicher Experimente und ihre Auswertung mit statistischen Methoden.
1978 Verlag Chemie

Reichelt, C.
Rechnerische Ermittlung der Kenngrößen der Weibull-Verteilung
1978 VDI-Verlag GmbH

Riedwyl, H.
Regressionsgerade und Verwandtes, UTB 923
1980 Verlag Paul Haupt

Rinne, H. / Mittag, H.-J.
Statistische Methoden der Qualitätssicherung
1989 Carl Hanser Verlag

Röhr, M.
Kanonische Korrelationsanalyse
Theorie, Methodik, Anwendungen, BASIC-Programme
1987 Akademie-Verlag

Röhr , M. / Lohse, R. / Ludwig, R.
Statistik für Soziologen, Pädagogen, Psychologen und Mediziner
Statistische Verfahren, Band 2
1983 Verlag Harri Deutsch

Ryan, T. A. / Joiner, B. L.
Normal Probability Plots and Tests for Normality
Technical Report, Statistics Department, The Pennsylvania State Univ.

Ryan, T. P.
Taguchi's Approach to Experimental Design: Some Concerns
1988 Quality Progress S. 34ff

Sachs, L.
Angewandte Statistik
Planung und Auswertung, Methoden und Modelle
1974 Springer-Verlag

Sachs, L.
Statistische Methoden
Planung und Auswertung
1988 Springer-Verlag

Sachs, L.
Statistische Methoden 2
Planung und Auswertung
1990 Springer-Verlag

Scheffler, E.
Einführung in die Praxis der statistischen Versuchsplanung
1986 VEB Deutscher Verlag für Grundstoffindustrie

Schilling, E. G.
Acceptance Sampling in Quality Control
1982 Marcel Dekker INC.

Schindowski, E. / Schürz, O.
Statistische Qualitätskontrolle
Kontrollkarten und Stichprobenpläne
1972 VEB Verlag Technik

Schneeweiß, H. / Mittag H.-J.
Lineare Modelle mit fehlerbehafteten Daten
Kurseinheit 1: Einleitung, Das lineare Modell mit fehlerbehafteten Daten;
Das Identifikationsproblem
1986 Fernuniversität in Hagen

Schönfeld, P.
Regressions- und Varianzanalyse
Einleitung, Deskriptive Regressionsanalyse
1982 Fernuniversität in Hagen

Statistische Versuchsplanung

Schönfeld, P.
Regressions- und Varianzanalyse
Kurseinheit 2, Das lineare Regressionsmodell
1982 Fernuniversität in Hagen

Schönfeld, P.
Regressions- und Varianzanalyse
Kurseinheit 3, Normalregression und lineare Hypothese
1982 Fernuniversität in Hagen

Schönfeld, P.
Regressions- und Varianzanalyse
Kurseinheit 4, Schätzung zweiter Momente und Residuenanalyse
1982 Fernuniversität in Hagen

Schönfeld, P.
Regressions- und Varianzanalyse
Kurseinheit 5, Varianz- und Kovarianzanalyse
1981 Fernuniversität in Hagen

Schönfeld, P.
Regressions- und Varianzanalyse
Kurseinheit 6, Spezialfragen und Verallgemeinerungen linearer Regressionsmodelle
1981 Fernuniversität in Hagen

Schönfeld, P.
Regressions- und Varianzanalyse
Beiheft
1982 Fernuniversität in Hagen

Schuchard-ficher, C. / Backhaus, K. / Humme, U. / Lohrberg, W. / Plinke, W. / Schreiner, W.
Multivariate Analysemethoden
Eine anwendungsorientierte Einführung
1982 Springer-Verlag

Schulze, U.
Mehrphasenregression
Stabilitätsprüfung, Schätzung, Hypothesenprüfung
1987 Akademie-Verlag

Schulz, W.
Einführung in die statistische Qualitätskontrolle
1966 ASQ / AWF

Shapiro, S. S. / Francia R. S.
An Approximate Analysis of Variance Test for Normality
1972 JASA S. 215ff

Simmrock, K. H.
Anwendung statitischer Methoden bei der Entwicklung eines chemischen Verfahrens
1971 Chemie Ing.-Techn. S. 571ff

Smirnow, N. W. / Dunin-Barkowski, I. W.
Mathematische Statistik in der Technik
Kurzer Lehrgang
1973 VEB Deutscher Verlag der Wissenschaften

Snee, R. D.
Experimenting with Mixtures
1979 Chemtech S. 702ff

Snee, R. D.
Developing Blending Models for Gasoline and Other Mixtures
1981 Technometrics S. 119ff

Snee, R. D. / Rayner, A. A.
Assessing the Accuracy of Mixture Model Regression Calculations
1982 Journal of Quality Technology S. 67ff

Snee, R. D.
Strategy of Formulations Development (Firmenschrift)
1982 E. I. Du Pont De Nemours & Co (INC.)

Spenhoff, E.
Methoden der statistischen Versuchsplanung in Forschung und Entwicklung, in: Qualität ist Chefsache. Total Quality Management. S. 589ff.
1990 Gesellschaft für Management und Technologie (gfmt)

Spenhoff, E.
STAT3M-Handbuch
Datenanalyse mit angewandter Statistik (Firmenschrift)
1983 3M-Laboratories (Europe) GmbH

Storm, R.
Wahrscheinlichkeitsrechnung, Mathematische Statitik, Statistische Qualitätskontrolle
1976 VEB Fachbuchverlag

Störmer, H.
Mathematische Theorie der Zuverlässigkeit
Einführungen und Anwendungen
1970 R. Oldenbourg Verlag

Steinecke, V.
Das Lebensdauernetz
Erläuterungen und Handhabung. DGQ-Schrift Nr. 17-25
1979 Beuth Verlag GmbH

Sullivan, L. P.
The Power of Taguchi Methods
1987 Quality Progress S. 76ff

Tkaczuk, P.
Statistical Experimental Design in the Development of
Pressure Sensitive Adhesives
1989 Polymers, Laminations and Coatings Conference S. 705ff

Van Tassel, D.
Statistik-Verfahren in BASIC
33 Programme für Kleincomputer
1984 R. Oldenbourg Verlag

Vuchkov, I. N. / Damgaliev, D. L. / Yontchev, Ch. A.
Sequentially Generated Second Order Quasi D-Optimal Designs for Experiments With Mixture and Process Variables
1981 Technometrics S. 233ff

Weber, E.
Einführung in die Faktorenanalyse
1974 VEB Gustav Fischer Verlag

Weber, E.
Grundriss der biologischen Statistik
Anwendungen der mathematischen Statistik in Forschung,
Lehre und Praxis
1980 VEB Gustav Fischer Verlag

Wetzel, W. / Jöhnk, M.-D. / Naeve, P.
Statistische Tabellen
1967 Verlag Walter de Gruyter

Wynn, H. P.
The Sequential Generation of D-Optimum Experimental Designs
1970 The Annals of Mathematical Statistic S. 1655ff

Wynn, H. P.
Results in the Theory and Construction of D-Optimum Experimental Designs
1972 Royal Statistical Society S. 133ff

Yamane, T.
Statistik
Ein einführendes Lehrbuch, Band 1
1976 Fischer Taschenbuch Verlag

Yamane, T.
Statistik
Ein einführendes Lehrbuch, Band 2
1976 Fischer Taschenbuch Verlag

Software Bausteine der PROMIS

Anwender- und projekterprobte PC-Software-Bausteine, abgestimmt auf das Seminarprogramm **QUALITÄT:**

ANOVA-TM 2.2 deutsch	System-, Parameter- und Toleranzdesign mit Mitteln der Taguchi-Methode für F + E
FMEA 3.1	Fehler-Möglichkeits- und Einfluß-Analyse (FMEA) in den Bereichen F + E, AV und QS
Javelin-APL	Planungsmodell Merlin-F zur Erstellung von Planbilanzen, Planung von Investitionsprojekten, Analyse von Finanzierungen
PSQS 3.0	Überwachung und Pflege eines Bestandes von maximal 30.000 Prüfmitteln (DIN ISO 9000) nach dem Modell des Transferzentrums Qualitätssicherung Ulm (TQU)
SPC 1 Plus (englisch)	Prozeßfähigkeitsuntersuchungen, variable und attributive Regelkartentechnik, Fähigkeitsindices für schiefe Verteilungen

Gerne senden wir Ihnen Informationen. Bitte wenden Sie sich an:
PROMIS GmbH, Produktionsmanagement und Informationssysteme,
Lothstraße 1a, 8000 München 2
Telefon 0 89/12 69 96-41/42, Telefax: 0 89/12 69 96-66

FACHLITERATUR

- Western Electric: **HANDBUCH DER STATISTISCHEN QUALITÄTSKONTROLLE**
  unveränderte Neuauflage: Herausgeber: Prof. Dr.-Ing. Jürgen Bläsing
  218 Seiten, 181 Abb., 78 Tab., 1300 Stichworte, 71 Literaturst.
  DM 176,– zzgl. Versand

- **Praxishandbuch Qualitätssicherung**
  Herausgeber: Prof. Dr.-Ing. Jürgen P. Bläsing
  Band 1, **CAQ – Computer Aided Quality Control,**
     ISBN 3-924483-33-7, DM 191,00 zzgl. Versand
  Band 2, **Q-Management, QS-Systeme**
     ISBN 3-924483-45-0, DM 191,00 zzgl. Versand
  Band 3, **Q-Prüfung, SPC-Statistical Process Control,**
     ISBN 3-924483-46-9, DM 191,00 zzgl. Versand
  Band 4, **Quality Engineering,**
     ISBN 3-924483-47-7, DM 191,00 zzgl. Versand
  Band 5, **Integriertes Qualitätsmanagement,**
     ISBN 3-924483-48-5, DM 191,00 zzgl. Versand

**gfmt – Gesellschaft für Management und Technologie mbH & Co.,
Verlags KG,** Lothstraße 1a, 8000 München 2, Telefon 0 89/12 69 96-0